Read Write Own
by Chris Dixon

エレナに捧ぐ

すばらしいイノベーションが現れるとき、それは大抵、つかみどころのない不完全で複雑な形をしている。それを発明した本人でさえ、その全容を半分ほどしか理解できず、他の人にとっては不可解極まりない。最初見たときに、ぶっ飛んでると思えないような仮説には期待する価値がないのだ[1]。

物理学者　フリーマン・ダイソン

Contents

Part Two

所有する時代

Own.

2

Part Three

3

新時代

A New Era

155

Part Four 4

現況

Here and Now

Part Five 5

次にくるもの

What's Next

第14章 有望な応用例——ブロックチェーンネットワークの可能性 264

結論 313

序章

Introduction

インターネットは、20世紀でおそらく最も重要な発明だ。活版印刷や蒸気機関、電気などの技術革命と同じくらい世界を変えた。

ただし、インターネットは他の発明とは異なり、すぐには商業化されていない。アーティストもユーザーも企業も、誰もが平等にアクセスできる開かれた非中央集権型のプラットフォームとして設計されたからだ。比較的低コストで、誰の許可もなく、どこの誰であろうと、プログラムやアート作品、読み物、音楽、ゲーム、ウェブサイト、スタートアップ、その他創造したものをなんでも共有できる。そしてその作品の所有権は作った人にある。法律を破らない限り、誰かがルールを変えたり、後からお金をしぼり取ったり、作品を取り上げたりはできない。初期のネットワークである電子メールやウェブと同じように、デバイス同士をつなぐインターネットは誰の許可もなく利用でき、民主的に管理されるよう作られた。そこに優遇される者はいない。誰でもネットワークに作品を載せ、自分自身の創造性と経済性を管理できる。

このような自由と権利の保証が、創造性とイノベーションの黄金期を生み出し、1990年代から2000年代にかけてインターネットを大きく成長させた。そしてこの時代に人々の生き方、働き方、遊び方を根本から変える無数のアプリケーションが生まれたのである。

しかし、そこに転機が訪れた。

2000年代半ばから、数社の大企業が人々の手から所有権をかすめ取っていった。現在SNSでのやりとりの95%、SNSのモバイルアプリ使用の86%が上位1%のSNSに集中している[1]。また、検索トラフィックの97%が上位1%の検索エンジンに、電子商取引トラフィックの57%が上位1%のECサイトに集中しているのだ[2]。中国を除くと、アップルとグーグルの2社がモバイルアプリストア市場の95%以上を支配している。5大テック企業の時価総額がナスダック100指数に占める割合は、この10年で約25%から50%近くにまで上昇した[3]。スタートアップや作品を作る人たちは顧客を見つけ、フォロワーを増やし、仲間とつながるためにアルファベット（グーグルとユーチューブの親会社）やアマゾン、アップル、メタ・プラットフォームズ（フェイスブックとインスタグラムの親会社）、ツイッター（現X）など超大手テック企業が運営するネットワークにますます頼らざるをえなくなっている。

言い換えれば、インターネットの利用を仲介するサービスが現れたということだ。それまで許可なく使えたものが、番人の許可なしでは使えなくなったのである。

これの良い面は、何十億もの人が素晴らしい技術をほぼ無料で利用できるようになった点だ。

悪い面は、こうしたユーザーが利用できるのは、主に広告モデルのサービスを運営する中央集権型のインターネットだということである。ここで利用できるソフトウェアの選択肢は少数で、プライバシーの保護対策は甘く、ユーザーのオンライン上での権限は弱い。運営企業が力を持っており、プラットフォームのルールをいつでも変えられる。つまりスタートアップやクリエイターは、フォロワーや利益、自律性が奪われることを心配せずに成長できなくなっているのだ。

もちろん大手テック企業のサービスは素晴らしい価値を提供しているが、負の側面も多い。広範囲に及ぶユーザーの監視はそのひとつだ。メタやグーグルをはじめ、広告モデルのサービスを展開する企業は、ユーザーのクリックや検索、ユーザー同士の交流を逐一監視する複雑な追跡システムを持っている。[4]

これに対して現在、反発が起きている。インターネットユーザーの推定40%が、こうしたトラッキングから身を守るためにアドブロッカーを使用しているのだ。[5] アップルはプライバシー保護をマーケティングの中心に据え、メタとグーグルの方針をやんわりと批判する一方で、自社の広告ネットワークを着々と拡大させている。[6]

オンラインサービスを使用する際、ユーザーは複雑なプライバシーポリシーへの同意を求められる。しかし、これをしっかり読んでいる人はほとんどいないし、それに同意することは企業が個人情報を思いのままに使うことを許可するのと同義であると理解している人はさらに少ない。

大手テック企業は、ユーザーが見るものもコントロールしている。この最たる例は、企業が透明性のある手続きなしにユーザーをプラットフォームから追放する「デプラットフォーミング」だ。[7] ユーザーに知らせずに、その人の投稿が誰にも見られなくなる「シャドウバン」と呼ばれる措置も取られている。[8] 検索とソーシャルランキングのアルゴリズムはユーザーの人生だけでなく事業の成否、さらには選挙結果にさえ影響を与えることがある。にもかかわらず、サービスを動かすプログラムは責任を追及されない企業の経営陣が管理し、大衆の目による監視からも逃れているのだ。

これと同じくらい深刻だが目立たない問題は、力を持つインターネットの仲介企業がスタートアップの活動を制限・抑制したり、クリエイターに高い手数料を課したり、ユーザーの権利を奪っている点だ。このネットワークの設計は(1)イノベーションの停滞、(2)創造性への課税、(3)権力と資本の少数への集中化という3つの悪影響をもたらす。

インターネットのキラーアプリがネットワークであることを考えると、これは非常に危険な状況だ。オンラインでの活動のほとんどにネットワークが関わっている。ウェブとメールはネットワークだ。インスタグラム、ティックトック、ツイッターなどのSNSも、ペイパルやベンモなどの決済アプリも、エアビーアンドビーやウーバーのようなマーケットプレイスもネットワークだ。有用なオンラインサービスのほとんどがネットワークなのである。

コンピュータネットワーク、開発者プラットフォーム、マーケットプレイス、金融ネットワーク、SNS、オンライン上のあらゆるコミュニティも、インターネットが提供する重要で強力な機能だ。一般のインターネットユーザーから開発者、起業家まで、さまざまな人が数多くのネットワークを作って育て、そこに人々の交流が生まれ、あらゆるものが誕生した。しかし今、長く存在するネットワークのほとんどを民間企業が支配している。

企業所有のネットワークの問題は許可制であることに起因する。クリエイターやスタートアップが新しい製品を提供し、成長させるには、運営企業という権力を持つ門番の許可が必要だ。ビジネスの場合、親や教師から許しを得るときのように「はい」か「いいえ」といったわかりやすい答えをもらえるわけではない。交通ルールのように信号を守ればいいというものでもない。ビジネスでの許可制は圧政を敷くためにある。市場を独占するテック企業は許可制の力で競争を妨害し、市場を荒廃させ、手数料を徴収しているのだ。

そして、この手数料の額は法外である。5大ＳＮＳ（フェイスブック、インスタグラム、ユーチューブ、ティックトック、ツイッター）の売上の総額は年間約１５００億ドルに近い。そして主要なＳＮＳのほとんどの「テイクレート」（ネットワークの所有者がネットワークのユーザーから得ている収益の割合）は１００％か、それに近い（ユーチューブだけが45%と例外だが、この理由については後の章で説明する）。これは、つまり１５００億ドルの大部分が、そこで作品を掲載して価値を創造し、ネットワークに貢献しているユーザーやクリエイター、起業家にではなく、運営の懐に入っていることを意味する。

コンピュータ端末として最も利用されているスマートフォンの利用率、特にグローバルでの利用率を見るとこのアンバランスさがわかる。[9] 人々は1日に約7時間、インターネットと通信可能なデバイスを使用しており、そのうち約半分の時間をスマホに充てている。そして、その9割の時間をアプリで過ごしている。[10] これは、1日に約3時間もアップルとグーグルが独占する2大アプリストアに隷属するアプリに費やしている計算になる。アップルやグーグルは最大30%の手数料を開発者に課す。[11] これは決済業界の標準的な水準の10倍以上だ。こんなテイクレートは他に類を見ない。テック企業の影響力の大きさがわかる。そしてこれが、企業ネットワークは人々の「創造性に課税する」と書いた理由だ。文字どおりの「税」なのである。

それだけではない。大手テック企業はその強大な力で競合を抑え込んでいるので、結果として消費者の選択肢が減っている。フェイスブックとツイッターは2010年代初頭、自社のプラットフォーム上でユーザー向けのアプリを開発していたサードパーティ企業を排除するという反社会的な方針に転じた。こうした突然の取り締まりは多くの開発者の利益を損ねただけでなく、プロダクトや選択肢、自由が狭まることでユーザーの利益も損ねたのである。他の大手SNSもほぼ同じ道をたどっている。現在、SNSをベースにサービスを展開するスタートアップはほぼない。砂の上に事業を築くことの危うさを知っているからだ。

少し考えてみてほしい。リアルでもオンラインでも社会的なつながりは、人同士の交流と協力関係の基盤である。SNSは幅広い年齢の人が利用するアプリであるにもかかわらず、これまでの長い間、SNSを活用したサービスが生き残る、ましてや成功した例はない。その理由は単純だ。大手SNS企業が認めないからである。

無情な管理人はフェイスブックだけではない。他のプラットフォームも同じくらい冷酷だ。このことは、2020年末に米連邦取引委員会と州の司法長官が起こした反トラスト法訴訟でのフェイスブックの反論からもわかる。[12]「こうした制限はこの業界では標準的なものです」とフェイスブックの広報担当者は話した。サードパーティの成長を阻害する同社の方針は、リンクトインやピンタレスト、ウーバーなど他のプラットフォームが導入しているものとそう違わないと語ったのである。

大手プラットフォームは反競争的だ。アマゾンは自社のマーケットプレイスで売れ筋の製品を特定すると、その廉価版を提供して販売店の利益を奪う。[13] これはウォルマートやターゲットのような実店舗を持つ小売業者がプライベートブランドを展開し、メーカー品の隣に陳列する状況とある意味似ている。しかし、大きな違いはアマゾンが店舗だけでなくインフラも兼ねていることだ。ターゲットが小売店の陳列棚だけでなく、店に続く道路まで仕切っているようなものである。これは1社が持つには大きすぎる力だ。

グーグルもその力を乱用している。高額な決済手数料を課しているだけでなく、広く使われている検索エンジンで競合製品よりも自社製品を目立たせていると批判されている。[14] 現在、検索画面で最初に見える位置に表示されるのはグーグル製品を含むスポンサー広告だけで、小規模な競合は締め出されているのだ。グーグルはまた、ターゲティング広告の精度を高めるためにユーザーの情報を積極的に収集、追跡している。アマゾンも同じだ。自社製品を他社のものよりも上位に表示し、[15] ３８０億ドル規模の広告事業をユーザーの情報を集めて急成長させている。[16] アマゾンの広告事業はグーグル（２２５０億ドル）[17]とメタ（１１４０億ドル）[18]に次ぐ規模となっている。アップルもそう変わらない。同社の製品が好きな人は多い。けれど、アップルはアプリストアから競合他社をたびたび締め出しており、掲載を許可したアプリに対しても圧政を敷いている。その結果、複数の訴訟に直面することとなった。超人気ゲーム「フォートナイト」を開発するエピックゲームズは、アップルが同社のゲーム開発者によるアプリストアへのアクセスを遮断したことを受け、アップルを訴えた。スポティファイ、ティンダー、落とし物追跡タグのタイルなども、アップルの高額な手数料と反競争的な規則に対し、訴えを起こしている。[19]

大手テック企業には、ホームグラウンドで戦う以上の優位性がある。自社の利益のためだけに、ゲームのルールさえ書き換えられるのだ。

これはそんなに悪いことなのか、と思う人もいるかもしれない。多くの人は現状に疑問を感じていないか、深く考えていないかだ。大手テック企業が提供する快適なサービスに満足している。そもそも今は豊かな時代だ。企業ネットワークが認めている限りは、誰とでもつながれる。好きなだけコンテンツを読んだり、視聴したり、シェアしたりできる。個人情報を渡すだけで満足感のある「無料」サービスを受けられる（「無料サービスの商品はユーザー自身」という言い回しどおりだ）。

多くの人は問題を感じていない。もしかすると、このトレードオフにそれだけの価値がある、あるいはオンラインでの交流を楽しむ他の方法がないと考えているのかもしれない。

いずれにしろ、ひとつ確かなことがある。インターネットの中央集権化により、分散型だったはずのネットワークの権力が一点に集まってきているのだ。この一極集中化の動きはイノベーションを阻害し、インターネットの面白さ、ダイナミックさ、公正さを損なわせている。

これに問題を感じる人の多くは、大手テック企業を制御する唯一の方法を政府による規制だと考えている。それは解決策のひとつかもしれない。しかし、下手な規制は、大手の影響力を揺るぎないものにしてしまうという意図しない副作用を起こすこともある。中小企業には手に負えないコンプライアンスにかかるコストや複雑な規制にも、大手なら対応できるからだ。お役所的な手続きは新規参入を阻む。世界には平等に競える場が必要だ。そのためには「スタートアップと新しい技術は既存企業を監視するより効果的な方法を提供できる」という考えを前提にした適切な規制が必要である。

また、反射的な規制は、インターネットの特性を無視したものになる。今議論されている規制の多くは、インターネットを電話やケーブルテレビネットワークのような従来の通信網と同じものだと想定している。しかし、実際のところソフトウェアベースのネットワークであるインターネットは、昔のハードウェアベースのネットワークとは一線を画すものだ。

インターネットが機能するには、ケーブルやルーター、基地局、衛星といった通信会社が所有する物理的なインフラが必要なことは確かだ。こうしたインフラは歴史的に中立的な通信システムの立場を守り、すべてのインターネットトラフィックを公平に扱ってきた。「ネットワーク中立性」に関する規制はまだ議論中であるものの、今のところ業界は平等性を維持する方針である。このモデルでは、ソフトウェアが鍵を握る。ネットワークの末端にあるパソコンや携帯端末、サーバーで実行されるプログラムがインターネットサービスの振る舞いを規定している。そしてこのプログラムを改良し、適切な機能とインセンティブを備えた新しいソフトウェアをネット上に広められる。ソフトウェアの可変性をもってすれば、イノベーションと市場の力でインターネットを変えられるのだ。

ソフトウェアが特別なのは、それでなんでも作れるからだ。想像できれば、ソフトウェアに落とし込める。ソフトウェアは小説や絵画、洞窟の絵と同じく、人間の思考を表現したものだ。コンピュータはプログラムとして紡がれた人の考えを稲妻の速さで実行する。これが、スティーブ・ジョブズがかつてコンピュータを「知の自転車」と呼んだ理由だ。[20] 人の考えや能力を瞬時に実行し、加速させられるのである。

なんでも表現できるソフトウェアは工学というよりは芸術の一形態と捉えたほうがいい。プログラムの可変性と柔軟性により、表現の自由度は非常に高い。だから、それは橋を建設するような工学的な活動よりも、彫刻を彫ったり小説を書いたりといった創造的な活動に近いと言える。そして他の芸術と同じようにクリエイターは新しいジャンルやムーブメントをたびたび起こし、できることの常識を根本から変えるのだ。

今新たなムーブメントが起きている。もう修正できないほどインターネットの一極集中化が進んだように見えたちょうどその時、インターネットを再創造しようとする新たなソフトウェアムーブメントが誕生した。それは初期のインターネットの理念を返り咲かせるものだ。人々を押さえ込んでいる大手テック企業の力を弱めるだけでなく、作品の所有権をクリエイターに戻し、ネットワークの当事者としての権利と制御権をユーザーに与えられるようになる。

今よりもっと良い環境にできるはずだ。それにこのムーブメントはまだ始まったばかりである。インターネットは当初の約束を果たせる。起業家、技術者、クリエイター、ユーザーの力で実現できる。創造性と起業家精神を促進するオープンネットワークの夢を諦めるにはまだ早い。

ネットワーク3つの時代

インターネットが現在の形になった理由を理解するために、歴史を大まかに振り返りたい。ここでは概要に触れ、以降の章で詳しく解説する。

最初に伝えたいのは、インターネットの権力構造にはネットワークの設計が関係しているという点だ。ネットワークの設計はノード同士がどのようにつながり、やり取りするかを定め、全体の構造が決まる。専門的な話に聞こえるかもしれないが、これがインターネットでの権力とお金の流れを決める重要な要素である。設計段階での最初の小さな判断が、後々インターネットサービスの権力とお金の流れに大きく関わってくるのだ。

端的に言えば、ネットワークの設計がネットワークの運命を左右する。

これまでネットワークには競合する2つのタイプがあった。ひとつは「プロトコルネットワーク」。電子メールやウェブのように、ソフトウェア開発者のコミュニティといったネットワークのステークホルダーが制御するシステムだ。これらのネットワークは平等主義かつ民主的で、利用に許可はいらない。誰でも無料で使える。このシステムではお金と権力はネットワークの末端に流れる傾向にあり、それがネットワークを活用したサービスの成長を促進させる。

もうひとつは「企業ネットワーク」。コミュニティではなく、企業が所有し制御している。ひとりの庭師が管理する「ウォールドガーデン（囲われた庭）」、あるいは1社の巨大テック企業が運営するテーマパークのようなものだ。企業ネットワークは中央集権型で、利用には許可がいる。この構造だから企業は洗練された機能を素早く開発し、投資家を引きつけ、成長に再投資するための利益を得られる。お金と権力はネットワークの末端を構成するユーザーや開発者から中心、つまりネットワークを所有する企業へと流れる。

インターネットの歴史は3幕で展開すると私は考えている。それぞれの幕は支配的なネットワーク構造によって特徴付けられる。第1幕は「読み取り（リード）時代」だ。時期的には1990年から2005年頃のインターネットの初期、プロトコルネットワークが情報を民主化した。誰でもウェブブラウザに単語を入力するだけで、ウェブサイトを通じてあらゆる情報を見つけられるようになった。第2幕は、「読み取り／書き込み（リード／ライト）時代」。2006年から2020年頃、企業ネットワークが情報発信を民主化した。SNSなどのサービスに投稿することで、誰でも多くの人に向けたコンテンツを作成、公開できるようになった。

そして、今、新しい構造を持つネットワークの登場により、インターネットの第3幕が明けようとしている。このネットワークの構造は前の2つを自然な形で融合しながら、所有権を民主化する。「読み取り／書き込み／所有（リード／ライト／オウン）時代」の幕開けだ。誰もがネットワークのステークホルダーとなり、かつて株主や従業員といった少数の関係者だけが手にしていた権力と経済的な恩恵を享受できる。この新しい時代は大手テック企業の中央集権に対抗し、インターネット本来のダイナミックなあり方を取り戻すものだ。

人々はインターネット上で読み書きができるようになった。これからは所有できるようになる。

ブロックチェーンネットワークという新しいムーブメント

この新しいムーブメントは人によって呼び方が違う。

一部の人は「クリプト」（暗号資産）と呼ぶ。暗号化技術が基盤にあるからだ。「Web3」と呼ぶ人もいる。インターネットを第3の時代へと導く技術であることを示す呼び名だ。私はどちらも使うことがあるが、基本的には「ブロックチェーン」や「ブロックチェーンネットワーク」といった、定義がはっきりしている用語を使うようにしている。ブロックチェーンはこのムーブメントの根底を成す技術のことだ（ブロックチェーンネットワークをプロトコルと呼ぶ人もいるが、この本で説明しているプロトコルネットワークとは異なる概念なので本書では使わないことにする）。

呼び方がどうであれ、重要なのはブロックチェーンの核となる技術、独自の優位性である。ただし、それを理解するには正しい見方を知る必要がある。

ブロックチェーンは複数の当事者が編集、共有、信頼できる新しいタイプのデータベースだと説明する人がいる。これは良いスタート地点だ。もう少し説明すると、ブロックチェーンは新しい種類のコンピュータだ。コンピュータと言っても、スマートフォンやラップトップのようにポケットに入れたり、机の上に置いたりはできない。それでもブロックチェーンはコンピュータの古典的な定義にぴったりと当てはまる。ブロックチェーンは情報を保存し、その情報を操作するソフトウェアに定義されたルールに則《のっと》って動く。ブロックチェーンの重要性は、ブロックチェーン自体とそれを使って作られるネットワークを制御する独自の方法にある。従来のコンピュータでは、ハードウェアがソフトウェアを制御する。そして物理的なハードウェアは個人または組織が所有し制御している。つまり、基本的には特定の個人や団体がハードウェアとソフトウェアの両方を管理しており、所有者の気が変わったら、いつでも制御しているソフトウェアを変更できるということだ。

一方でブロックチェーンは、従来のインターネットで見られるハードウェアとソフトウェアの力関係を逆転させる。ブロックチェーンでは、ソフトウェアがハードウェアデバイスのネットワークを管理する。素晴らしいことにソフトウェアが優位なのだ。

これの何がすごいのか。ブロックチェーンは、史上初めて破ることのできないルールをソフトウェアで敷くことができるコンピュータだからである。ブロックチェーンはソフトウェアの強制力により、ユーザーに提供する機能を保証する。そのひとつがデジタル所有権であり、これにより経済的利益とガバナンスの権利をユーザーの手に委ねることができるのだ。

それでブロックチェーンはどんな問題を解決できるのか？

先々の動作を保証するブロックチェーンの性質が新しいネットワークの土台にある。これにより、従来のネットワーク構造に伴う問題を解決できる。ブロックチェーンネットワークを使えば、企業の利益よりもユーザーの利益を優先するソーシャルネットワークを作れる。商取引が発生するマーケットプレイスや決済ネットワークも作れる。しかもテイクレートは基本的に低い。さらには新たな収益化の方法を持つメディア、互換性があり没入的なデジタル世界、クリエイターから搾取するのではなく報酬を提供できるAIサービスなどを作れるようになるのだ。

ブロックチェーンを使えばネットワークを作れる。そして重要なポイントは、他の構造のネットワークとは異なり、より望ましいネットワークを生み出せることだ。イノベーションを奨励し、創造税を減らして、ネットワークに貢献する人たちが運営にまつわる意思決定に参加し、利益の分配を受けられるネットワークである。

「ブロックチェーンで何ができるか？」と聞くのは、「木材ではなく、鋼で何ができるか？」と聞くのと似ている。どちらでも建物や鉄道を作ることができるが、鋼を使えばより高い建物や頑丈な鉄道、産業革命の始まりに登場したような大掛かりな公共事業を実現できる。ブロックチェーンを使えば、今のネットワークよりも公平で耐久性があり、強靭なネットワークを作れるのだ。

ブロックチェーンネットワークは、プロトコルネットワークの社会的な利益と、企業ネットワークの競争上の優位性を兼ね備える。ソフトウェア開発者は誰の許可なく自由に利用できる。クリエイターはファンと直接つながることができ、取引手数料も低い。そしてユーザーは利益の分配と運営への参加権を得る。さらに、ブロックチェーンネットワークには企業ネットワークのものに匹敵する技術的、財務的な機能もある。

ブロックチェーンネットワークは、より良いインターネット作りに使える新しい建材なのだ。

本質を見抜く

新技術は物議を醸す。ブロックチェーンも例外ではない。

多くの人はブロックチェーンに対し、詐欺や一攫千金を狙う投機という印象を持っている。それはある面では正しい。1830年代の鉄道ブームから1990年代のドットコムバブルまで、過去の技術革新のバブル期にも同じことが起きていた。ドットコムバブルではペッツ・ドット・コムやウェブバンなどが派手に失敗している。[21]

世間はIPOや株価に注目しがちだが、そうした浮き沈みを気にせず高い視座を持ち、袖をまくり上げて人々の期待に応える製品やサービスを作った起業家や技術者もいた。投機家もいたが、未来を作ろうとする人たちもいたのだ。

現在、ブロックチェーンを巡って2つのグループが対立している。ひとつは私が「カジノ」と呼ぶ者たちだ。彼らは短期的な取引や投機に関心があり、もう一方のグループよりも目立つ。そしてこの「カジノ」のギャンブル文化が暗号資産取引所FTXの破産のような大惨事につながった。彼らはメディアの注目を集め、大衆がブロックチェーンに対して持つイメージに大きな影響を与える。

もうひとつは、私が「コンピュータ」と呼んでいるグループだ。こちらはより真剣に新技術に向き合い、長期的な視点で開発に取り組んでいる。このグループの人たちは、ブロックチェーンの金融的な側面は参加者の利害を一致させるインセンティブの仕組みを作る手段であることを理解している。彼らは、より良いネットワーク、そしてその結果としてより良いインターネットを作れるブロックチェーンの潜在的な力に気付いているのだ。この人たちは目立たずあまり注目されないが、より長期的な影響をもたらすものを作っている。

ただし、これはお金を稼ぐことに興味がないという意味ではない。私はベンチャーキャピタリストだ。テクノロジー産業の大部分は利益を追い求めている。しかし、本物のイノベーションが金銭的なリターンを生み出すまでには時間がかかる。だからこそ、私たちを含めほとんどのベンチャーキャピタルファンドは、10年と意図的にファンドの運用期間を長く設定している。価値ある新技術を生み出すのには10年、場合によってはそれ以上かかる。「コンピュータ」は長期を見据えている。「カジノ」はそうではない。

このソフトウェアムーブメントが今後どのように進むかを巡って、「コンピュータ」と「カジノ」がせめぎ合っている。もちろん、楽観主義も悲観主義も行き過ぎることがある。ドットコムバブルの崩壊は、多くの人にそのことを知らしめた。

惑わされないためには、根底にある技術の正しい使い方と誤用を区別しなければならない。金づちがあれば家を建てることも、壊すこともできる。窒素は何十億もの人々が口にする作物の肥料に使われるが、爆薬にも使われる。株式市場は社会の資本と資源を生産的な場所に割り当てることができるが、破滅的な投機的バブルを生み出すこともある。どの技術にも人にとって有益な面と有害な面がある。ブロックチェーンも例外ではない。重要なのはどう悪い面を減らして、良い面を最大限に引き出すかだ。

インターネットの未来が決まる

この本ではブロックチェーンの本質、つまりコンピュータとしての技術と、それで実現できることを説明したい。読者が本書を読み終える頃には、ブロックチェーンがどのような問題を解決し、なぜこのような解決策が今すぐ必要なのかを正確に理解できるようになっているだろう。

ここで提示する知見や洞察、考え方の枠組みは、私のインターネット業界での25年間のキャリア経験に基づくものだ。私はソフトウェア開発者として働きはじめ、2000年代に起業した。会社を2社立ち上げ、それぞれマカフィーとイーベイに売却している。その過程でキックスターターやピンタレスト、スタックオーバーフロー、ストライプ、オキュラス、コインベースなど、人気製品を展開する企業に初期から投資する機会を得た。私はコミュニティが所有するソフトウエアとネットワークを長年支持し、2009年からこのテーマやスタートアップと技術全般についてブログで発信している。

ブロックチェーンネットワークに直接関わるようになったのは、RSSのようなプロトコルネットワーク、つまり発信や投稿に関連したオープンソースのプロトコルが、フェイスブックやツイッターのような競合する企業所有のネットワークに敗れたことについて考えていた2010年代初頭のことである。この経験で得た知見が、私の今の投資方針の基盤となっている。

インターネットの未来を理解するには、その歴史を知る必要がある。だから、本書の第1部では1990年代初頭から現在までに起きた2つの時代に焦点を当て、インターネットの歴史を振り返る。

第2部ではブロックチェーンを深く掘り下げ、それがどのように機能し、なぜ重要なのかを説明する。ブロックチェーンネットワークを構成するブロックチェーンおよびトークン、そしてそれを動かす技術的、経済的メカニズムを解説する。

第3部では、ブロックチェーンネットワークがユーザーをはじめとする他のネットワーク参加者にどのように役立つかを説明し、「なぜブロックチェーンを使うべきなのか?」というよくある質問に答える。

第4部では、政策や規制に関する難しい問題や、ブロックチェーンの周辺に発展した有害なカジノ文化にまつわる疑問に向き合おう。カジノ文化は大衆が持つブロックチェーンの印象を悪くし、その潜在能力を人々に伝わりにくくしている。

最後に、第5部ではそれまでに紹介した歴史と概念に基づき、ソーシャルネットワーク、ゲーム、仮想空間、メディア事業、共創的な作品づくり、金融、人工知能など、ブロックチェーンと接点のある領域についてさらに深く掘り下げる。ブロックチェーンネットワークの力がどのようなもので、それらが既存のアプリケーションのより良い基盤となる理由と、これまで不可能だった新しいアプリケーションを実現する方法について説明する。

この本は、私がインターネット業界でのキャリアを通じて学んだことを凝縮したものだ。幸運なことに、これまで多くの優れた起業家や技術者と出会ってきた。ここで説明する多くのことは、彼らから学んだことである。開発者、起業家、企業の幹部、政策立案者、アナリスト、ジャーナリスト、あるいは単に今世界で何が起きているのか、世界はどこへ向かっているのかを理解したい人にとって、この本が未来を案内し、作り、参加する助けになることを願っている。

ブロックチェーンネットワークはインターネットの中央集権に対抗できる最も信頼でき、公共志向を持つ技術であると考えている。これはインターネットのイノベーションの終わりではなく、始まりだ。

しかし、事態は急を要する。[22] すでに米国はこの新しいムーブメントで遅れを取っており、過去5年間でソフトウェア開発者のグローバルシェアは40%から29%に減少した。人工知能の急速な台頭も大手テック企業への権力の集中を加速させる可能性がある。人工知能は驚くべき未来の実現を約束するものだが、大量のデータを持つ資本力のある企業にとって有利な分野だ。

人々が今決めたことが、インターネットの未来を作る。誰がそれを作り、所有し、使用するのか。どこでイノベーションが起こるのか。それがどんな体験をもたらすのか。ブロックチェーンとそれで作られるネットワークは、インターネットをキャンバスとする芸術としてのソフトウェアの驚異的な力を解き放つ。このムーブメントには歴史の流れを、人類のデジタルとの関係性を、何ができるかの常識を一変させる力がある。そしてこれには開発者、クリエイター、起業家、ユーザーであれ、誰もが参加できる。

今あるインターネットをただ維持するのではなく、理想のインターネットを作るチャンスなのだ。

1 読み書きの時代

Read. Write.

Part One

第1章 ネットワークが重要な理由

Why Networks Matter

爆弾よりもずっと重要なことについて考えている。コンピュータだ。[1]

数学者　ジョン・フォン・ノイマン

ネットワークの設計がネットワークの運命を左右する。

ネットワークは何十億もの人々がお互いに理解し、交流するための枠組みだ。このネットワークが世界を勝ち組と負け組とに分ける。そこで使われるアルゴリズムは、お金と人々の注目がどこに集まるかを左右する。そしてネットワークの構造が、そのネットワークがどのように進化し、富と権力がどこに集まるかを決定づけている。現在のインターネットの規模を考えると、ソフトウェア設計における初期の決定は、それがどんなに些細なものであっても、後々多大な影響を及ぼすことになる。

ネットワークを制御するのは誰か。これがインターネット上での影響力を分析する上で重要だ。物理的な世界よりもデジタルな世界（〝原子〟よりも〝ビット〟）を偏重しているとスタートアップ業界を批判する人たち[2]は、勘違いしている。インターネットの影響はデジタルの世界に留まらない。それは広く現実の社会や経済と交差し、浸透し、強く影響を及ぼすのだ。

テック分野の投資家でさえ、この点を履き違えている。[3]たとえば、ペイパルの共同創業者でベンチャーキャピタリストのピーター・ティールはかつて「空飛ぶクルマを望んだのに、手に入ったのは１４０文字だ」と言った。投稿できる文字数をもともと１４０文字に制限していたツイッターを槍玉《やりだま》にあげているが、本質的にはソフトウェアに夢中なテック業界に向けた批判だ。

ツイートは、取るに足らないものと思うかもしれない。しかし、それは個人の考えや意見、さらには選挙やパンデミックの行く末に至るまで、あらゆるものに影響を与える。技術者らはエネルギーや食糧、交通、住宅などの問題に十分な関心を向けていないと言う人たちは、デジタルと現実世界が互いに深く結びついていることを見落としている。インターネットというネットワークは、ほとんどの人の「現実世界」との関わりを仲介しているのだ。

デジタルと現実世界との結びつきは見えづらい。ＳＦ小説に描かれる自動化はわかりやすい。旅行代理店の担当者がロボットになるといったように、物理的なものをデジタルなものに直接置き換えている。しかし、現実での自動化の多くは間接的に起きる。物理的なものを本当の意味で置き換えるのはデジタルなネットワークだ。旅行代理店の仕事は、検索エンジンや旅行サイトに吸収された。郵便局や郵便受けはまだあるが、メールの登場以来、取り扱う手紙の量は大幅に減少している。個人用航空機は交通機関の代わりにはなっていないが、ビデオ会議などのインターネットサービスの登場により、そもそも現地に足を運ぶ必要性は減っている。「空飛ぶクルマを望んだのに、手に入ったのはズームだ」というわけだ。

インターネットはまだ新しく、デジタル世界は過小評価されがちである。使われている言葉にもそれは現れている。「メール（手紙）」や「コマース（商取引）」に付属する形で名付けられた「eメール」や「eコマース」は元となった物理的な活動よりも低く見られがちだ。しかし、今の時代ますます「eメール」が「メール」に、「eコマース」が商取引になっている。物理的な世界こそ「リアルな世界」と考える人は、自分たちが非常に多くの時間を費やしている場所のことが見えていない。当初は真剣に取り合われなかったソーシャルメディアのようなイノベーションが、今や世界の政治からビジネス、文化、個人の世界観に至るまですべてを形成するようになっているのだ。

昨今の新技術は、デジタル世界と現実世界をさらに近づける。人工知能はコンピュータを飛躍的に賢くする。仮想現実や拡張現実用ヘッドセットはデジタルの体験を向上させ、没入感をもたらす。物や場所に埋め込まれたインターネットと接続するコンピュータ、いわゆるIoTデバイスが身の回りにあふれるようになる。人々の周りにあるすべてのものに世界を理解し変えるためのセンサーとアクチュエータ（変換装置）が備わるようになるのだ。そして、これらすべてがインターネットというネットワークを経由している。

だから、ネットワークは重要だ。[4]

最も基本的なネットワークは、人や物のつながりを並べた一覧のことだ。オンラインでは、人々の関心があるものがカタログ化されている。そして、ネットワークはその情報を人々の耳目を集めるためのアルゴリズムに供給する。SNSのフィードは、そのアルゴリズムを元にユーザーの興味関心を推定して、さまざまなコンテンツや広告を提供している。メディアのコンテンツの「いいね」数やマーケットプレイスの商品の評価などが、新しいアイデアや興味関心、衝動的な行動の流れを導いているのだ。このようなキュレーションがなければ、インターネットは構造化されない情報であふれ、使い物にならない。

インターネット経済はネットワークを強力に促進する。産業経済では、企業は主に範囲の経済と規模の経済を通じて生産コストを減らし、影響力を獲得する。生産手段を所有し投資する者にとって、鉄鋼や自動車、医薬品、甘い炭酸飲料といった製品の製造にかかる限界費用を下げることが優位性となる。

一方で、インターネットでは流通の限界費用はほぼ無視できるため、影響力は別の方法で蓄積される。それがネットワーク効果だ。

ネットワーク効果は、ネットワークの価値がノードや接続数が増えることで増大することを意味する。電話回線や交通のハブとなる空港などの施設、他端末との接続が重要なコンピュータもノードになるが、人もノードとして機能する。よく知られたネットワーク効果の方程式である「メトカーフの法則」は、ネットワーク通信の価値は接続されているノードの2乗に比例するとした。たとえば、ノード数が10のネットワークはノード数が2のネットワークの25倍の価値があり、ノード数が100のネットワークはノード数が10のネットワークの100倍の価値があることになる。この法則は、イーサネットの共同発明者で、ネットワーク機器メーカー、スリーコムの創業者であるロバート・メトカーフ[5]が1980年代に提唱した。

しかし、すべてのネットワークのつながりが等しく有用であるとは限らないので、この法則をアレンジしたバージョンも提唱されている。[6]コンピュータ科学者のデビッド・リードが自身の名を冠した「リードの法則」を提案したのは1999年のことだ。[7]この法則は大規模なネットワークの価値はネットワークの規模と共に指数関数的に増大することを示しており、人間がノードとなるソーシャルネットワークの価値を表すのに最も適している。フェイスブックの月間アクティブユーザーは約30億人だ。[8] リードの法則によれば、フェイスブックのネットワークの価値は2の30億乗となるが、その数はあまりにも大きく、紙に印刷したら300万ページにもなる。

どの法則を使おうと、ネットワークの価値はノード数の増加に伴い劇的に大きくなるということだ。

ネットワーク効果が、究極のネットワークのネットワークであるインターネットで強力に働いているのは当然である。人は人がいるところに集まる。ツイッターやインスタグラム、ティックトックなどのサービスに価値があるのは、それを使っている人が何億人もいるからだ。インターネット上にある多くのネットワークにも同じことが言える。ウェブ上でアイデアを発信する人が多いほど、情報ネットワークは豊かになる。メールや「ワッツアップ」でメッセージを送る人が多いほど、その通信ネットワークは生活に欠かせないものになる。決済サービスのベンモやスクエア、ウーバー、アマゾンも使う人が多いほどサービスの価値が増す。基本的に参加している人が多ければ多いほどネットワークの価値は高まるということだ。

ネットワーク効果は小さな優位性を雪だるま式に大きくする。だから、ネットワークを支配している企業はその優位性を執拗に守ろうとユーザーが離れられないように工夫する。そもそもネットワークを離れるとせっかく集めたフォロワーを失うことになるので、ユーザーは離れるのをためらうのだ。これは数社の大手テック企業に権力が集中している理由を部分的に説明する。しかし、これが続けばインターネットの中央集権化はさらに進み、強力な番人がその力を使って創造性とイノベーションを締め出そうとするだろう。放置されれば経済の停滞、均質化、生産性の低下、不平等を招くことになる。

一部の政策立案者は、規制によって大手インターネット企業の力を削ごうとしている。[9] 大手による企業買収を阻止したり、会社を分割したりするといった案が話し合われているのだ。[10] ネットワーク間の連携を可能にする企業間の相互運用を求める規制案もある。これが実現されればユーザーは他者とのつながりを失わずにサービスを乗り替えたり、ネットワークをまたいで自由にコンテンツを読んだり投稿したりできるようになる。

こうした規制案は既存企業の力を抑え、競合が参入する余地を生み出せるかもしれない。しかし、一番良い長期的な解決策は、そもそも権力の集中を招かないよう設計された新しいネットワークをいちから構築することだ。資金力のあるスタートアップは新しい企業ネットワークを作ろうとする。しかし、それが成功しても企業ネットワークに伴う問題が再び現れるだけだ。今必要なのは、より大きな社会的利益を提供でき、企業ネットワークより人々に選ばれる新しいネットワークである。具体的には、初期のインターネットで特徴的だった、オープンで利用に許可がいらないプロトコルネットワークと似た利点を持つネットワークだ。[11]

第2章

プロトコルネットワーク
——オープンで利用に許可がいらない

Protocol Networks

URL、HTTP、HTMLしかないウェブの設計をうまく飲み込めない人が多かった。ウェブを「制御」している中央コンピュータは存在しない。それらのプロトコルが動作する単一のネットワークもない。ウェブを「運営」している組織なんてどこにもない。ウェブは特定の「場所」に物理的に存在する「もの」ではなく、情報が存在する「空間」なのだ。[1]

ウェブを考案した科学者　ティム・バーナーズ＝リー

プロトコルネットワークの歴史を振り返る

米軍が、米国防総省の高等研究計画局（ARPA）にちなんで名付けられた最初期のインターネット[2]「ARPANET」を立ち上げたのは、1969年秋のことだった。

それからの数十年間、研究者と開発者の幅広いコミュニティがインターネットの発展を率いた。

学者や技術者は、自分たちにとって馴染みのあるオープンアクセスの文化をインターネットに持ち込んだ。彼らは自由な意見交換、平等な機会、実力主義を重視し、インターネットサービスを使う人、つまりユーザーが力を持つべきと考えていた。そしてインターネットの研究コミュニティ、諮問グループ、タスクフォースの構造とガバナンスにも、彼らの民主的な理念を反映したのである。

１９９０年代初頭にインターネットが政府と学界から一般ユーザーへと広まった際もこれは変わらず、ネットワークに参加した多くの人も平等主義の精神を受け入れた。サイバースペースは徹底的に開かれていた。詩人で活動家、ロックバンド「グレイトフル・デッド」の作詞家としても知られるジョン・ペリー・バーロウ[3]は、１９９６年に書いた「サイバースペース独立宣言」で「私たちは人種や経済力、軍事力、出生地により個人の権利が損なわれることも優遇されることもない、すべての人が参加できる世界を創造している」と記している。インターネットは自由の象徴、そして新たな始まりだった。

同じ理念が、インターネットを構成する技術にも反映されている。利用許可の要らないプロトコルに従ってインターネットは動いている。プロトコルとはネットワークに参加するコンピュータが準じる一連のルールのことだ。ギリシャ語の「プロトコロン（prōtokollon）」に由来するこの言葉はもともと「巻の最初のページ」、つまり目次を指すことが多かった。それが時を経て「外交上の慣習」という意味になり、20世紀には「ソフトウェア技術の標準規格」を指す言葉として使われるようになった。コンピュータの文脈での「プロトコル」の意味が広まった契機は、ＡＲＰＡＮＥＴの登場である。すべての人に開かれ、アクセスを保証する「プロトコル」がインターネットの発展の基盤にあったからだ。

プロトコルは英語やスワヒリ語といった自然言語と同じようなものである。同じ言葉を使うコンピュータ同士は通信できる。しかし、話し方を変えたら言葉が通じなくなるだろう。テック業界ではこれを「相互運用性を失う」と表現する。方言から新しい言語が生まれることがあるように、あなたの影響力が強ければ、相手に話し方を変えてもらえる場合もある。とはいえ、それは相手も同じ言葉を使うことに合意した場合に限る。つまり、プロトコルも言語も他者の合意があって初めて成り立つのだ。

コンピュータデバイス上で機能するプロトコルは、複数のプロトコルが積み重なった階層構造になっており、まとめて「インターネットスタック」と呼ばれている。[4] スタックのすべての階層とそれぞれの違いを知ることはコンピュータ科学者にとっては有益だ。よく知られている「OSI（Open Systems Interconnection）」参照モデルはスタックを7つに分けて説明している。しかし、ここでは大まかに3つに分けて説明したい。最下層がハードウェアだ。つまり、サーバーやパソコン、スマートフォン、インターネット通信が可能なデバイス（テレビやカメラなど）と、それらを互いに接続するネットワークハードウェアのことである。他の層はこの上に積み重なっている。

ハードウェアの上にあるのは、インターネットプロトコル（IP）として知られるネットワークの層だ。[5] このプロトコルは、ハードウェア層に位置するマシン間のパケット（情報の伝送単位）のフォーマット、アドレスの指定、ルーティングを規定する。この標準はARPANETを開発した同じ研究所の研究者、ヴィントン・サーフとロバート・カーンにより、1970年代に開発された（ARPAは後にDARPAに名前を変え、ステルス技術やGPSなど最先端の技術の発明にも貢献している）[6]。インターネットプロトコルの実装は1983年1月1日に正式に完了し、その日が「インターネットの誕生日」と広く見なされている。

インターネット層の上に、ユーザー向けアプリケーションが接続するアプリケーション層がある。この層には主要なプロトコルが2つある。ひとつは電子メールだ。電子メールのプロトコルは「SMTP（Simple Mail Transfer Protocol）」[7]と呼ばれている。カリフォルニア大学の研究者、ジョン・ポステルが1981年に電子メール通信を標準化し、広く普及する土台を築いた。ケイティ・ハフナーとマシュー・ライオンによるインターネットの歴史を綴った「Where Wizards Stay Up Late」[8]にはこう書かれている。「音楽

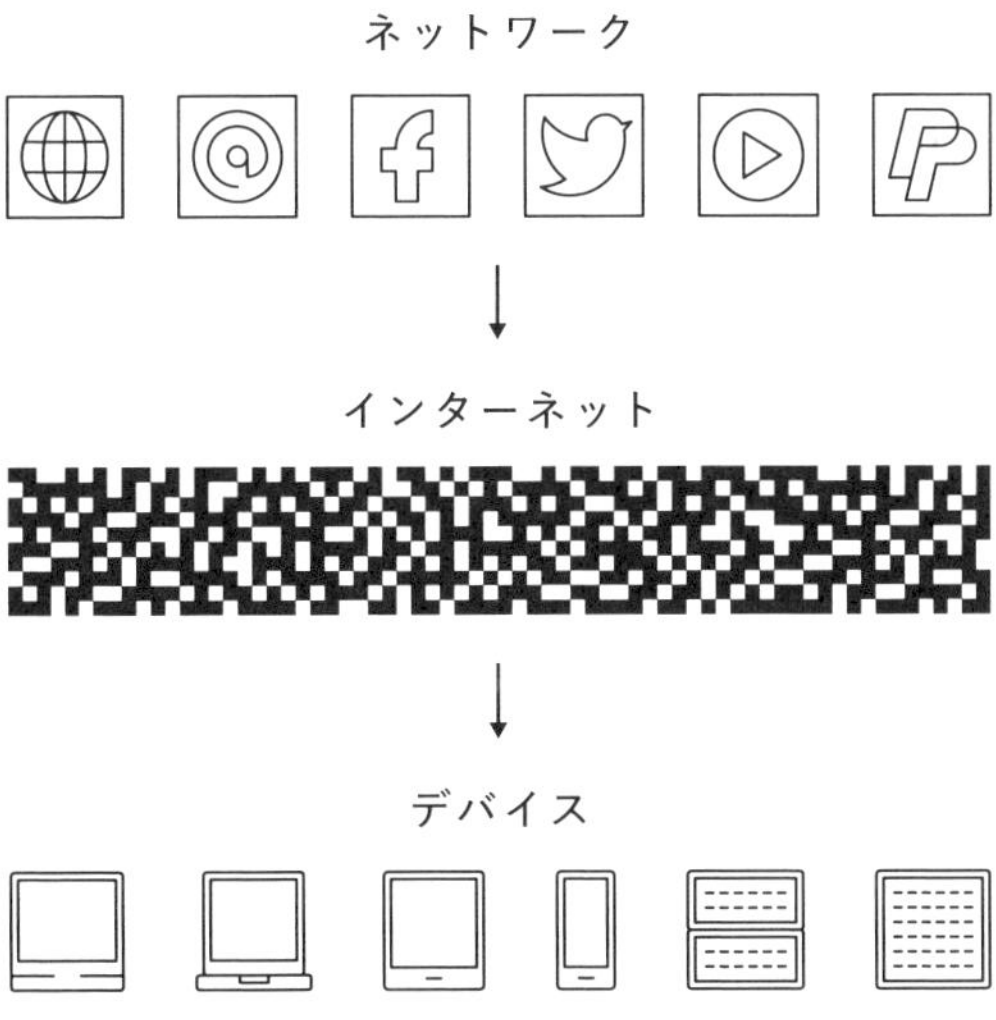

愛好家やオーディオのファン向けに発明されたＬＰ盤が新たな産業を生み出したように、当初、ＡＲＰＡＮＥＴ上のコンピュータ科学者のエリートたちの間で使われていた電子メールは、プランクトンが増殖するようにインターネット中に広まった」

２つ目はウェブ、「ＨＴＴＰ（Hypertext Transfer Protocol）」とも呼ばれるプロトコルのおかげでさまざまなアプリケーションが花開く。１９８９年、スイスの物理学研究所ＣＥＲＮで働いていた英国の科学者ティム・バーナーズ＝リーが「ＨＴＴＰ」と共に、ウェブサイトのフォーマットと表示に使うマークアップ言語「ＨＴＭＬ（Hypertext Markup Language）」を発明した。（「インターネット」と「ウェブ」は同じ意味で使われることがあるが、実際は異なるネットワークである。インターネットはデバイス同士をつなぐもの、ウェブはウェブページ同士をつなぐものだ）。

電子メールとウェブが広く普及したのは、そのシンプルさと汎用性、そして開放性のおかげだ。これらのプロトコルが登場すると、開発者らはそれに対応する電子メールクライアントやウェブブラウザを開発した。その多くがオープンソースだった。誰でもクライアント（今ではアプリと呼ばれているもの）をダウンロードして使うことができる。プロトコルに対応するクライアント経由で、プロトコルが形成するネットワークにアクセスして参加できるのだ。言い換えれば、クライアントはプロトコルネットワークに通じるポータルやゲートウェイのようなものである。

ユーザーがプロトコルと通信する際、クライアントが重要になる。たとえば、ウェブが主流になったのは、１９９３年に一般消費者にも使いやすいクライアントであるウェブブラウザ「モザイク」が登場してからのことだ。[9] 現在はグーグルの「クローム」、アップルの「サファリ」、マイクロソフトの「エッジ」といった企業提供のブラウザが広く使われている。メールクライアントではGmail（グーグルのサーバー上でホストされており、企業が提供している）や、マイクロソフトのアウトルック（ローカルマシンにダウンロード可能で、企業が提供している）が人気だ。企業提供のもの、オープンソースのものを含め、ウェブや電子メールサーバーに対応しているソフトウェアにはさまざまなものがある。

インターネットの基盤となっている通信システムは分散型だ。したがって、どんな強力な攻撃にも耐えられる。すべてのノードは平等に扱われるので、一部が破壊されても機能し続けられるのだ。電子メールとウェブの設計はこの哲学に基づいている。すべてのノードは「ピア（同等）」であり、他より優遇されるものはない。

しかし、「名前」という特別な機能を制御するインターネットの構成要素の設計

プロトコルネットワーク

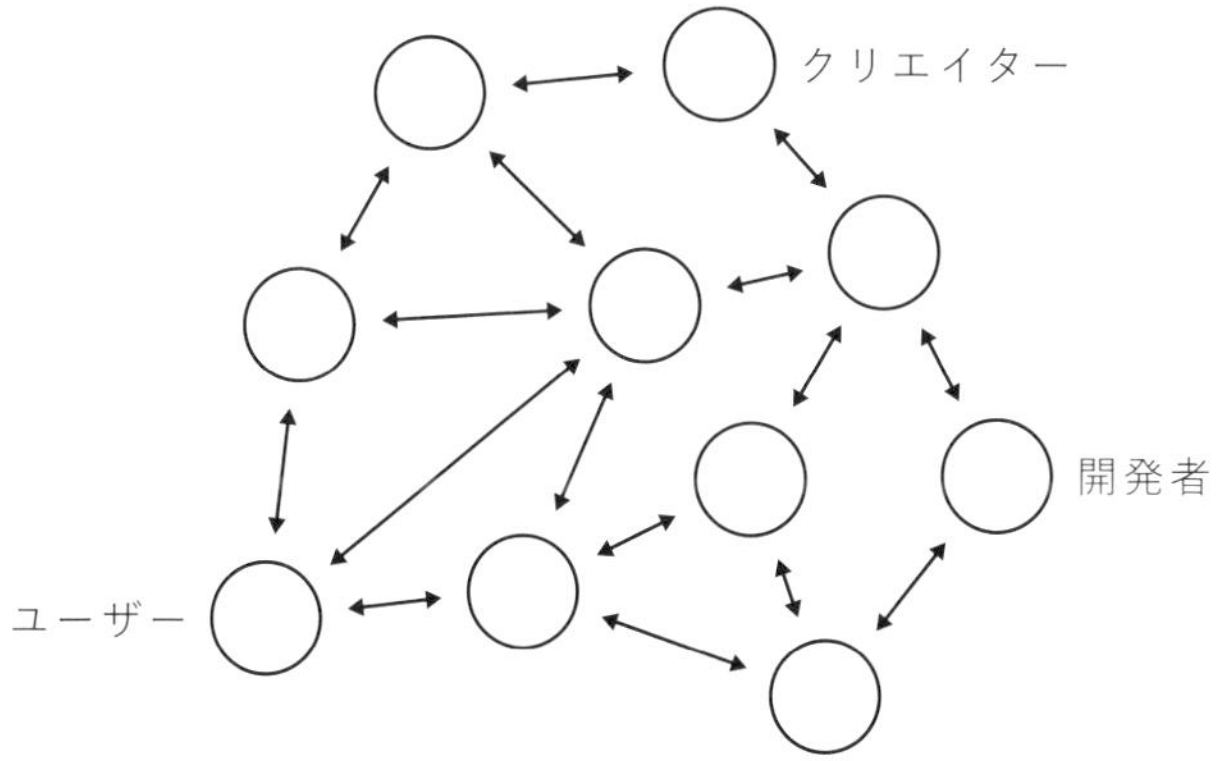

は異なる。

どのネットワークにも「名前」が必要だ。名前は最も基本的なアバターで、コミュニティを作る上で欠かせない。たとえば、私のツイッターのユーザー名は「@dixon」で、ウェブサイトのドメイン名は「cdixon.org」だ。人間が読めるこうした名前があるからこそ、人々は私を特定し、連絡できるのである。誰かが私をフォローしたり、友達になったり、何かを送ったりするとき、この名前を目印にするというわけだ。

マシンにも名前がある。コンピュータはインターネット上でＩＰアドレスと呼ばれる一連の数字により互いを識別している。人間には覚えづらいが、マシンにとっては簡単だ。ウィキペディアを見たいなら198.35.26.96でユーチューブなら208.65.153.238だ。ウェブページを利用しようとするたびに、こうした数字の羅列を思い出さなければならなかったらどうだろう。人間には電話番号のアドレス帳のようなディレクトリが必要である。

１９７０年代から１９８０年代にかけて、スタンフォード研究所のネットワークインフォメーションセンター（ＮＩＣ）が公式のインターネットディレクトリを管理していた。[10] すべてのアドレスを「HOSTS.TXT」というファイルにまとめて継続的に更新し、ネットワークの参加者全員に配布したのである。アドレスが変更されたり、新たなノードが追加されたりするたびに（これは頻繁に起きた）、全員がこのファイルを更新した。しかしネットワークが拡大するにつれて記録の管理は煩雑になり、より簡単に正しい情報が見つかるシステムが必要になった。

そこで登場したのがドメインネームシステム（ＤＮＳ）である。[11] 米国のコンピュータ科学者であるポール・モカペトリスが１９８３年にこのネットワークの名前の管理という問題を解決するために発明した[12]。ＤＮＳの仕組みは複雑だが、考え方はシンプルである。人間が読みやすい名前と物理的なコンピュータのＩＰアドレスを紐づける。このシステムは分散型でありながらも階層構造となっている。最上位の階層は政府関連機関、大学、企業、非営利団体といった国際的な組織で構成され、今でもシステムの運営に重要な役割を担う13のルートサーバーを管理している。

　商用インターネットが台頭した１９８０年代から１９９０年代に、ポステルが指揮するチームがカリフォルニア大学でＤＮＳを管理していた[13]。１９９７年、エコノミスト誌は彼の役割の重要性についてこのように書いている[14]。「ネットに神がいるとするなら、それはおそらくジョン・ポステルだろう」。しかし、インターネットが普及するにつれて、ＤＮＳの管理の長期的な解決策が必要になった。そこで１９９８年秋から米国政府はドメイン名、ＩＰアドレスなど、インターネットの基盤資源の監督を新たに創設された非営利団体「ＩＣＡＮＮ《アイキャン》」に引き継いだのである（２０１６年10月に独立したＩＣＡＮＮの運営は国際的なマルチステークホルダーモデルとなり[15]、今でも人々が使っているシステムを管理し続けている）。

　インターネットの機能にＤＮＳは欠かせない。たとえば、ウェブブラウザで「google.com」や「wikipedia.org」といったウェブサイトを検索するとき、ユーザーが使用しているインターネットサービスプロバイダーは、ＤＮＳリゾルバと呼ばれる特別なサーバーを通じて「.com」や「.org」のようなドメインを管理する最上位のＤＮＳサーバーに問い合わせをしている。最上位のサーバーは正しいＩＰアドレスを提供できる下位のサーバーを指し示し、その下位のサーバーが、ユーザーが目的のウェブサイトを見られるようドメイン名に対応するＩＰアドレスを返すのだ。この一連の工程はＤＮＳルックアップと呼ばれ、ウェブサイトに接続しようとするたびに瞬時に行われる（正確にはルックアップを高速化するため、DNSプロバイダーはユーザーに近いサーバーにIPアドレスを保存、またはキャッシュしている）。

電子メールとウェブの基盤となっているプロトコルは無料だが、DNSの利用にはICANNやドメイン名レジストラに使用料を払う必要がある。法律を破らない限り、ユーザーは大抵年間10ドルほどで、取得したドメイン名を自由に使える。ドメイン名は購入や売却だけでなく、無期限に保有することもできる。DNSの利用料は賃料というよりは固定資産税に近い。

名前はネットワークの制御において非常に重要だ。ツイッターやフェイスブックのようなネットワークでは運営会社が名前を管理している。私のツイッターのユーザー名は「@dixon」だが、これはツイッターの制御下にある。ツイッターは私からこのユーザー名を取り上げたり、使用料を請求したり、フォロワーを奪ったりできる。私の名前を制御できるということは、私と他のユーザーとの関係を制御できるということでもある。たとえば、ツイッターは私の投稿を他のユーザーに多く表示したり、少なく表示したりするようアルゴリズムを変更できる。そのとき、ネットワークに残るか辞めるか以外に私に選択肢はない。

DNSの設計で重要なのは、どこかの会社や組織ではなく、ユーザー自身が自分の名前を所有し制御できることだ。より具体的に言えば、ユーザーは自分の名前とIPアドレスのマッピングを制御できるということである。これにより、ユーザーはいつどんな理由でも取得した名前をあるコンピュータから別のコンピュータに移し、使いたいサービスを使える。その過程でフォロワーおよび友人とのつながりや過去に作ったものを失うことはない。

「cdixon.org」の運用にアマゾンのホスティングサービスを使っているとしよう。アマゾンが利用料を上げたりウェブサイトを制限したりコンテンツを検閲したりするなど、私にとって不利な変更をした場合、私はファイルを別のプロバイダーに移動させてcdixon.orgのDNSレコードを変更できる。自分でサイトをホスティングしてもいい。外部サービスに頼らず、独立した形で運用するということだ。名前をリダイレクトしても、つながりはなくならない。誰でも私にメールを送れるし、検索エンジンが私のサイトのランク付けに使用するインバウンドリンクも機能する。

ホスティングプロバイダーの切り替えは舞台裏で行われる。ネットワークの他のユーザーには気づかれない。アマゾンはこのことを知っているので、ネットワークの規範と市場原理の範囲内で行動せざるをえないのだ。さもなくば顧客は他サービスに流れてしまう。

ユーザーが取得した名前を完全に制御できるようにするというシンプルな仕組みは、企業が誠実なサービスを提供する圧力になる。競争力のあるサービスを競争力のある価格で提供することを、アマゾンなどの企業に強制するのだ。企業は一般的な参入障壁である「規模の経済」（サーバーを多く運用すればするほどコストが下がり、利益率が上がる）を活用できるが、中央集権型の企業ネットワークのようにネットワーク効果でユーザーを囲い込むことはできない。

DNSからユーザーが離れる場合と、ツイッターやフェイスブックのようなサービスからユーザーが離れる場合とを比べてみよう。ほとんどの企業ネットワークは「データをダウンロードしてアカウントを削除する」機能を提供している。この機能で自分の投稿や、場合によってはフォロワーや友人に関するデータをダウンロードできる。しかし、フォロワーや友人はあなたのツイッターまたはフェイスブックのアカウントをフォローしており、そのアカウントを別のサービスにリダイレクトすることはできない。したがって、サービスから離脱すれば、友人やフォロワーとのつながりを失うことになる。ユーザーはマッピングを制御できない。データは取得できるが、ネットワークは失われる。これらの「データダウンロード」機能ははりぼてにすぎない。開放性や選ぶ自由を提供していると謳《うた》っているが、ユーザーの選択肢を実質的に増やすものではないのだ。名前の制御権は完全に運営企業にある。ユーザーの選択肢はサービスに留まるか、あるいはそこから離れて他の場所でいちからつながりを作るかの2択である。

フェイスブックやツイッターのような企業ネットワークはHTTPなどの技術を使用してウェブと相互運用しているが、全体の価値を高める形でウェブとつながっているわけではない。ウェブの根底にある慣習や規範を守っていないのだ。むしろ、開放性、許可のいらないイノベーション、民主的なガバナンスといった、ウェブの技術的、経済的、文化的な原則の多くに反している。これらの中央集権型の企業ネットワークは本質的にウェブに隣接する別のネットワークであり、独自のルール、経済、ネットワーク効果に従って動いているのだ。

DNSの優れたところは、実世界で何かを所有するのと同じようにユーザーが名前を所有でき、所有権に相当するものをオンラインで実現している点にある。何かを所有すると、それに手間暇をかけて発展させるインセンティブが生まれる。だからこそ1990年代から今に至るまで、DNSの仕組みを基盤とする電子メールやウェブ関連のビジネスには投資が集まっている。

ユーザーが名前を所有する。これは設計上の些細な意思決定だったと思うかもしれない。しかし、それがやがてネットワークに大きな違いをもたらし、新たな産業の勃興と成長を可能にした。検索エンジンやソーシャルネットワーク、メディア、ECサイトはどれもこのおかげで生まれたのだ。

ただし、デジタル所有権には投機が起きるという副作用がある。ドメインの売買は今や数十億ドル規模の産業になっている。〝短い英単語〟＋〝.com〟のドメインは時に数百万ドルで売買される（最近の例としてはvoice.comが3000万ドルで取引された）。ドメイン名の価格変動は激しく、ひと財産築く人もいれば、失う人もいる。

この点で、ドメイン市場は不動産市場と似ている。不動産市場も一時的な投機やバブルに悩まされる。ブロックチェーントークンも、後で説明するように、新種のデジタル所有権を可能にしたことで投機市場が発生した。所有権の副作用として投機市場が生まれるのは避けられない。それでも、ユーザーに所有権があるメリットはデメリットをはるかに上回る。

現在、コンテンツモデレーション（監視）は、特にソーシャルネットワークで注目の話題となっている。電子メールとウェブにそのようなものは存在しない。プロトコルの唯一の役割は情報を安定して届けることだ。コンテンツを規制したのなら、ネットワークは分断され機能不全に陥るというのがプロトコルの考え方である。国や地域によって法律や慣習は異なる。ある国では合法でも、別の国では違法ということもある。従って、普遍的なプロトコルであるには中立性が重要だ。

とはいえ、実際にはコンテンツモデレーションは行われている。ネットワークの末端を構成するユーザーやクライアント、サービスがそれを担っているのだ。それでうまくいくのかと疑問に思うかもしれない。ばらばらの大衆がコンテンツを適切に監督できるのだろうかと。ところが、これはうまく機能している。クライアントとサーバーが法律と規制を遵守する形でモデレーションを担う。違法なウェブサイトはドメイン名レジストラとホスティング会社が掲載を取り下げる。

検索エンジンはインデックスから削除する。ソフトウェア開発者、アプリやウェブサイトの制作者、テック企業、ウェブを統治する国際機関の広範なコミュニティが違法なコンテンツを追放しているのだ。

電子メールでも同じことが起きている。ネットワークの末端を構成するクライアントやサーバーが、スパムやフィッシングなど悪質なコンテンツをフィルタリングする。法律とインセンティブが自浄作用を促しているのだ。

DNSを基盤とする電子メールとウェブは、インターネットに汎用かつ強力なネットワークをもたらした。ユーザーは名前という重要なものを所有することができ、それにより他者とのつながりやネットワーク上に構築したすべてのものをユーザー自身で管理できるのだ。

プロトコルネットワークの利点

プロトコルネットワークはユーザーに所有権を与え、それはクリエイター、起業家、開発者をはじめとするネットワーク参加者全員に恩恵をもたらす。

すべてのネットワークと同様に、プロトコルネットワークでもネットワーク効果が発生する。参加者が多ければ多いほど価値が増すということだ。電子メールが便利なのは、たくさんの人がメールアドレスを持っているからである。電子メールのようなプロトコルネットワークとツイッターのような企業ネットワークとの違いは、ネットワーク効果が会社にではなくコミュニティに発揮される点だ。電子メールはどこかの企業が所有または制御しているのではない。開発者が作成したプロトコルに対応しているソフトウェアを通じて、誰でも電子メールを利用できる。何を作り、何を使うかは開発者と消費者に委ねられ、コミュニティにかかわる決定はコミュニティ自体が下している。

プロトコルネットワークには中央で権力を持つ仲介者がいないので、テイクレート、すなわちネットワーク内を流れるお金に対して手数料は発生しない（テイクレートとその影響については、「テイクレート」の章で掘り下げる）。さらに言えば、プロトコルネットワークは、決してテイクレートがかからないことを保証する。これがネットワークを活用するイノベーションを促進している。作っているものが何であれ、それを自分で所有し制御できることが保証されているからだ。だから、電子メールやウェブ向けの製品を開発することに安心して時間とお金をかけられる。ラリー・ペイジ、セルゲイ・ブリン、ジェフ・ベゾス、マーク・ザッカーバーグをはじめとする多くのインターネット起業家たちは、この約束に触発された。

ユーザーもプロトコルネットワークの恩恵を受ける。活発なソフトウェア市場と低い切り替えコストにより、ユーザーは使いたいものを自由に選べるのだ。アルゴリズムの挙動やユーザーの行動を追跡する機能が気に入らなければ、他のサービスに移れる。また、ユーザーがサブスクリプションに登録したり広告を視聴したりする際に発生する収益は、ネットワークの仲介者ではなくクリエイターに渡る。するとユーザーの望むコンテンツへの投資がますます加速する。

インセンティブは予測できるものであるほどいい。実世界でも、所有権などの権利を守る法律があることで投資が奨励されるのと同じだ。民間企業と公共の道路の相互作用にたとえてこれを説明しよう。

幹線道路は誰でもほとんど無料で利用できることが保証されている。それがわかっているからこそ、個人や企業は、その道路の有無で価値が大きく変わる建物や自動車、コミュニティの開発などに投資できる。周辺が開発されることで道路の利用は促進され、それがさらなる民間投資を呼び込む。うまく設計されたネットワークでは成長が成長を呼び、健全で活発な循環が発生するのだ。

一方で、フェイスブックやツイッターのような企業ネットワークでは報酬体系が変わるかもしれないので、サードパーティは開発に投資しづらい。また、企業ネットワークのテイクレートは基本的に高い。そしてネットワークを通じて流れる収益の大部分は末端へと流れる代わりに運営の懐に入る。フェイスブック、インスタグラム、ペイパル、ティックトック、ツイッター、ユーチューブなど既存の企業ネットワークの運営企業の時価総額は数兆ドル規模だ。これらのネットワークがプロトコルネットワークであったら、その価値の大部分がネットワークの末端を構成する開発者やクリエイターに分配されていたはずである。

このようなネットワークの力学が、電子メール、具体的にはニュースレター（メルマガ）がコンテンツクリエイターの間で再び流行している理由を示している。[16] 電子メールを使えば、お金の流れやアクセスのルール、コンテンツの表示ランキングを気まぐれに変更する運営企業を介さずに、クリエイターはフォロワーと直接的な関係を築けるのだ。電子メールを活用するサブスタックのようなニュースレターサービスがルールや利用料を改悪した場合、ユーザーは自分の購読者を連れて退会できる（こうしたサービスの多くは、メールの購読者リストをエクスポートする機能を提供している）。退会のしやすさは切り替えコストを下げ、結果的にテイクレートも低くなる。これが「サービス」と「名前」を切り離すプロトコルネットワークのメリットだ。ユーザーはネットワーク設計の力学まで細かく理解していないかもしれない。それでも企業ネットワークとの長年に渡る軋轢を通じて、自分たちの身に降りかかるかもしれない経済的なリスクを感じ取っている。[17]

　企業ネットワークにより失望しているのはソフトウェア開発者たちである。フェイスブックやツイッターなどの企業は当初、自社のサービスはオープンで開発者を歓迎すると謳《うた》っていたにもかかわらず、２０１０年代初頭になると開発者のネットワークへのアクセスを遮断した。動画アプリのヴァイン（数カ月前にツイッターによって買収された）が公開された２０１３年1月、マーク・ザッカーバーグは自ら、ヴァインのフェイスブックへのアクセスを遮断することを承認している。[18]後に公開された裁判所の文書によると、ザッカーバーグは「いいよ、進めておいて」と別の幹部社員に言い、フェイスブックのＡＰＩを利用できなくした。これによりヴァインの成長は阻害され、ツイッターは数年間何もせず放置した後、２０１７年にサービスを終了している。ヴァインの終焉はよく知られているが、[19]ブランチアウト（求人）、[20]メッセージミー（メッセージアプリ）、[21]パス（ソーシャルネットワーク）、[22]フォート（ＧＩＦ作成）、[23]ヴォクサー（音声チャット）などのアプリも同じ末路をたどった。

　所有権の保証は、サービスの作り手や投資家がサービスに投資するモチベーションにつながる。プロトコルネットワークは無料で使え、将来的にも利用料を請求されることがないと保証されているからこそ、スタートアップはネットワークを活用したサービスを作ろうと思えるのだ。たとえば、初期のウェブは操作性が悪く、検索もしづらかった。そこでこの問題を解決するために何十もの会社が創業した。ヤフーやグーグルのような有名企業もそのうちのひとつだ。1990年代後半にスパムが猛威を振るうと、ベンチャーキャピタリストはこれに対処しようとする多数の企業に出資し、問題はあらかた解消された。[24]完全には一掃されていないが、大幅に対処しやすくなったのである。

これとツイッターなどの企業ネットワークが直面しているスパムやボットの問題を比べてみよう。企業ネットワークの場合、外部企業が問題を解決するインセンティブはない。問題解決を試みるのは運営企業のみで、解決策を提供できる才能やリソースの母数は限られている。一部の企業ネットワークで今もボットやスパムがあふれているのは不思議ではない。

私が起業家になれたのも、プロトコルネットワークの設計のおかげだ。2000年代初頭、フィッシング詐欺やスパイウェアが蔓延しており、今では想像できないほど深刻な状況だった。当時、ほとんどの人がマイクロソフトのセキュリティが非常に甘いバージョンのウェブブラウザを使用していたせいで、[25]悪質なソフトウェアがパソコンにインストールされやすかったのだ。そこで2004年、私は「サイトアドバイザー」というウェブセキュリティ会社を共同創業し、こうした脅威からユーザーを守るツールを開発した。ウェブはプロトコルネットワークなので、ウェブサイトをクロールして分析し、ブラウザや検索エンジン内で動作するソフトウェアを作れる。ウェブや電子メールはどこかの企業が所有しているわけではないので、開発に誰の許可もいらない。

開発者はプロトコルネットワークを使ったクライアントやアプリを自由に作って構わない。ネットワークは開かれており、開発コミュニティの一員は問題を解決するサービスを提供できる。

さらに良い点は、開発者やクリエイターが自分の製品が生んだ経済的な価値を全額受け取れることだ。この環境とインセンティブが、プロトコル自体では対処できない問題を参加者が解決するよう促すのである。

過去に私が作ったサービスは、企業ネットワークでは提供できなかったであろう。企業ネットワークは起業には不向きで、ほとんどのベンチャーキャピタリストは、そうしたネットワークを基盤とする事業への出資は賢明でないことを知っている。私たちのサービスは自分たちで所有していたからこそ、最終的に高値でマカフィーに売却できた。ウェブはルールを曲げたり新たな手数料を課したりしないし、どんな権力も制作者から作品を奪うことはできない。プロトコルの設計と、それによって生み出されるインセンティブのおかげで、コミュニティとしてのウェブは大きく成長できたのである。

RSSの衰退

電子メールとウェブ以降で大きく成功したプロトコルネットワークはない。誰も試さなかったわけではない。過去30年間、技術者たちは有望なプロトコルネットワークをいくつも開発してきた。2000年代初頭、AOLインスタントメッセンジャーやMSNメッセンジャーに対抗する、オープンソースのインスタントメッセージプロトコルである「ジャバー（Jabber）」（後にXMPPと改名）が登場した。[26] 2000年代後半には、フェイスブックやツイッターに対抗する、クロスプラットフォームのソーシャルネットワークプロトコル「オープンソーシャル（OpenSocial）」が開発された。[27] 2010年に登場した分散型ソーシャルネットワークの「ディアスポラ（Diaspora）」も同じようなプロトコルだ。[28] どれも革新的で、熱心なコミュニティがあったが、主流のサービスにはなれなかった。

電子メールとウェブが成功した理由は特殊な歴史的背景にある。1970年代と1980年代のインターネットの大半は協力的な研究者たちで構成され、プロトコルネットワークは中央集権型ネットワークの競合がいないなかで成長した。近年のプロトコルネットワークは、はるかに多くの機能とリソースを持つ企業ネットワークと競争しなければならない。

RSS（Really Simple Syndication）がたどった道は、プロトコルネットワークの競争上不利な点をよく表している。RSSは企業ネットワークとの勝負で最もいい線をいったプロトコルネットワークで、ソーシャルネットワークとよく似た機能を備えている。RSSを使えばフォローしたい人のリストを作り、フォロー先の最新コンテンツを受け取れるのだ。ウェブサイトの管理人は新しい投稿が公開されるたびに「XML（Extensible Markup Language）」と呼ばれる形式で内容を出力するコードをサイトに埋め込む。購読者は任意の「RSSリーダー」を使用して好みのサイトやブログをフォローする。するとそのフィードにフォロー先の最新コンテンツが届くのだ。この分散型の仕組みはシンプルかつ美しい。しかし、あまりに基本的な機能しかなかった。

2000年代、RSSはツイッターやフェイスブックのような企業ネットワークと肩を並べるサービスだった。しかし、2009年になるとツイッターがRSSに取って代わり、人々はツイッターでブロガーやクリエイターの情報を追うようになったのである。ツイッターが自社の

ＡＰＩはオープンでありＲＳＳとの連携を保ち続けると主張していたので、ＲＳＳコミュニティの一部のメンバーは問題視していなかった。ツイッターはＲＳＳのネットワーク上で人気のあるノードのひとつにすぎないと考えていたのだ。しかし、私はこの状況を懸念し、当時のブログ記事にこう書いている。

問題は、ツイッターは本当の意味で開かれているわけではない点だ。ツイッターが真にオープンであるには、ツイッターの運営が一切関わらない形で「ツイッター」というサービスを使えなければならない。しかし、実際にはすべてのデータはツイッターの中央集権的なサービス内に留まっている。現在、インターネットの主要機能であるウェブ（ＨＴＴＰ）、電子メール（ＳＭＴＰ）、そして購読メッセージ（ＲＳＳ）は、何百万もの機関に分散されているオープンプロトコルだ。もしツイッターがＲＳＳに取って代わるなら、営利企業という門番のいるインターネットの最初の主要機能となる。ツイッターはいずれ、その評価額を正当化するために収益をたくさん上げる必要が出てくる。その時になって初めて、特定の会社がインターネットの主要機能を支配することの影響を評価できるだろう。

残念ながら、私の不安は的中した。ツイッターのネットワークがＲＳＳよりも人気を得たことで、ツイッターがＲＳＳとの連携を断つのを阻むものは社会的規範だけになった。そして２０１３年、会社の利益にとって良いと判断した途端、ツイッターはＲＳＳとの連携を停止したのである。同じ年にグーグルも主要なＲＳＳリーダーの「グーグルリーダー」の提供を終了した。[29]

終了を発表した声明で同社は、RSSの衰退ぶりを強調していた。

RSSはかつて優れたプロトコルベースのソーシャルネットワークだった。ニッチなコミュニティはRSSを引き続き使用していたが、2010年代にはもはや企業運営のソーシャルネットワークにとって重要な競合ではなくなっていた。RSSの衰退は、インターネットの大手企業にネットワークの力が集約されたことと相関している。[30]あるブロガーはこう書いた。「小さなオレンジのバブル（RSSのオレンジのロゴのこと）は、少数の企業に支配されつつある中央集権的なウェブに対する哀愁を帯びた抵抗の象徴である」[31]

RSSが失敗した理由は主に2つある。ひとつは機能だ。RSSは、企業ネットワークが提供する利便性や高度な機能に対抗できなかった。ツイッターはユーザー名を選んで登録し、フォローするアカウントを選ぶだけで使い始められる。対してRSSにあるのは標準規格だけだ。運営企業もない。従って、サービスに参加している人やフォロワーのリストなどを保存する中央集権的なデータベースもない。RSS製品の機能は限定的でコンテンツの発見やキュレーション、アナリティクスなど、ユーザーにとって使いやすい機能に欠けていた。

また、RSSを使うにはユーザーが手を動かさなければならない。電子メールやウェブと同じようにRSSも名前にDNSを使用するが、これはコンテンツクリエイターがドメインを登録し、それらのドメインを自分のウェブサーバーやRSSホスティングプロバイダーに移管する費用を支払わなければならないことを意味する。電子メールやウェブが普及したインターネットの初期の頃は、利用開始の手順が複雑でも問題はなかった。そもそも代わりのサービスはないし、多くのユーザーは手間をかけることに慣れている技術者だったのだ。しかし、手間暇かける意欲も専門知識もないユーザーが増えたとき、ＲＳＳは勝てなかった。ツイッターやフェイスブックのような無料で使いやすいサービスは、人々が何かを投稿したり、ユーザー同士でつながったり、コンテンツを消費したりする簡単な方法を提供した。それにより数十万、数百万規模のユーザー、フェイスブックの場合は数十億規模のユーザーを獲得できたのである。

企業サービスの機能と競争しようとした他のプロトコルの試みも失敗に終わっている。２００７年にワイアード誌はＲＳＳのようなオープンソースのツールを使用して独自のソーシャルネットワークを作ろうと試みた。[32] しかし、ゴール直前で行き詰まっている。開発者たちは、分散型データベースという重要なインフラが欠けていることに気づいたのだ（今振り返ると、この実験に欠けていたのはブロックチェーンが提供できる機能そのものであったことがわかる）。開発チームは次のように説明している。

過去数週間、ワイアードニュースは無料のツールやウィジェットを使って、フェイスブックに似た独自サービスの開発を試みた。完成まであと一歩だったが、最終的には頓挫してしまった。フェイスブックの機能の約90％を再現できたが、人々をつなぎ、関係性を示す最も重要な部分を作れなかったのだ。

開発者のブラッド・フィッツパトリック（１９９９年にブログネットワーク「ライブジャーナル」を立ち上げた）は、この問題を解決するために、ソーシャルグラフのデータベースの作成と運営を非営利団体に任せることを提案している。[33] ２００７年の投稿「ソーシャルグラフについての考え」

にはこう書かれている。

非営利団体とオープンソースソフトウェア（この著作権は非営利団体が保持する）を立ち上げる。その役割はすべてのソーシャルメディアのソーシャルグラフを収集、統合、再配布し、ひとつに集約されたグローバルなソーシャルグラフを管理することだ。そのデータを公開APIおよびダウンロード可能なデータダンプを通じてサイトやユーザーなどの小規模／カジュアルユーザーに提供し、大規模ユーザーには更新情報の配信やAPIを通じてソーシャルグラフの継続的な情報提供ができるようにする。

つまり、ソーシャルグラフを含むデータベースがあれば、RSSのようなプロトコルネットワークのソーシャルサービスでも、企業型ソーシャルネットワークのように利用開始までの手順を簡略化できるという考えだった。非営利団体が管理すれば、データベースの中立性を維持できる。しかし、これを実現するにはたくさんのソフトウェア開発者と非営利団体の協力を取り付ける必要があり、結局、この取り組みは支持を得られなかった。加えて、過去にテック系スタートアップと非営利団体がうまく連携できた例もあまりない（これについては「非営利モデル」の節で詳しく説明する）。

一方で、企業ネットワークはどこかと協力する必要はない。誰にも構わずどんどん開発できる。途中で何かを壊すことになっても、だ。

これはRSSの衰退を招いた資金不足という2つ目の理由にも関係する。営利企業はベンチャーキャピタルから資金調達し、高度な機能を作れる開発者を雇い、ホスティング料を負担できる。成長に伴い、利用できる資金は増える。フェイスブックやツイッターをはじめほとんどの大企業ネットワークは、非公開市場や公開市場の投資家から数十億ドルを調達している。一方でＲＳＳを作ったのはゆるくつながっている開発者たちで、資金も主に寄付に限られていた。初めから公平な戦いではなかったのだ。

オープンソースソフトウェアの資金調達は市場の影響を絶えず受けている。そしてそれは必ずしもインターネットにとって望ましい影響があるわけではない。２０１２年のソフトウェアアップデートにより、インターネット上の暗号化通信の大部分を担っているオープンソースのソフトウェア「オープンＳＳＬ（OpenSSL）」に致命的な脆弱性が紛れ込んだ。「ハートブリード（Heartbleed）」と名付けられたこのバグは[34]、広範囲にインターネット通信を危険にさらしたが、セキュリティエンジニアにより発見されたのは実装されてから2年も経ってからだった。なぜもっと早く見つけられなかったのかと調査が実施され、そこでわかったのは、オープンＳＳＬの維持を担う非営利団体、ＯＳＦ（OpenSSL Software Foundation）が働き詰めのボランティア数名で構成され、直接寄付された年間２０００ドル（約31万円）を含む少額の資金で凌いでいたことだった[35]。

一部のオープンソースプロジェクトは、その成功が大企業の利益と一致することから十分な資金を得られる。世界で最も広く使われているオペレーティングシステムのリナックスはそのひとつだ。ＩＢＭ、インテル、グーグルなど、このオペレーティングシステムの普及で利益を得る企業が出資している[36]。けれど、基本的に新しいプロトコルネットワークの開発は企業の利益とは一致しない。なぜなら、ほとんどのテック企業はネットワークの獲得と独占を狙っているからだ。

潜在的な競合相手には出資したくない。プロトコルネットワークはインターネット全体の利益になる。しかし、インターネットの初期に政府による資金提供があった以外で十分な資金源を得たことはないのだ。

電子メールやウェブのようなプロトコルネットワークが成功したのは、本格的な代替サービスが登場する前だったからだ。プロトコルネットワークに伴うインセンティブは、その後、大手テック企業が台頭したにもかかわらず、今日に至るまで続く創造性とイノベーションの黄金時代をもたらした。しかし、後に立ち上がったプロトコルネットワークは主流サービスになれるほどには成功していない。ＲＳＳの衰退は、プロトコルネットワークの課題を示している。だがそれは同時にプロトコルネットワークを参考にした、より競争力のある新しいネットワークの着想元となった。そして、この新しいネットワークの設計はインターネットの次の時代を定義するものになる。

第3章

企業ネットワーク
——テック企業が中央集権型で制御する

Corporate Networks

大学にいた頃、インターネットはすごいって思ったのを覚えている。何だって調べられるし、ニュースを読んだり、音楽をダウンロードしたり、映画を観たり、グーグルで情報を探したり、ウィキペディアで参考資料を見つけたりできる。ただ、人間にとって最も重要なもの、つまり他の人たちの情報がなかった。[1]

メタ・プラットフォームズ最高経営責任者
マーク・ザッカーバーグ

スキューモーフィズムとネイティブテクノロジー

人が新技術を使う理由は2つにひとつだ。(1)すでにやっていることをもっと速く、安く、簡単に、うまくこなせるから。(2)以前までできなかったまったく新しいことができるから。新技術の開発初期段階では(1)に属するもののほうが人気になりやすいが、世界的に大きな影響を及ぼすのは(2)のほうである。

すでにある技術の改善が先に起きるのは、わかりやすいからだ。新技術の真の実力が明らかになるには時間がかかる。たとえば、15世紀に活字印刷機の発明者ヨハネス・グーテンベルクが彼の名を冠した「グーテンベルク聖書」を出版したとき、それは手書きの写本のような見た目だった。誰もそれ以外の本を想像できなかったからだ。しかし、コンピュータ科学者でありチューリング賞受賞者のアラン・ケイが指摘したように、「印刷の真の力は手書きの聖書を複製することではなく、150年後の人々が科学や政治的ガバナンスについて新しい形で議論できるようにしたことだ」――印刷は革命の触媒となったのである。

新しいことをするには想像力が必要だ。初期の映画監督は演劇調の映画を撮った。それは優れた配給モデルを持つ演劇のようなものだった。革新的な人物が、このメディア固有の視覚表現の可能性に気づいたときに初めて映画制作は大きく変わった。電気も同じような道をたどっている。人々がガスやろうそくから電灯に切り替えたのは、当初は利便性のためだった。トースターからテスラに至るまで、あらゆる家電製品を動かすために電力網が活用されるようになったのは、それから何十年も経ってからである。

既存のものに似せる技法は「スキューモーフィズム」と呼ばれている。この言葉はもともと、芸術の分野で必要以上に凝ったデザインのことを指していた。それをスティーブ・ジョブズ時代のアップルが、なじみのあるものに似せたデジタルデザインを指す意味として広めたのである。[2] 木目調の本棚に似せた読書アプリや、削除したいファイルを入れるゴミ箱を模したアイコンのデザインなどだ。スキューモーフィズムなデザインは、コンピュータ画面を操作しやすくする。今もこの用語は既存の活動や体験を真似るという意味でテック業界では使われている。すでにあるものに似せることで、新しいものでも親しみを感じ、使いやすくなるのだ。

１９９０年代のインターネットはスキューモーフィズム一辺倒で、インターネット以前のものをデジタルに変換したものがあふれていた。パンフレットやカタログを模倣したウェブサイト、手紙の延長としての電子メール、通信販売のようなネットショップなどだ。この時代は「読み取り（リード）時代」と呼ばれている。確かに電子メールやデータを送信したり商品を買えたりはしたが、情報は基本的にウェブサイトからユーザーへの一方通行だった。ファイルを開いて中身を確認できても編集はできない読み取り専用文書のようなものだ。また、当時、ウェブサイトの作成には専門的なスキルが必要で、ユーザーがオンラインで多くの人に向けて何かを公開することはほぼなかった。

今では想像しにくいかもしれないが、１９９０年代から２０００年代初頭のインターネットは、常時接続の高速モバイルインターネットがある今とはかなり様子が違った。[3] 大きなデスクトップパソコンの前に座って、インターネットに時々「ログイン」する。そこでやることは電子メールをチェックしたり、旅行の計画を立てたり、ウェブを閲覧したりするくらいだ。画像の読み込みは遅く、動画は再生できたとしてもかなり不安定だった。ほとんどの人はダイヤルアップモデムで接続していた。時々止まったり通信速度が落ちたりする固定電話回線の不安定さに今の人は耐えられないだろう。

ドットコムの熱狂が最高潮の時でも、インターネットに対する期待はそこまで高くなかった。２０００年３月にバブルがピークに達する直前、全米技術アカデミーは20世紀最大の工学的偉業のランキングで、インターネットを13位に位置付けた。[4]これはラジオと電話（6位）、空調と冷蔵技術（10位）、宇宙探査（12位）よりも下だった。

そして、バブルがバン！と弾け、どの会社の株価も暴落した。２００１年、アマゾンの株価は史上最低値を記録し、[5]時価総額は22億ドル（現在の価値の０・５％以下）にまで落ち込んだ。著名な世論調査機関であるピュー研究所が２００２年10月、米国人にブロードバンドを導入するかと尋ねたとき、大多数は「ノー」と答えた。[6]人々は主に電子メールと「ネットサーフィン」のためにインターネットを使った。これ以上速くする必要はあるのか？　インターネットは確かにクールだけど、用途は限定的で、生計を立てる場としては適していないというのが一般的な認識だった。バブルの崩壊もそれを裏付けていると思われていた。

それでも、インターネットは復活を遂げる。業界全体はまだくすぶっていたが、小さいながら広まりつつある動きがあった。

２０００年代半ばになると、技術者たちはインターネットネイティブの製品デザインを追求し始めた。「スキューモーフィズム」が「古いものの焼きなおし」であるなら、「ネイティブ」は「完全に新しいもの」のことだ。実世界にある物理的な製品を踏襲したものではなく、インターネットの特徴を生かした新しいサービスが登場し始めたのである。ブログ、SNS、マッチングアプリ、履歴書の作成・公開サイト、写真共有サービスなどが主なトレンドだった。また、ＡＰＩのような技術的なイノベーションにより、インターネットサービス間の連携がスムーズになった。ウェブサイトは相互運用が可能になり、さらに自動更新によって動的にもなった。「マッシュアップ」されたアプリケーションとデータが突如としてあふれるようになった。一気にウェブが動き出したのである。

2003年4月、リチャード・マクマナスが影響力のあるテックブログ「ReadWriteWeb」に書いた最初の投稿が当時の状況を的確に表している。[7]「ウェブは決して一方通行の投稿システムではないが、ウェブの最初の10年間は読み取り専用のツールであるウェブブラウザに支配されていた」「今の目標はウェブを双方向のシステムに変えることだ。一般の人でもサイトを見たり読んだりするのと同じくらい簡単にウェブに書き込めるようになる」

次世代の開発者やユーザーを触発し、後押ししたのは、インターネットは読み取り専用のメディア以上のものになり得るという考えだ。情報を読むだけでなく誰もがコンテンツを容易に作成して多くの人に届けられるようにインターネットを作り替えられる。これはインターネットの新たな可能性を切り開くものだった。こうしてウェブは次の時代へと歩を進める。かつてない規模で自由にコンテンツを投稿したり、消費したりできる時代だ。こうした活動はインターネット以前の世界にはなかった。

「読み取り／書き込み（リード／ライト）時代」、別名Web2.0の幕開けである。

Web2.0で企業ネットワークが台頭

「読み取り／書き込み（リード／ライト）時代」では、主力となるネットワークに変化が生じた。一部の技術者はオープンプロトコルのネットワーク設計を受け継ぎ、新しいプロトコルやそれを使ったアプリを開発した。しかし、大きな成功を掴んだのは別のアプローチを追求した開発者たちだった。それが企業ネットワークモデルだ。

企業ネットワークの構造はシンプルだ。中央にある運営が、中央集権型のネットワークを制御する。運営がすべてを管理している。いつ、どんな理由からでも利用規約を書き換えたり、アクセスできる人を制限したり、お金の流れを変えたりできる。

企業ネットワークが中央集権型なのは、通常は最高経営責任者（CEO）という最終的な責任者がサービスのルールを決めているからだ。

ユーザー、ソフトウェア開発者などの参加者はネットワークの端に押しやられ、中央の気まぐれに従わなければならない。企業ネットワークモデルにより、新世

企業ネットワーク

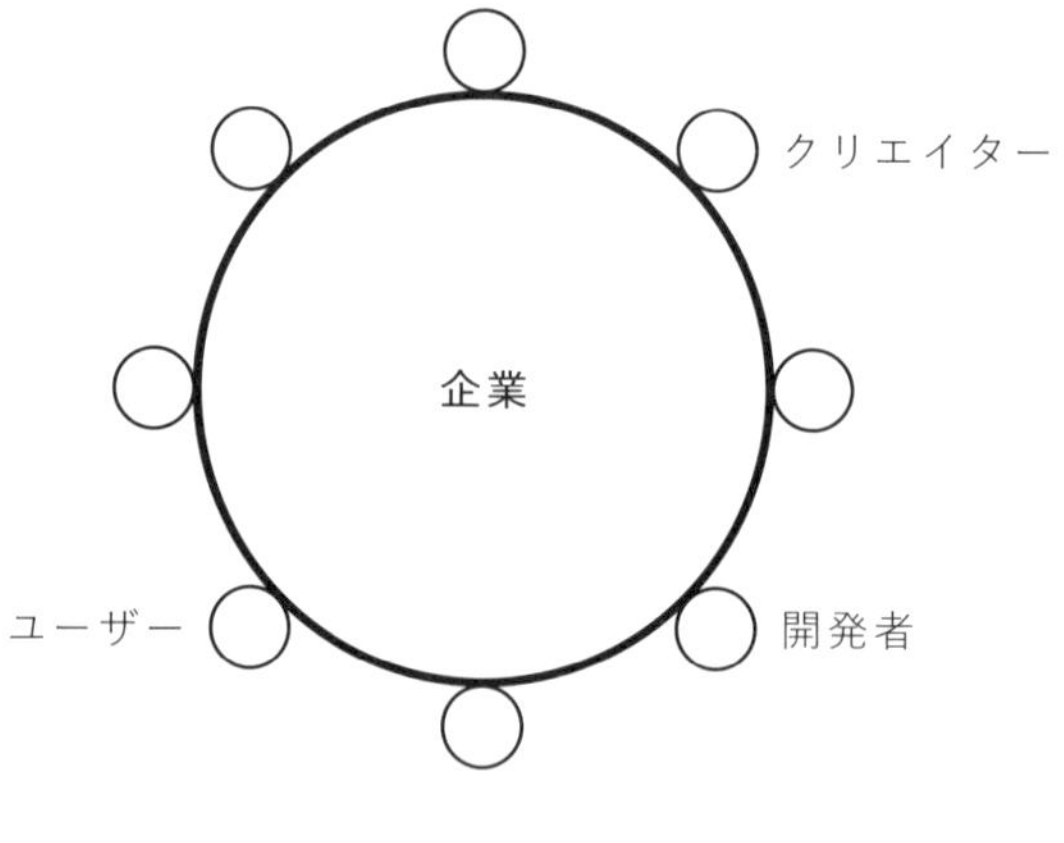

代の開発者の開発速度は上がった。標準化団体や他のステークホルダーとの調整に時間をかけることなく、すぐに機能を実装し、改善できる。サービスをデータセンターで集中管理することで、高度でインタラクティブな体験も作れる。もうひとつ重要なことは、成長に必要な資金を調達できた点だ。その理由は、ネットワークを所有することで手に入る経済的な報酬がベンチャーキャピタルにとって非常に魅力的だったからである。

1990年代、インターネット関連スタートアップはさまざまな事業を試みた。その結果、2000年代に入る頃には、ネットワークを所有することが最良のビジネスモデルであることが明らかになった。イーベイがその先駆けである[8]。1995年にオークションウェブとして創業した同社は、すぐに株式市場の寵児となり、ネットワークの価値の大きさを示す事例と見なされるようになった[9]。イーベイは主要な競合であるアマゾンよりも利益率が高く、ビジネスモデルもより優れていると考えられていた[10]。イーベイのネットワーク効果は強力で、在庫を持たないことからコストも抑えられる。一方のアマゾンのネットワーク効果は相対的に弱く、在庫を持つ必要があるのでコストがかさむ。イーベイ、それからペイパル（2002年にイーベイが買収し、13年後にスピンアウトしている）などネットワーク効果を発揮するサービスの成功は、ベンチャーキャピタルがネットワークを持つサービスに次々と投資するきっかけとなった。

ユーチューブがたどった道は、企業ネットワークの台頭をよく表している。2000年代半ば、インフラの改善と低価格化によりブロードバンド通信が家庭にも広まり始め、一般ユーザーにも高品質な動画配信が身近なものになった[11]。起業家たちはこれに注目し、インターネット動画サービスを立ち上げ始めた。放送事業者など以前からある映像提供企業がオンラインでストリーミングできるようにするものもあった。RSSをマルチメディア対応にしたMedia RSSやRSS-TVのようなオープンプロトコルを採用したサービスも開発された。そして一部の企業は「ソーシャルビデオ」を中心とする独自の企業ネットワークを構築し、インターネットを使える人なら誰でも簡単に動画を投稿できるようにした。

ユーチューブはこの3つ目の戦略で成功を収めた。当初は動画を使った男女のマッチングサイトとして立ち上がったが、その後、あらゆる動画を投稿できるサービスに転換した。[12] ユーチューブの最初のヒット機能は、ユーザーが自身のウェブサイトに動画を埋め込めるようにするものだった。当時、ユーチューブのウェブサイトの視聴者はそう多くなかった。動画クリエイターのフォロワーと言えば、クリエイターのウェブサイトを直接見ている人たちのことだった。動画のホスティングは通常手間がかかる上に高価だが、ユーチューブを使えば簡単で費用もかからない。

ユーチューブの動画埋め込み機能は「ツールで誘って、ネットワークで引き留める」と私が呼んでいる戦術の一例だ。[13] 考え方としては、動画クリエイターのウェブサイトといった既存のネットワークに乗じるツールを使ってユーザーを引きつけ、その後、ユーチューブのウェブサイトやアプリのような自社ネットワークに参加するよう誘導するというものだ。このツールはユーザー数がクリティカルマスに達し、ネットワーク効果が発揮されるのを促進する。やがてユーチューブのネットワークの価値がもともとあったネットワークよりも高くなり、競合他社は追いつけなくなる。運営がさまざまな機能を追加することでツールはよくなるかもしれないが、ネットワークの価値のほうがはるかに速く雪だるま式に高まっていく。現在、多くのサービスが無料で動画を掲載できるようにしているが、ユーチューブには多くの視聴者、すなわち大きなネットワークがあるので追いつかれにくい。ツールが最初に人々を引きつけるが、ユーザーと運営に長期的な価値をもたらすのはネットワークのほうだ。

駆け出しの企業ネットワークはこの戦術をよく使う。インスタグラムは無料の写真フィルター（加工）機能でユーザーを引きつけた。当時、他のアプリの写真フィルター機能のほとんどが有料だった。加工した写真はフェイスブックやツイッターのような既存のネットワークでも簡単に共有できるが、同時にインスタグラム上にも表示される。[14] するとユーザーは次第にインスタグラム以外での写真共有をやめていった。

ユーチューブの成功はこの戦術の効果の高さを示している。ユーチューブは動画配信に伴うストレージおよび通信のコストを負担することで動画クリエイターを引き込んだ。ユーチューブにアップロードした動画は他のどのウェブサイトでも無料で再生できる。インターネット動画配信ネットワークを所有する価値は動画の埋め込み機能を提供するコストを上回ると、ユーチューブは判断していた。

とはいえ、ホスティング料はかかる。大量の動画のホスティングには膨大な金がかかり、外部からの資金調達も確実な解決策ではなかった。2000年代半ば、ベンチャーキャピタル業界は小さく、ドットコムバブル崩壊による痛手からまだ立ち直れていなかったのだ。また、ユーザーが著作権侵害にあたる動画をアップロードしたことで、ユーチューブは運営に支障をきたす可能性のある法的な問題にも直面した。[15] こうした背景から、ユーチューブは2006年にグーグルの傘下に入る。グーグルは広告収入で潤っていて、先見の明を持つ同社創業者らはユーチューブの潜在的な可能性と既存事業とのシナジーを見抜いていた。グーグルの考えは正しかった。現在、ウォール街の複数のアナリストの試算によると、グーグルの時価総額のうち1600億ドル以上はユーチューブによるものだ[16]。

コストを負担できる能力は、プロトコルネットワークにとって企業ネットワークとの競争がいかに厳しいかを説明している。RSSのようなプロトコルネットワークを使うサービスには、企業ネットワークほどの規模でホスティングを負担できる財源がない。寄付が大部分を構成する資金は、大手テック企業の軍資金には太刀打ちできない。コミュニティではなく、ツールのコストを負担する企業が大きな見返りを期待できるネットワークを所有している場合にのみ、ツールの無料提供が財務的に理に適うのだ。

企業ネットワークの問題：集客と搾取のパターン

企業間競争の例を挙げてほしいと言われたら、似た製品を提供する企業の競争を思い浮かべる人が多いだろう。コカ・コーラとペプシ、ナイキとアディダス、MacとPCなどだ。別のものに取り替えても問題のない製品はビジネス用語で「代替品」と呼ばれる。

代替品間の競争はわかりやすい。マクドナルドかバーガーキングのいずれかで食事をすれば、おそらくお腹はいっぱいになる。客がランチタイムの混雑時に両方の店に足を運ぶことはまずないだろう。同じように、ピックアップトラックが欲しい人はフォードかゼネラルモーターズのどちらかで購入する。両方の製品を買う人はほぼいない。顧客が製品の購入を検討するとき、企業は自社製品が選ばれるよう競い合う。

これに対して、セット販売されたり一緒に使われたりする製品は「補完財」と呼ばれる。コーヒーとコーヒーフレッシュ、スパゲッティとミートボール、自動車とガソリン、コンピュータとソフトウェアなどだ。ユーチューブと人気ユーチューバーの「ミスタービースト」といった、ソーシャルネットワークとコンテンツクリエイターも補完財だ。それぞれがお互いの価値を強化する組み合わせである。バンズがないホットドッグやアプリのないｉＰｈｏｎｅは魅力が半減してしまう。

こうした組み合わせは互いに最高の同志と思うかもしれないが、実のところ補完財は最大の「フレネミー（友人であり敵）」だ。顧客があるセット商品に支払える金額の上限が決まっている場合、利益の取り分を巡って補完財同士で争うことになる。補完財間の競争はゼロサムとなり、非常に激しくなる場合もある。実際、ビジネスにおける最も激しい競争は、こうした仲間内で起きているのだ。

ホットドッグのサプライヤー同士の競争を例に考えてみよう。顧客がホットドッグにかけられる予算は5ドルだとする。ソーセージを提供する賢い肉屋は、バンズを提供する隣のパン屋よりも分け前を増やしたいと考える。卸で購入したバンズをソーセージに無料で付ければホットドッグを安く提供できる。あるいは、オーガニックでグルテンフリーな食べ方として、バンズなしのホットドッグを流行らせようとするかもしれない。パン屋はこれに対抗しようと家畜を育て、市場に肉をあふれさせることでソーセージの価格が暴落するように仕向ける。あるいは、肉屋を完全に排除するためにヴィーガン向けソーセージを開発するかもしれない。

これは冗談めかした例だが、要は一方の補完財の取り分が増すと、もう一方の取り分が減るということだ。双方がホットドッグ市場の拡大と獲得を目指し、食うか食われるかの激しい争いを繰り広げる。

ネットワーク効果は補完財間の競争をより複雑にする。企業ネットワーク内に相反するインセンティブが存在するからだ。補完財は企業ネットワークの成長を助け、ネットワーク効果を強化する。しかし一方で、企業に入るはずだった収益を吸い取る存在でもある。相反する目標に伴う緊張はほとんどの場合、どこかの時点で企業ネットワークとその補完財の関係に亀裂をもたらすことになる。

マイクロソフトが1990年代に自社のオペレーティングシステム、ウインドウズの補完財に対して取った戦略がこれの有名な例だ。[17] マイクロソフトはサードパーティのアプリケーション開発者にウインドウズ向けのサービスを開発してほしかったが、個々のアプリケーションがあまりに人気になることは望んでいなかった。アプリが成功し始めると、マイクロソフトは自社で制作した無料の類似アプリをウインドウズに搭載した。マイクロソフト独自のメディアプレイヤーやメールクライアントなどで、最も有名なのはインターネットブラウザである。こうした攻撃に耐え抜いたサードパーティアプリは小さいところばかりで、マイクロソフトが気を留めるほどの存在ではなかった。利益最大化の観点から言えば、ウインドウズのようなプラットフォームにとって最も望ましいのは、力の弱い補完財がバラバラに存在し、それらを合わせるとプラットフォーム全体の価値が高まるような状態である（補完財を潰すこの戦略が、1998年に米司法省がマイクロソフトを独占禁止法違反で訴えた背景にある）。[18]

ソーシャルネットワークも主要な補完財であるコンテンツクリエイターとの対立を繰り返してきた。利益の最大化を目指す広告ベースのソーシャルネットワークについて考えてみよう。ほとんどのソーシャルネットワークは、ソフトウェア開発やインフラにかかる高額な固定費を負担している。しかし、限界費用は低い。サーバーや帯域幅の追加で得られる収益は、追加するコストを上回るからだ。だから利益を増やすには、基本的に売上を伸ばせばいい。単純だ。

ソーシャルネットワークが売上を増やす方法は2つある。ひとつはネットワークを拡大すること。これの最も効果的な方法は「正のフィードバックループ」を作ることだ。コンテンツがあるところにユーザーが集まり、ユーザーが多いからこそコンテンツがさらに投稿される循環を作る。これは良い動きだ。ユーザーがネットワークで過ごす時間が増えれば、企業の広告収入は増える。

売上を増やすもうひとつの方法は、プロモーションコンテンツを増やすことだ。ソーシャルフィードは基本的に2種類のコンテンツから成り立っている。オーガニックコンテンツとプロモーションコンテンツ（広告）だ。オーガニックコンテンツはユーザーによる通常の投稿のことで、アルゴリズムに従ってユーザーのフィードに表示される。一方でプロモーションコンテンツは、特定の投稿を多く見てもらえるよう投稿主がプロモーション料を払ったコンテンツのことだ。より多くのクリエイターが投稿をプロモーションするようになれば、ソーシャルネットワークは売上を伸ばせる。また、広告料を上げたり、ユーザーのフィードに表示する広告を増やしたりもできる。ただし、これには人々が許容できる広告の量を超え、ユーザー体験を損なうリスクが伴う。

クリエイターにプロモーションコンテンツを使ってもらうためにソーシャルサービスがよく使っている戦術は、フォロワーがある程度増えたら以前ほど閲覧数を得られないようにアルゴリズムを調整するやり方だ。つまり、クリエイターが十分な収入を生み出し、サービスに経済的に依存するようになったら、クリエイターの投稿の閲覧数を抑え、フォロワーを維持または増やすにはプロモーションコンテンツを利用せざるをえない環境を作るのだ。その結果、クリエイターがフォロワーを増やすコストは徐々に増加する。クリエイターはこの動きを「おとり商法（bait and switch）」と呼んでおり、少し話を聞けばこれがよく行われていることだとわかるだろう。

企業も同じ問題に直面する。ソーシャルメディアで広告を出稿している上場企業の決算報告を定期的に見ている人は、ほとんどの企業のマーケティング費用が上昇していることに気づくはずだ。[19] ソーシャルネットワークは、最も重要な補完財であるクリエイター（と広告主）から最大限に金を引き出す方法を知っている。ただし、「おとり商法」はSNSの経営陣によるずる賢い策略というわけではない。単純に、利益の最適化を追求すると企業ネットワークはこの戦略に行き着くということだ。このパターンが一貫して見られる理由は、利益の最適化を追求するネットワークだけが生き残れるからである。

自主開発またはサードパーティのソフトウェア開発者も、ソーシャルネットワークの重要な補完財だ。新しいソフトウェアの開発を担ってくれることから、ソーシャルネットワークにとって重要な存在である。ソーシャルネットワークは最初のうちは、サードパーティのアプリの成長を奨励することが多い。[20] しかし、やがてネットワークはこれらのアプリを競争リスクと見なすようになり、フェイスブックがかつてヴァインなどに対して行ったように、関係を断つのである。

補完財を潰さなくとも同様の機能を提供したり、買収したりすることもある。ツイッターが初めてｉＰｈｏｎｅアプリの提供を開始した２０１０年、同社はその年に買収したサードパーティアプリの「ツイーティー（Tweetie）」をリブランドしたアプリをリリースした。[21] そしてその直後に、フィードリーダーやダッシュボード、フィルター機能などサードパーティアプリが活用していたサービスの提供を終了したのである。[22] 開発者たちは裏切られた思いだった。[23] 影響を受けたアプリのひとつ、「ツイッタレーター（Twittelator）」の創業者のアンドリュー・ストーンは2012年にウェブメディア「ザ・ヴァージ」に対し、「サードパーティを排除することによって得られるかもしれない一時的な利益と、ツイッターが欲張りになったという世間の評判が根付くことを天秤にかけて考えるべきです」と語っている。ストーンはさらに、ツイッターは「生まれた子どもを次々と飲み込んだギリシャ神話の神、クロノスのように振る舞っています」と付け加えた。

SNS各社が手のひらを返し始めた2000年代後半頃まで、ソーシャルネットワークを活用するサービスはたくさんあった。当時のスタートアップ業界では、起業家にとってモバイル端末の次に大きなプラットフォームになるものとして、ソーシャルネットワークに期待を寄せていた。[24] ロックユー（広告ネットワーク）、[25] スライド（ソーシャルアプリメーカー）、[26] ストックツイッツ（株式市場トラッカー）、[27] ウーバーメディア（ソーシャルアプリメーカー）など当時最も注目されていたスタートアップはどれもソーシャルネットワークを活用したものだった。

私の起業家仲間の多くも、フェイスブックやツイッターなどのソーシャルネットワークを活用したサービスやアプリを開発していた。ネットフリックスさえ2008年に、サードパーティの開発を奨励するためにAPIを提供していた[28]（この6年後に提供を終了している）。

特にツイッターが人気だった。ツイッターが企業ネットワークのなかで最もオープンだと考えられていたからだ。しかし、その後ツイッターは方針転換し、[29] 開発者エコシステムを壊滅させている。2009年、私はスタートアップがツイッターに過度に依存している状況を心配し、「ツイッターとツイッターアプリ間の避けられない対決」という題名のブログ記事を書いた。[30]とはいえ、私も自分のアドバイスをもっと真剣に捉えるべきだった。2008年に共同創業した2社目のスタートアップで提供していた人工知能を活用したサービスのハンチ（Hunch）はツイッターのAPIに大きく依存していた。ハンチはツイッターのデータで学習したユーザーの興味関心を元に、おすすめ商品を表示するサービスだ。しかし、私と共同創業者はこの会社を2011年にイーベイに売却している。サービスの提供に必要だったツイッターのオープンデータへのアクセスが制限されたことが一因だった（イーベイに売却したのは、同社にはハンチの機械学習技術に読み込ませられる独自のデータがあったからだ）。

オープンなソーシャルネットワークが、現在人々がよく知る閉鎖的なネットワークに変化したのは、2010年頃からだ。当時、これを示す象徴的な出来事が起きている。グーグルが連絡先をエクスポートしてフェイスブックに移そうとするユーザーに対し、警告を出し始めたのだ。[31]「ちょっと待って。やめさせてくれないサービスに友人の連絡先をインポートして本当に大丈夫？」当時、フェイスブックでは自分の個人情報（写真やプロフィール情報など）をダウンロードできたが、ファイル形式は扱いにくいzip形式のみで、便利で相互運用可能なAPIを提供していなかった。ソーシャルグラフの管理を厳しくし、友人の情報を簡単にダウンロードできないようにしていたのである。グーグルはフェイスブックのこの方針を「データ保護主義」と強く非難していた。

企業ネットワークが攻勢を強めるのに伴い、ソーシャルプラットフォームを活用したアプリに出資するベンチャーキャピタルは減って行った。企業ネットワークを活用して成長できないのであれば、投資しても意味がない。ウェブやメールのようなプロトコルネットワークが主力の時代とは正反対のことが起きていた。その頃は、誰もがネットワークをずっと無料で使え、市場が許す限り成長できることが保証されていた。企業ネットワークの登場は、この暗黙の了解を終わらせたのである。企業ネットワーク上でアプリを作ることは、ゆるい地盤の上に何かを作るのと同じだった。この新時代特有の危険性は「プラットフォームリスク」と呼ばれている。

サードパーティの開発者がいないので、企業ネットワークで新製品を開発できるのは運営企業の従業員だけだ。ツイッターを見れば、ネットワークのインセンティブがちぐはぐな状態がどんな結果を招くかがわかる。創業から17年以上が経った今でも、ツイッターはスパム関連の厄介な問題に悩まされている。

サン・マイクロシステムズの共同創業者であるビル・ジョイはかつて、「あなたが誰であろうと、最も賢い人たちは他の誰かのために働いている」と言った[32]。メールがスパムに悩まされていたとき、別会社のために（あるいは自分のために）働く賢い人たちが救いの手を差し伸べた。しかし、ツイッターにそのような救世主はいない。プラットフォームリスクが遠ざけてしまったのである。

新技術のほとんどは「S字カーブ」と呼ばれる成長曲線をたどる。成長の過程を図で表すとS字のようになることからこの名が付いた。開発者が開発した製品に合う市場とアーリーアダプターを見つけようとする初期の成長曲線は水平である。プロダクトマーケットフィットが見つかると急上昇し、やがて主流の技術となる。その後、市場が飽和するにつれて曲線は再び横ばいになる。

ネットワークの採用率もS字カーブをたどる傾向にある。ネットワークの成長がS字カーブに沿って伸びるにつれ、企業ネットワークとその補完財との関係はお決まりのパターンをたどる。最初は友好的だ。企業ネットワークはサービスの魅力を高めるために、ソフトウェア開発者やコンテンツクリエイターなどの補完財を引きつけるためになんでもする。この頃のネットワーク効果はまだ弱い。ユーザーや補完財には他にも選択肢があり、囲い込まれていない。ユーザーや補完財は厚遇され、みんなが幸せですべてがうまくいっている。

しかし、その後関係は悪化する。ネットワークがS字カーブを上るにつれて、ユーザーやサードパーティに対するプラットフォームの支配力が強まる。ネットワーク効果は強くなるが、成長は鈍化し始める。プラットフォームと補完財との関係は敵対的に変わる。どの補完財の収

企業ネットワークと、ユーザー、開発者、クリエイターの関係性のライフサイクル

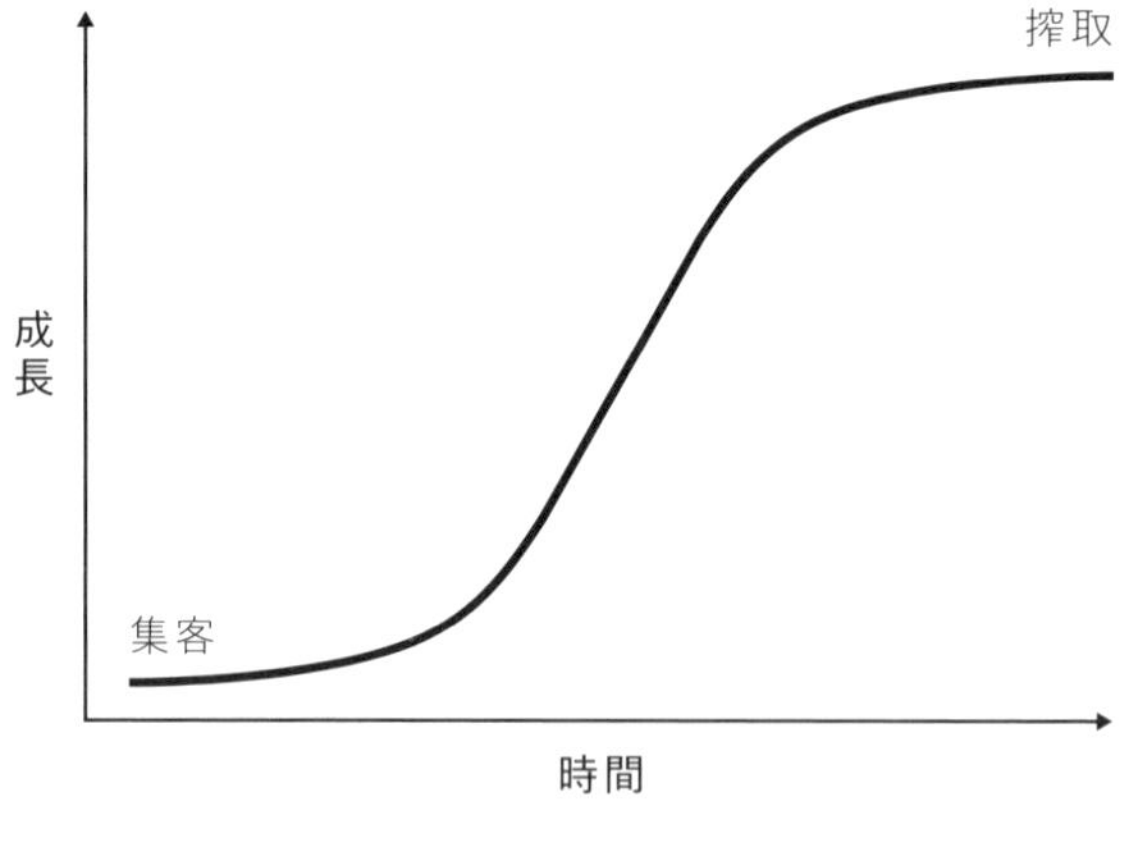

益もどんどん増えていた状態から、ゼロサムに変わる。だからプラットフォームは利益を継続的に得るために、ネットワークを流れる金の取り分を増やし始める。これがフェイスブックがヴァインなどのアプリを閉鎖に追い込んだり、ツイッターがサードパーティアプリを作る会社を丸ごと買収したりしたときに起きていたことだ。そしてプラットフォームは最終的に補完財を取り込むのである。

なぜ企業ネットワークは規模が大きくなると相互運用をやめるのかを簡単に説明しよう。たとえば、ノードが10の小さなネットワークAと、ノードが20のより大きなネットワークBがあるとする。この2つのネットワークが相互運用すれば、両方ともノードが30あることになる。ネットワークの価値を計算する方法はいくつかあるが、ここではメトカーフの法則を使おう。この法則によれば、ネットワークの価値はノード数の2乗に比例する。AとBのネットワークが相互運用した場合、Aの価値は当初の100（10の2乗）から900（30の2乗）へと大幅に増える。一方、Bの価値も400（20の2乗）から900（30の2乗）に増えるが、増加率はAほどではない。Aの価値は9倍になるが、Bの価値は2・25倍にしかならないのだ。相互運用はAのほうに得がある。

単純な例とはいえ、ネットワークが成長するにつれて補完財を増やしたり、他のネットワークと相互運用したりする魅力がなくなる理由を的確に示している。プラットフォームの影響力が最大化した瞬間、手のひらを返すことが理にかなってしまうのだ。大きなネットワークにとって相互運用は得るものが少なく、失うものが多い。競合になるかもしれない製品の成長を後押しする必要はないのである。

フェイスブックとかつて親密なパートナーだったゲームメーカーのジンガとの関係の変化が、

この問題を象徴している。２００７年の創業以来数年間、ジンガのゲームはフェイスブックで最も人気のアプリだった。「ジンガ・ポーカー」、「マフィア・ウォーズ」、「ワーズ・ウィズ・フレンズ」などのヒット作が数千万人ものユーザーを引きつけていた。雑誌「ニューヨーク・マガジン」の２０１１年の記事は、ジンガの最初の主要なヒットゲームである「ファームヴィル」[33]を引き合いに出し、同社の人気を次のように説明している。「フェイスブックをそれなりに使っているほとんどの人（いまやほぼ全員）が、〝牛をもらいうけよう〟というリクエストを受け取ったことがあるはずだ」

ジンガのこのゲームは大金を稼いだ。２０１２年までに、デジタル家畜の販売を含め、ジンガのゲームはフェイスブックの収益の2桁％を占めるまでに成長していた[34]。ウォール街のアナリストたちは、ジンガがフェイスブックの売上に占める割合が大きいことを重大なリスクと指摘している。ジンガは独自のゲームプラットフォームにユーザーを引き連れて行ってしまうかもしれない。そこでフェイスブックは収益源を多様化し[35]、ジンガとのパートナーシップを断ち切ることにした[36]。これによりジンガは倒産間際まで追い込まれたのである（ジンガはその後、再編に数年注力してから事業を再開し、２０２２年にゲーム会社「テイクツー・インタラクティブ」により１２７億ドルで買収されている[37]）。

この事例は、相互運用は特定の状況下では大規模なネットワークに利益をもたらすが、ライバルにもたらす利益のほうが多くなる可能性を示している。このトレードオフは、最初のうちは両者間の協力を促進し、しばらくすると競争を促進する。

私はこれを「集客と搾取のサイクル」と呼んでいる。企業ネットワークでこれが起きることは避けられない。補完財にとって、協力から競争に転じる企業ネットワークの振る舞いは裏切りのように感じられる。しばらくすると優秀な起業家や開発者、投資家は企業ネットワークを活用した事業に手を出さなくなった。この数十年の間に、こうした事業はうまくいかないことが何回も証明されたからである。

これによりどれほどのイノベーションが失われ、世界の不利益になったかを定量的に測ることは難しい。企業ネットワークがコミュニティ所有のネットワークのままだった世界線を覗き見ることに最も近い方法は、メールやウェブを活用した事業の活動と比べることだろう。誕生から数十年経った今でもこれらのネットワークを使った活動は盛んだ。毎年、何百万ものウェブサイトやニュースレター、ソフトウェア会社、メディア企業、小規模なＥＣサイトをはじめとする事業が立ち上がっている。

私を含め、一部のスタートアップの創業者や投資家は、騙された気分になって企業ネットワークモデルから遠ざかった。とはいえ、高い志を持ち、企業ネットワークの運営企業で働いている知り合いもたくさんいる。人が悪いのではなく、ネットワークの設計に原因がある。ネットワークの運営と参加者の利害が一致せず、結果としてユーザーにとって悪い体験が生じているのだ。また、「おとり商法」の戦略を取らない企業ネットワークは、この戦略を取る競合には勝てない。

不透明さは、企業ネットワークのもうひとつの欠点だ。アルゴリズムによるランキング、スパムのフィルタリング、デプラットフォームによる排除が営利企業のブラックボックス内で実行されていると、人々はサービスを信頼できなくなる。なぜアカウントが停止されたのかわからない。なぜアプリストアでのアプリの掲載申請が却下されたのかわからない。なぜ以前ほどソーシャル上で他のユーザーから反応を得られなくなったのかわからない。企業ネットワークは人々の生活に影響を与える重要なツールとなり、常に議論の的となっているが、人々の期待に応えられていない。経営陣は変わるかもしれないし、企業の方針や価値観は個々人が支持するものと同じだったり、そうでなかったりする。もう一度言うが、問題はネットワークの構造にある。誰もが企業の気まぐれに従わざるをえない仕組みになっているのだ。

　これをプロトコルネットワークの透明性と比べてみよう。メールやウェブは、法律への準拠を求める組織の集まりと、技術的な決定を行うユーザーやソフトウェア開発者のコミュニティによって管理されている。どちらもオープンで民主的だ。クライアントソフトウェアはモデレーションやフィルタリングを自由に追加できる。ソフトウェアの機能に満足できないユーザーは、フォロワーや友人を失うことなく別のソフトウェアに乗り換えられる。コミュニティに決定権がある。ステークホルダーが増えるほど、ネットワークへの信頼は増す。

　フェイスブック、ツイッター、リンクトイン、ユーチューブなどの企業ネットワークの良いところは、この20年間、インターネットの成長に大きく貢献した点だ。2007年に登場したiPhoneと、翌年に登場したアップストア（App Store）により、ワッツアップ、スナップ、ティンダー、インスタグラム、ヴェンモをはじめとする有用なネットワークが次々と誕生した。これらの企業ネットワークは、50億のインターネットユーザー[38]に洗練されたサービスを届けた。インターネットに接続できる誰もが発信者になり、フォロワーを増やせる。場合によっては生計を立てることも可能になった。

　企業ネットワークは、ウェブサイトの作成やメールだけを使うよりもはるかに効果的で、幅広い人に発信するためのハードルを大幅に下げた。専門知識がなくても、たくさんの手間をかけなくても、それができるようになったのである。この点で、企業ネットワークはプロトコルネットワークを改良した。ウェブの第2幕では、2000年代初頭の技術者たちの目標であった「読み取り専用」から「読み書き可能」に、インターネットがアップグレードしたのだ。

企業ネットワークは、優れた機能と持続的な資金調達の手段によってプロトコルネットワークを超えた。初期のインターネットの遺産であるメールとウェブだけが、企業ネットワークの集中化の力に屈しなかった。その理由はプロトコルネットワーク特有の背景と持続性、そしてこれらのサービスを使う習慣が定着していたからだ。「リンディ効果」のおかげである。リンディ効果とは、あるものが存在している期間が長ければ長いほど、生存する可能性が高くなるという現象だ（ただし、想像しづらいかもしれないが、これらのプロトコルネットワークが企業ネットワークに取り込まれる可能性は残っている）。

その後に登場したプロトコルネットワークにそのような力はなかった。30年の試みの中でどんなに優れたプロトコルネットワークも、一部のコミュニティで採用される以上の成功を収められていない。いまやプロトコルネットワークは珍しくなり、新しいものが登場しても必ずと言っていいほどユーザー集めに苦労してしまう。そして企業ネットワークが新しいプロトコルネットワークを繁殖力の高い植物のように侵略し、乗っ取ってしまうのだ。成長しているプロトコルネットワークでも、「集客と搾取のサイクル」に陥る利益追求型のネットワークに屈してしまう。これがツイッターとRSSをはじめ、多くの対決で起きたことだ。企業モデルはあまりに効果的なのである。

しかし、ソフトウェアは探求の余地がある創造的なメディアであり、インターネットは完成形にはまだ程遠い。新しい構造のネットワーク、具体的にはプロトコルネットワークと企業ネットワークのいいとこ取りをしたブロックチェーンベースのネットワークは、企業ネットワークの問題を解消できる。開発者やクリエイター、消費者の全員に利益をもたらし、インターネットを第3の時代へと進ませるのだ。

2

所有する時代

Own.

Part Two

第4章

ブロックチェーン

——改ざんされにくいオープンな仕組み

Blockchains

ほとんどの技術は末端で単純作業を担う労働者を自動化する一方、ブロックチェーンは中央を自動化する。ブロックチェーンはタクシー運転手の仕事ではなく、ウーバーの仕事を奪い、タクシー運転手が顧客にサービスを直接提供できるようにする。[1]

イーサリアムの共同創設者　ヴィタリック・ブテリン

コンピュータが特別な理由：
プラットフォームとアプリ間のフィードバックループ

1989年に公開された映画『バック・トゥ・ザ・フューチャー』の続編で、主人公は1989年から2015年へとタイムトラベルする。空飛ぶクルマが空中の道路を飛び交っているが、人々は連絡にまだ電話ボックスを使っている。スマートフォンは存在しない。

インターネット以前のSF作品にコンピュータとインターネットの驚異的な成功が描かれたものはない。SF作家が未来を正しく予想できなかったのはどうしてなのか？　空飛ぶクルマよりも、インターネットに接続する持ち運び可能なスーパーコンピュータが先に現れたのはなぜか？コンピュータとインターネットが他のすべての技術よりずっと速く進化するのはなぜなのか？

理由のひとつは使われている技術に関係する。物理法則に従い、コンピュータ機器の最小単位であるトランジスタを小型化することで、少ない体積により多くの計算能力を詰め込める。この改善の速度を表したのがムーアの法則で、[2] 提唱者は半導体メーカー、インテルの創業者であるゴードン・ムーアだ。ムーアの法則は、チップに搭載できるトランジスタの数はおよそ2年おきに倍増するとしている。歴史がそれを証明した。1993年のデスクトップPCのトランジスタの数は約350万だったが、最新のiPhoneのトランジスタの数は150億以上だ。この短期間で千倍以上も改善された技術は他に類をみない。他の工学分野では物理的制約を克服することは非常に難しいのである。

もうひとつの理由は、アプリケーション（アプリ）とそれを支えるプラットフォーム間の互恵関係から生じる経済的な現象にある。最新のiPhoneには、初代iPhoneよりもはるかに多くのトランジスタや部品が組み込まれていると同時に、はるかに多くのアプリを利用できる。そのアプリは最初期のものよりもはるかに便利で洗練されている。新しいアプリはスマホの販売を促進し、それがスマホへの投資を加速させ、さらにアプリの利用を増進させた。これが「プラットフォームとアプリ間のフィードバックループ」だ。iPhoneのようなプラットフォームが進化することで新しいアプリの開発が可能になり、そのアプリがさらにプラットフォームの価値を高める。この価値の循環が、プラットフォームとアプリの継続的な進化を促す正のフィードバックループを生み出したのだ。

技術進歩とフィードバックループはコンピュータの高速化、小型化、低価格化、高機能化を促進する。コンピューティングの歴史では何度も繰り返されてきたことだ。PC向けにはワードプロセッサー、グラフィックデザインソフト、表計算ソフトなどが開発された。インターネットでは検索エンジン、eコマース、ソーシャルネットワークが、スマホではメッセージアプリ、写真共有アプリ、オンデマンド宅配サービスが開発された。いずれの場合も、プラットフォームとアプリで交互に進化し、何年にもわたり急速な成長が促進されたのである。

プラットフォームとアプリ間のフィードバックループは、コミュニティ所有のネットワークでも企業所有のネットワークでも起きる。ウェブや電子メールのようなプロトコルネットワークも、オープンソースのOSであるリナックスも、このフィードバックループの恩恵を受けた。企業ネットワークの一例は、1990年代のマイクロソフトだ。開発者たちがウィンドウズ向けのアプリを作ったことでマイクロソフトは恩恵を受けた。現在、アップルやグーグルのOSとアプリ開発者の間でも同じことが起きている。

波が干渉し合って大きな波になるように、複数のトレンドが重なって進化がさらに促進されることもある。スマホのキラーアプリであるSNSは、スマホの普及を後押しした。同じ頃、アプリを広く展開するために必要となる柔軟なインフラをスタートアップに提供するクラウドコンピューティングが登場し、何十億人ものユーザーにSNSなどのサービスを提供できるようになった。スマホはあらゆるサービスを手軽に利用できるようにした。これらのトレンドが合わさって、

SF作家が予想もしなかった、魔法のような携帯型スーパーコンピュータを誰もが持つ時代が訪れたのである。

主要なコンピュータ技術は、たいてい10年から15年おきに登場する。[3] 1950年代と1960年代はメインフレームの時代だった。1970年代はミニコンピュータが、1980年代はPCが市場を席巻した。1990年代の主役はインターネットだった。2007年にiPhoneが発売されてからはスマホが普及した。この周期が今後も続くとは限らないが、なぜこの周期になるかは説明できる。ムーアの法則は、コンピュータの処理力が100倍向上するのにおよそ10年から15年かかることを示している。また、多くの研究段階の技術が成熟するのにもそれくらいの時間がかかる。10~15年周期の技術サイクルが続くと仮定するなら、そろそろ新たなサイクルが始まる頃だ。

次のサイクルに影響を与えるトレンドがいくつかある。ひとつは人工知能。AIモデルの性能はどんどんよくなっている。AIの性能は、基盤となるニューラルネットワークのパラメータ数に依存するが、これが指数関数的に増えているのだ。このペースでいけば、今後登場するモデルは、今利用できる驚くほど優れた性能を持つものすらはるかにしのぐ強力なものになる。もうひとつのトレンドは、自動運転車や仮想現実ヘッドセットのような新種のハードウェアだ。これらのデバイスは、センサーやプロセッサーといった技術の進歩により急速に進化している。アップル、メタ、グーグルなどの大手はこの分野に積極的に投資している。[4] これらは手堅い投資、つまりほとんどの人がコンピューティングの分野で次に広く普及する重要な技術だと考えている。

ブロックチェーンは違う。手堅い投資とは言えない。私を含め多くの人がその可能性を認識しているが、大手企業は違う。テック業界の一般的な見解は、重要な技術的改善の唯一の方向性は、既存の大企業がすでに注目しているもの、すなわちデータベースの大型化、プロセッサーの高速化、ニューラルネットワークの大規模化、デバイスの小型化であると考えている。しかし、これは近視眼的で、既存企業が生み出す技術にばかり目を向け、それ以外の多くの開発者が生み出す技術を軽視するものだ。

普及への2つの道：「インサイドアウト」か「アウトサイドイン」

新技術の普及は「インサイドアウト」か「アウトサイドイン」のいずれかの道をたどる。[5] インサイドアウト型の技術は大手テック企業の中で生まれる。この技術はわかりやすい。既存企業が完成形の製品を発表し、その会社から給料をもらっている従業員や研究者などの作業に比例して製品が改良されていく。こうした製品開発には通常、かなりの資本と専門的な訓練が必要で、参入障壁は高い。

インサイドアウト型の技術の価値は製品のリリース前から多くの人が認識している。アップルのｉＰｈｏｎｅが証明したように、インターネット接続できるポケットサイズのスーパーコンピュータが人気商品になることは予測できた。大学や企業の研究所が開発したＡＩが証明したように、多くの人があらゆる作業をこなしてくれる知的なマシンを求めている。売れるとわかっているからこそ、既存企業はこうした技術の開発を進めるのだ。

一方で、アウトサイドイン型技術はコミュニティの周辺で発生する。趣味で開発している人、特定の技術の推進者、オープンソースの開発者、スタートアップの創業者がメインストリーム以外のところで生み出している。大抵、開発にかかる資本は少なく済み、専門的な訓練も必要ない。したがって、競争の機会は平等だ。また、参入障壁が低いことから大手企業はこうした技術とその支持者の重要性を見逃しがちである。

アウトサイドイン型技術のヒットは予測が難しく、過小評価される傾向にある。これらの技術を作る人たちはガレージや地下室、寮の部屋といった場所で、終業後や休憩中、週末など仕事以外の時間に作業していることが多い。彼らを突き動かしているのは、外からは奇妙に見える固有の哲学やカルチャーだ。アウトサイダーが作るサービスは未完成で、用途がはっきりしていないように見え、他の人たちの理解を得づらい。ほとんどの人はそれらの技術をがらくたのようなもの、使い道がわからないもの、高すぎるもの、真剣に取り合う価値がないもの、あるいは危険なものとして退けてしまう。

先述したように、ソフトウェアは芸術だ。確立された組織に素晴らしい小説や絵画を生み出すことを期待しないだろう。それと同じように、確立された組織に偉大なソフトウェアを生み出すことを期待すべきではないのだ。

アウトサイダーは具体的には、どのような人たちなのか。１９７０年代、カリフォルニアで毎月開催されたマイクロコンピュータに夢中なオタクの集まり「ホームブリュー・コンピューター・クラブ」[6]に顔を出していた、カウンターカルチャーを愛する20代のスティーブ・ジョブズのような人だ。１９９１年、後に開発者の名を冠したＯＳであるリナックスを個人的なプロジェクトとして取り組み始めたヘルシンキ大学の学生、リーナス・トーバルズのような人だ。[7] 1998年、後にグーグルとなるウェブリンクの一覧化プロジェクト「バックラブ」[8]を開発するためにスタンフォード大学を中退し、メンローパークのガレージに移り住んだラリー・ペイジとセルゲイ・ブリンのような人だ。

アウトサイドイン型技術の価値は製品化されるまで不明瞭だったり、製品化されてからもしばらくその価値が理解されなかったりする。1989年、スイスの物理学研究所でティム・バーナーズ＝リーが作ったウェブも未完成だったが、その可能性を見出した開発者や起業家が集まったことで指数関数的な成長を遂げた。テクノロジストの友人、セップ・カムヴァーが冗談でよくこう言っている。「当時の人々が人生をよりよくするために何が必要かと聞かれたのなら、ハイパーテキスト経由で連結された情報ノードの分散型ネットワークだなんて言わなかっただろう」しかし、振り返ってみれば、それがまさに求められているものだったのだ。

趣味が未来の産業を作る。オープンソースソフトウェアは世間に広く受け入れられる前、著作権による制限に反対するニッチな運動として始まった。ソーシャルメディアも世界的に受け入れられるまで、理想主義的なブログ愛好家たちの暇つぶしの道具として見られていた。Tシャツとビーサン姿の趣味人が大きな産業を作るのは、テック業界のエキセントリックな特徴だ。しかし、趣味が重要なのには理由がある。ビジネスマンは実現したい未来にドルを投じる。それは短期で金銭的なリターンを得られる未来だ。しかし、エンジニアは開発に時間を投じることで、新しく面白い味のある未来の実現を目指している。

賢い人たちは金銭的な目標に縛られていない時間を趣味に費やす。私はよく「最も賢い人たちが週末にしている活動は、10年後には他のみんなが平日にする活動になる」と言っている。「インサイドアウト」と「アウトサイドイン」の技術は、互いを強化する関係にある場合も多い。この10年間のコンピューティングの成長を促したトレンドもそうだった。先ほど説明したように、アップル、グーグルなどが先導したインサイドアウト型の技術であるスマートフォンにより、何十億もの人がモバイルコンピュータを持つようになった。ハーバード大学を中退したマーク・ザッカーバーグをはじめとするハッカーたちが作り上げたアウトサイドイン型の技術であるソーシャルメディアは、モバイル端末の使用率と収益化を促進した。アマゾンが主導した別のインサイドアウト型の技術であるクラウドサービスにより、ウェブサービスはユーザー数の増加に対応できるようになった[9]。2つのタイプの技術が合わさると、核融合のような強力な反応が起きるのだ。

ブロックチェーンは典型的なアウトサイドイン型の技術だ。大手テック企業の多くはブロックチェーンを気に留めておらず、従業員のなかにはこの技術を軽視し、嘲笑する者さえいる。多くの人はブロックチェーンをコンピュータと認識していないので、その可能性が見えていない。ブロックチェーン技術の開発を推進しているのは、起業家やオープンソースで自主開発をしている人たちだ。業界の末端にいる人たちが、新たなコンピューティングムーブメントを主導している。初期のプロトコルネットワークであるウェブや、オープンソースソフトウェアであるリナックスで起きたことと同じである。

ブロックチェーンは新しいタイプのコンピュータ

サトシ・ナカモト（正体不明の発明家または発明者グループ）は2008年の論文で、世界初のブロックチェーンを紹介した。[10] ただし、論文に登場する発明は「ブロックチェーン」とは呼ばれておらず、「ブロック」と「チェーン」は別々に使われていた。後日、この論文を中心に形成されたコミュニティが2つの単語をくっ付けたのである。ナカモトの論文は新しい種類のデジタルマネーであるビットコインを「信用ではなく暗号学的証明に基づく電子決済システム」とし、第三者機関を信頼せずとも相手と直接取引するためのものだと説明した。取引から「信頼できる第三者機関」を省くには、独立して計算処理できるシステムが必要となる。そこで考案されたのが、新しい種類のコンピュータであるブロックチェーンだ。

「コンピュータ」という概念は、何でできているかではなく、何を行うかで定義できる。[11] もともと「コンピュータ」という言葉は計算する人たちのことを指していた。それが19世紀から20世紀にかけて、計算する機械を意味するものに変化した。そしてイギリスの数学者アラン・チューリングが1936年に発表した有名な数学論理に関する論文で、[12] コンピュータの定義は確固たるものになった。アルゴリズムの性質とその限界を説明する論文は、現代のコンピュータ科学者が「ステートマシン」と呼ぶもの、そして一般の人たちが単にコンピュータと呼ぶものを定義したのである。

ステートマシンの構成要素は2つ。(1) 情報を保存する機能と (2) その情報を変更する機能だ。

保存された情報は「状態（ステート）」と呼ばれ、コンピュータのメモリに相当する。「プログラム」と呼ばれる一連の指示は、受け取った状態（入力）を元に新たな状態（出力）を規定する。プログラミングができる人より読み書きができる人のほうが多いので、言語の文法にたとえて説明しよう。状態やメモリは「名詞」で、操作できるものを表す。これに対し、コードやプログラムは「動詞」で、実行する操作を表す。たびたび書いているが、頭で思い描けることは何でもプログラムで表現できる。だから、プログラミングは小説を書くような創造的な活動に近い。コンピュータの表現の幅は非常に広いのだ。

ステートマシンは最も基本的なコンピュータである。デスクトップPCやノートPC、スマートフォン、サーバーなどが物理的なコンピュータであるのに対し、ナカモトが提唱したブロックチェーンは仮想のコンピュータだ。つまり、機能的にはコンピュータだが、従来の物理的な形態を持たない。ブロックチェーンは物理デバイスで実行される、ソフトウェアとして抽象化されたステートマシンということだ。かつて「コンピュータ」という言葉は、人から機械を指すものに変わった。今度はハードウェアだけでなく、ソフトウェアで動くものも意味するようになったのだ。

ソフトウェアベースのコンピュータ、または「仮想マシン」は以前から存在する。IBMが1960年代後半に発明し[13]、1970年代初頭に提供を開始した。1990年代後半にこの技術を普及させたのはIT大手のヴイエムウェアだ。今ではPCに「ハイパーバイザー」と呼ばれるソフトウェアをダウンロードすることで誰でも仮想マシンを実行できる。企業はデータセンターの管理の合理化のために仮想マシンを活用している。クラウド企業にとってはサービスを提供する上で重要な技術だ。ブロックチェーンはソフトウェアベースのコンピューティングモデルの用途を広げた。コンピュータにはさまざまなものがあり、それは見た目ではなく、機能の特徴によって定義できる。

ブロックチェーンの仕組み

ブロックチェーンは改ざんされづらい設計になっている。[14] 物理的なコンピュータが実行し、誰でも参加できるが、特定の組織がすべてを制御することは非常に難しい。基盤となっている物理的なコンピュータが仮想コンピュータの状態を維持し、新しい状態への遷移を制御している。ビットコインでは、この物理コンピュータのことを「マイナー」と呼ぶが、今では「バリデータ」という呼び方のほうが一般的だ。本質的に「状態」の遷移のバリデーション（検証）をしているからである。

「状態遷移」は抽象的に感じるかもしれないので別のものに置き換えて説明しよう。ビットコインを2列のスプレッドシートまたは台帳だと考えてみてほしい（実際はもっと複雑だが、ここでは簡略化した例を使う）。各行の1列目には個別のアドレスが、2列目にはそこで保管されているビットコインの数量が記録されている。状態遷移とはつまり、直近のバッチで実行されたビットコインのすべての移動を反映するように2列目の数字を更新すること。それだけだ。

しかし、誰でもネットワークに参加できるなら、仮想コンピュータはどのように最新の状態についていて信頼できる唯一の情報源にたどり着けるのだろう。言い換えれば、たくさんの人が使っているスプレッドシートの各行に入力されている数字が正確な情報だと、どのようにわかるのだろうか。答えは、暗号技術（安全な通信の科学）とゲーム理論（戦略的意思決定の研究）を使い正確性を数学的に保証することにある。

提案された状態が次の状態に定まるまでの仕組みを説明しよう。状態遷移のたびに、バリデータは次の状態について他のネットワーク参加者と合意を形成するプロセスを実行する。まず、バリデータはその名のとおり、すべての取引に適切なデジタル署名があるかを「検証」する。次に、ネットワークはバリデータのひとつを無作為に選ぶ。選ばれたバリデータは、次の状態を作成する上で条件を満たしている取引をまとめる。他のバリデータは新しい状態が有効であること、まとめられた取引がそれぞれ有効であること、そしてコンピュータの核となる約束が守られること（たとえば、ビットコインの場合はビットコインの枚数が2100万枚を超えないこと）を検証する。それができたら、バリデータは新しい状態へと遷移する作業を開始する。この作業には、バリデータが正しいと判断した状態に投票する意味合いもある。

この合意形成のプロセスは、すべての参加者が同じ有効な情報を使用して処理することを保証する。もしバリデータ（または選ばれた一部のバリデータ）が不正を試みた場合、他のバリデータは間違った情報を発見し、正しい情報に投票することで不正を防ぐことができる。プロセスのルール上、大多数のバリデータが共謀しない限り不正は行えない。

先の簡略化した例では、票を集めて勝利したバリデータによって提案されたスプレッドシートが新たなマスターコピーに採用される。もちろん、実際にはスプレッドシートは存在しない。コンピュータ処理の本質である状態遷移が起きるのみだ。各状態遷移はブロックと呼ばれ、それらは連結されている。このブロックを調べることで誰でも処理の全履歴を確かめられる。これがブロックチェーンの名前の由来だ。

状態遷移は口座残高だけでなく、多層的なコンピュータプログラムも保持できる。ビットコインには「ビットコインスクリプト」と呼ばれるプログラミング言語が備わっており、ソフトウェア開発者はこの言語を使って状態遷移を規定するプログラムを書けるのだ。ただし、このプログラミング言語には設計上の制限がある。口座間の送金や、複数のユーザーが管理する口座の作成といった機能にしか対応していない。2015年に登場した[15]最初の汎用型ブロックチェーンであるイーサリアムのような新しいブロックチェーンは、開発者がより自由度の高いプログラムを書けるプログラミング言語を備えている。

高度なプログラミング言語が使えるようになったことで、ブロックチェーン技術に大きなブレイクスルーが起きた。アップルがiPhoneのアプリストアを開設したのと近いイノベーションである（ただし、アプリストアは掲載アプリを選別しているのに対し、ブロックチェーンはオープンであり利用許可を得る必要はない）。世界中のどの開発者もマーケットプレイスサービスやメタバースなどさまざまなアプリを作り、それをイーサリアムのようなブロックチェーンで実行できる。この劇的な進化により、ブロックチェーンは会計士用の台帳から、はるかに自由度が高く多用途なものになった。だから、ブロックチェーンを単なる数字を管理する台帳と考えるのは誤りである。ブロックチェーンはデータベースではなく、完全な機能を持ったコンピュータなのだ。

ただし、コンピュータでアプリを実行するのはタダではない。ビットコインのような特定の用途に特化したブロックチェーンも、イーサリアムのような汎用的なブロックチェーンも、状態遷移を検証する計算処理に費用がかかる。だから、人々がネットワークに投資する理由が必要だ。そこでナカモトはブロックチェーンの設計にひと工夫加えた。システムのデジタル通貨（ビットコインの場合はビットコイン）がそれを動かすコンピュータの資金源になる仕組みを導入したのだ。他のブロックチェーンもこの仕組みを取り入れている。

どのブロックチェーンにも、人々が参加したくなるようなインセンティブがある。ほとんどのシステムでは新しいブロックの作成、あるいは状態遷移が起きるたびに、選ばれた幸運なバリデータに少額の報酬を与える仕組みを導入しているのだ（「バリデータ」とは状態遷移に投票するコンピュータ、またはそれらのコンピュータを管理する個人または組織のこと）。正しく処理するバリデータ、つまりデジタル署名を正しく検証し、ブロックチェーンに有効な変更のみを提案するものが報酬を得られる。この金銭的インセンティブは、バリデータがネットワークに参加し、正しい処理を続けることを後押しする（ユーザーに課される手数料もブロックチェーンに流入する。これがどのように機能してトークンがどのように評価されるかについては、「トークノミクス」の章で詳しく説明する）。

ブロックチェーンの利用に許可はいらず、インターネットに接続できる人なら誰でも参加できる。既存の金融システムは、銀行のような特権的な仲介者を優遇するエリート主義であるとナカモトは考えていた。また、申請や審査の工程があれば、特権的な仲介者が新たに生まれ、既存システムの問題を再現してしまうことになる。そこで最初のブロックチェーンであるビットコインでは、全員が平等な立場で関われる設計が採用された。しかし、これには問題もあった。どのコンピュータでも投票できるなら、スパムや悪意のある人たちがたくさん投票してネットワークを乗っ取ることができる。

そこでナカモトは、参加者に費用を課す仕組みを導入した。次の状態に投票するには、マイナーは計算処理を実行し、処理を実行した証明を提出しなければならない。これには電力がかかり、電気代の負担が生じる。このシステムはその名のとおり「プルーフ・オブ・ワーク（Proof of Work: PoW）」と呼ばれ、スパムなどの悪質な行為を排除しながら、オープンで許可を必要としない投票システムを実現する。

イーサリアムなど他のブロックチェーンは「プルーフ・オブ・ステーク（Proof of Stake: PoS）」と呼ばれる別のシステムを採用している。この仕組みは、バリデータに電気代を使わせる代わりに、ステーク（掛け金）を預けることを求める。つまり、お金を担保として預かるのだ。バリデータが正しい処理をすると報酬が提供される。バリデータが嘘をついていることが判明した場合（たとえば、正しくない状態遷移に投票したり、同時に複数の異なる状態遷移を提案したりした場合）、担保は「スラッシュ」、つまり没収される。

ビットコインに向けられている批判のひとつは電力を過剰に消費し、環境に悪影響を与えかねない点だ。水力発電や風力発電など再生可能エネルギーの余剰分といった環境にやさしい電力を使用することでプルーフ・オブ・ワークの環境への影響を軽減できるかもしれない。とはいえ、より良いのは「プルーフ・オブ・ワーク」を「プルーフ・オブ・ステーク」のような電力消費が少ないシステム[16]へと完全に切り替え、ブロックチェーンの環境面への影響に対する批判を解消することである。

プルーフ・オブ・ステークはプルーフ・オブ・ワークと同等か、それ以上に安全であると同時に、低価格かつ高速でエネルギー効率も非常に高い。イーサリアムは２０２２年秋にプルーフ・

オブ・ワークからプルーフ・オブ・ステークへの移行を完了し、その効果は劇的だった。下の表はイーサリアムのプルーフ・オブ・ステークと他の活動の電力消費量を比べたものだ。

この本で取り上げている多くのブロックチェーンは、ビットコインを除きプルーフ・オブ・ステークを採用している。将来的に、ほとんどの人気ブロックチェーンがプルーフ・オブ・ステークを使うようになるだろう。電力消費の懸念で、人々がこの強力な新技術の利用をためらうのはもったいない。

懸念と言えば、ブロックチェーンの匿名性と秘匿性にまつわる誤解も解く必要がある。「クリプト」という言葉から国家ぐるみの悪巧みや陰謀を連想する人もいるかもしれないが、本来の意味は「暗号化された」または「隠された」である。

プルーフ・オブ・ステークに移行したイーサリアムの年間電力消費量（TWh）とその他の活動の比較 [17]

銀行システム	239	92,000x
グローバルデータセンター	190	73,000x
ビットコイン	136	52,000x
金の採掘	131	50,000x
米国でのゲーム	34	13,000x
プルーフ・オブ・ワークのイーサリアム	21	8,100x
グーグル	19	7,300x
ネットフリックス	0.457	176x
ペイパル	0.26	100x
エアビーアンドビー	0.02	8x
プルーフ・オブ・ステークに移行したイーサリアム	0.0026	1x

業界での「クリプト」の使われ方が、ブロックチェーンは情報を隠すもので、違法行為に適しているという誤解を人々に与えている。誤解はかなり広まっていて、たとえば、テレビ番組や映画で犯罪者が暗号通貨をこっそり送金するシーンが描かれるほどだ。しかし、これは根本的に間違っている。

ビットコインやイーサリアムのような人気ブロックチェーンの取引はすべて公開され、追跡可能だ。電子メールと同じように、偽の個人情報を使って登録することはできる。しかし、使用者の特定は専門企業や捜査当局にとって難しいことではない。[18] そもそもブロックチェーンは情報が公開されすぎていて、この透明性が普及を妨げる原因にもなっている。

クリプトはブラックボックスと考える人は多いが、実際はそうではない。むしろ給与や医療費、請求額などの機密情報が公開されることを懸念し、特定の用途でブロックチェーンを使うことに抵抗を感じる人もいる。公開したくない取引情報を非公開にできる機能を付けることで、この問題を解決しようとする取り組みも進められている。[19]「ゼロ知識証明」と呼ばれる最先端の暗号技術がそのひとつで、最新のブロックチェーンに取り入れられている。この技術は違法活動のリスクを減らしつつ、規制に準拠する形で暗号化されたデータを確認できるようにするものだ。[20]

ブロックチェーンが「クリプト」[21]と呼ばれるのは匿名で取引できるからではなく（実際にはできない）、１９７０年代に登場した公開鍵暗号という画期的な技術に基づいているからだ。公開鍵暗号の重要な役割は、初めて通信する複数の当事者が暗号操作を行えるようにすることである。一般的な処理は２つある。(1)暗号化。情報を暗号化し、意図した受信者だけが復号できるようにする。(2)認証。人またはコンピュータが情報に署名し、その情報が本物であり、確かに発信元からのものであることを証明する。ブロックチェーンが「クリプト」と呼ばれるのは、「暗号化」ではなく、後者の「認証」の意味合いからだ。

公開鍵と秘密鍵のペアが、ブロックチェーンのセキュリティの基盤となっている。ユーザーは秘密鍵（本人だけが知っている数列）を使用してネットワーク上の取引を作成する。一方で、公開鍵は取引の送信元や受信先の認証に使われる。公開鍵と秘密鍵のペアは数学的なアルゴリズムで生成され、秘密鍵から公開鍵を導き出すことは簡単だが、公開鍵から秘密鍵を導き出すには膨大な計算処理が必要という特徴を持つ。この仕組みにより、ブロックチェーンのユーザーは別のユーザーに送金する取引に、「この金額をあなたに渡します」という意味の署名ができる。この署名は、現実世界の小切手や法的文書の署名に似ているが、筆跡ではなく数学を使って偽造を防ぐ。

デジタル署名は、データの真正性と完全性を確認するためにコンピュータ分野の舞台裏で広く使われている。ブラウザはデジタル署名を確認することでウェブサイトの正当性を検証している。電子メールサーバーやクライアントはデジタル署名で、メッセージが送信中に偽造または改ざんされなかったかを確かめている。コンピュータシステムの多くもソフトウェアのダウンロードが正しいソースからのもので、改ざんされていないことをデジタル署名によって確認している。

ブロックチェーンもデジタル署名を活用し、「トラストレス」な分散型ネットワークを運営している。「トラストレス」という言葉の意味は紛らわしいかもしれないが、ブロックチェーンの文脈では、取引に権威ある機関や仲介者、中央集権的な企業を頼る必要がないことを意味する。合意形成プロセスを通じ、ブロックチェーンだけで取引の送信元の正当性を確認でき、どのコンピュータもルールを変更する権限は持たない。

設計の優れたブロックチェーンには、バリデータの正しい行動を促すためのインセンティブがある。イーサリアムのように不正行為を罰する仕組みを持つものもある。繰り返しになるが、ブロックチェーンのセキュリティの土台にあるのはコンセンサスシステムだ。ブロックチェーンを攻撃するコストが十分に高く、ほとんどのバリデータが自己の経済的利益に従って正しく処理を行う限り、システムは守られる（現在普及しているブロックチェーンではうまく機能している）。万が一攻撃を受けたとしても、参加者はネットワークを分岐、すなわち「ハードフォーク」することが可能だ。これによりブロックチェーンを以前のチェックポイントにロールバックできる。これもひとつの抑止力となる。

一部のユーザーが不正を働いてブロックチェーンを悪用しようとしても、全体としては正しい処理を続けられる仕組みになっている。自律的に治安を維持するインセンティブの構造がこのシステムの長所だ。適切に調整された経済的報酬を通じて、ブロックチェーンはユーザーが互いに正しい処理を続けるよう監視し合っている。だからこそ参加者は互いを信用せずとも、それぞれが安全性の維持に貢献している分散型の仮想コンピュータを信頼できるのである。

このトラストレスの性質により、従来のオンラインシステムとは大きく異なるネットワークを作れる。たとえば、オンラインバンキングやソーシャルネットワークといったほとんどのインターネットサービスは、ログインしてデータやお金にアクセスする。企業はユーザーのデータやログイン情報をデータベースに保持しているが、そうしたデータベースは悪用されたり、ハッキングの標的になったりする。企業ネットワークは暗号技術を部分的に使っているが、基本的にはペリメータ（境界）セキュリティに依存している。ペリメータセキュリティはファイアウォールや侵入検知システムといった技術で、内部データを外部の者や権限のない者から守る仕組みだ。このモデルは金塊を隠している砦の周りに壁を建て、その壁のみを守ろうとするようなもので、どこかに隙が生まれる。データ漏洩は頻繁に起きていて、もはやニュースにもならない。小さな隙間がひとつあれば侵入できてしまうこのモデルは攻撃者に非常に有利だ。

対して、ブロックチェーンもデータやお金を保持しているが、ログイン機能はない。なぜならログインするものがないからだ。誰かに送金したい場合は、署名した取引をブロックチェーンに提出する。共有したくないサービスと情報を共有する必要はないので、ユーザーは大事な情報を守りやすい。[22] 企業ネットワークと異なり、ブロックチェーンには単一障害点（障害が発生すると、システム全体が停止してしまう構成要素）がない。また、攻撃者は一般的にインターネットサービスの内部サーバーに侵入を試みるが、ブロックチェーンにはそれに相当するものはない。ブロックチェーンは開かれたネットワークだ。「侵入」と呼べるかはわからないが、それと近いことをするにはネットワーク上のノードの過半数を制御する必要がある。しかし、実際に実行するには莫大なコストがかかり、現実的ではない。

セキュリティにおける重要な概念のひとつに「アタックサーフェス」がある。これは攻撃者が脆弱性を見つける可能性があるすべての場所のことを指す。ブロックチェーンのセキュリティの考え方は、暗号技術でアタックサーフェスを最小限にすることだ。ブロックチェーンモデルには、砦から盗み出せる金塊は存在しない。秘密にしておくべきデータは暗号化されている。ユーザー（そしてユーザーが認めた者のみ）がデータを復号する鍵を持つ。もちろん鍵を守る必要はある。そのためにユーザーはサードパーティのソフトウェアセキュリティ業者を頼ることができる。これが他のモデルと違う点は、サービス事業者は自社のサービスに、セキュリティ企業はセキュリティ対策に特化できる点だ。企業モデルでは、セキュリティの専門家ではないさまざまな事業者がデータの保存や管理をしている。たとえば、病院は患者の記録を、自動車ディーラーは財務情報を保持し守っている。ブロックチェーンは提供サービスとセキュリティを切り離すことで、セキュリティ企業などの専門家が得意な分野を担えるようにする。

「ブロックチェーンがハッキングされた」という話は、ほとんどの場合、暗号通貨を扱う組織への攻撃や、昔からある個人へのフィッシング攻撃のことを指している。大抵は、ブロックチェーン自体がハッキングされたということではない。実際にハッキングされた極めて稀なケースはあるが、被害に遭ったのはほとんどが小規模かつ無名で、セキュリティが不十分なブロックチェーンだった。攻撃が成功すれば、攻撃者は取引を妨害したり、同じお金を複数箇所で「二重支払い」したりできる。これらの攻撃は「51％攻撃」[23]として知られており、成功させるにはシステムのバリデータの半数以上を制御しなければならない。過去にイーサリアムクラシックやビットコインSVのような脆弱なシステムが51％攻撃の餌食になった。対して、ビットコインやイーサリアムなど主要なブロックチェーンへの攻撃を成功させるために必要なコストは高すぎて現実的ではない。

とはいえ、ハッキングの試みがないわけではない。ビットコインやイーサリアムのような人気のブロックチェーンは何回も攻撃されている。だが、成功した試しがなく、結果的にこの技術の安全性を証明している。ハッキングに成功すれば数千億ドルに相当する大金を自分宛てに送金できるので、ブロックチェーンは実質的に世界最大のバグバウンティプログラムだ。しかし、ハッキングがうまくいったことはない。ブロックチェーンの高い安全性は理論上だけでなく、今のところ実世界でもうまく機能している。

ブロックチェーンが重要な理由

従来のコンピュータ（ウェブサーバーやスマホなど）向けのソフトウェアではなく、ブロックチェーン上で動作するソフトウェアを作るメリットはなんなのか。第3部で詳しく説明するが、ここではブロックチェーンの特性を簡単に紹介しよう。

第一に、ブロックチェーンは民主的で誰でも使える。ブロックチェーンは初期のインターネットの精神を受け継いでおり、全員が平等に参加できる。インターネット接続があれば、好きなプログラムをアップロードし、実行して構わない。優遇されるユーザーはおらず、ネットワークはすべてのプログラムとデータを平等に扱う。これは現在主流の門番が入口を見張っている企業ネットワークよりも公平な枠組みだ。

第二に、ブロックチェーンは透明性が高い。プログラムとデータの履歴はすべて公開されており、自由に調べられる。プログラムとデータを一部の人しか利用できない状況は不利益をこうむるユーザーを生み、ネットワークの平等性を損なう。ブロックチェーンでは誰もが取引の履歴を調べ、システムの現在の状態が正しいプロセスによって作られたことを確認できる。たとえ自分でプログラムやデータを調べなくても、いつでも調べられるし、実際調べている人がいることを知っている。この透明性が信頼を生むのだ。

第三に、そして最も重要なのは、ブロックチェーンは長期的な動作を強く保証する点だ。つまり、ブロックチェーン上で実行されるあらゆるプログラムは設計されたとおりに動き続ける。従来のコンピュータにはこのようなことはできない。個人や組織が直接的、間接的に制御（個人のコンピュータの場合は直接的、企業のコンピュータの場合は間接的に）しているからだ。ブロックチェーンは力関係を逆転させ、プログラムに強い力を持たせた。先に説明したコンセンサスシステムと不変的なソフトウェアにより、人間がブロックチェーンに介入することはできない。これによりブロックチェーンを使用するユーザーは特定の個人や企業を信頼する必要がなくなった。

グーグル、メタ、アップルなどの企業の開発者は、コンピュータを自分たちの意のままに動かせる機械だと考えている。コンピュータを制御する者が、ソフトウェアを制御する。ユーザーがコンピュータの動作について得られる唯一の保証は、ソフトウェアの提供者が用意した「サービス利用規約」による法的合意のみだ。しかし、これはほとんど意味をなさないし、条件を交渉することはおろか目を通す人もほとんどいない。「クラウドは誰かのコンピュータにすぎない」という言葉どおりなのだ。

しかし、ブロックチェーンは違う。ブロックチェーンの「できること」と同じくらい、「できないこと」が重要だ。ブロックチェーンは改ざんされづらい。この特性は、ブロックチェーンがコンピュータではなくデータベースに近いという誤解のもとにもなっている。ブロックチェーンのソフトウェアも、他人のコンピュータで実行されている。けれど、重要なのはソフトウェアのほうに力があり、ソフトウェアを変えようとする個人や企業の力に抵抗できることだ。仮想コンピユータは、それを破綻させようとする試みに抗い、意図されたとおりに処理を続ける。

この改ざんへの耐性はブロックチェーンだけでなく、その上で動作するソフトウェアにも及ぶ。イーサリアムのようなプログラム可能なブロックチェーン上に作られたアプリケーションも、プラットフォームのセキュリティの対象となる。つまり、ソーシャルネットワーク、マーケットプレイス、ゲームなどのアプリの長期的な動作も保証されるということだ。ブロックチェーンとそのブロックチェーンのテックスタックのすべてがこのような強い保証の対象となっている。

ブロックチェーンの力を見落としている批評家が優先する評価ポイントは違う。大手テック企業で働く人たちを含め、多くの人はメモリや計算処理力など、馴染みのある次元でコンピュータを改善することを重視している。彼らはブロックチェーンの特性は強みではなく制約や弱点だと考えている。ネットワークを制御することが当然の人たちにとって、その権威を損なうことになりかねない形でコンピュータが進化することは受け入れ難いのだ。

新技術の初期開発段階では馴染みのあるものに似せたものが新技術に最適化されたものよりも優先されがちなのと同じように、常識外れのイノベーションは過小評価される傾向にある。先入観がイノベーションを遅らせてしまうのだ。

長期的な動作が保証されるコンピュータやアプリケーションがなぜ重要なのか疑問に思う人がまだいるかもしれない。ナカモトが示したように、理由のひとつはデジタル通貨を作れることにある。金融システムは、それが長期的に運用されるという信頼がなければ普及しない。ビットコインは2100万枚を決して超えることはないと約束をしており、希少性が保証されている。ユーザーが「二重支払い」、すなわち同じお金を複数箇所で同時に使用できないことも保証されている。これらのコミットメントはビットコインの通貨が価値を持つために重要だが、それだけでは足りない（持続可能な通貨には需要が必要だ。これについては「シンクとトークン需要」の節で議論する）。

従来のコンピュータが提供する約束がブロックチェーンの提供する約束と同じ重みを持たないのは、制御する個人や組織の気が変わったら破られてしまうからだ。たとえば、グーグルは自社のデータセンターのサーバーを使ってグーグルコインを作り、2100万枚以上は発行しないと宣言できる。しかし、会社にその約束を守らせる拘束力はなにもない。グーグルの経営陣はルールやソフトウェアをいつでも気ままに変更できてしまう。

企業の約束は信用できない。グーグルがサービスの利用規約に誓約を入れたとしても、規約を改訂したり、条件をかいくぐったり、サービスを終了したりして（これまでにおよそ300の製品の提供を終了している）[24]、いつでも破棄できる。

ユーザーとの約束を守るという点で企業は信頼できない。株主に対する受託者責任が他のことより優先されてしまうからだ。実際、企業は約束を守ってこなかった。だからこそ、最初の信頼できるデジタルマネーの試みは企業によるものではなく、ブロックチェーンで作られた（非営利団体による運営ならユーザーに対して動作の長期的な保証ができるかもしれないが、これには独自の課題がある。詳しくは「非営利モデル」の節で説明する）。

デジタル通貨は、ブロックチェーンで実現できるアプリケーションのひとつにすぎない。ブロックチェーンは、すべてのコンピュータと同様に、技術者が新しいものを創造、発明できるキャンバスだ。ブロックチェーンの特性により、従来のコンピュータでは作れないアプリケーションを作れるようになる。いずれ多様なアプリが現れるだろう。まずは既存のネットワークを新しい機能、低い手数料、広範な相互運用性、公正なガバナンス、利益の分配の点で進化させた新しいネットワークが多く登場するはずだ。

たとえば次のようなネットワークだ。透明で予測可能な条件で借入や貸付などのサービスを提供する金融ネットワーク。ユーザーの経済性やデータプライバシー、透明性を高めたソーシャルネットワーク。報酬面でクリエイターや開発者に有利なオープンアクセスのゲームおよび仮想世界。新しい収益モデルと協力方法をクリエイターに提供するメディアネットワーク。ＡＩシステムが作家やアーティストの作品を使用する際は公正な報酬を支払うことを約束し、ユーザーに団体交渉権があるネットワークなどだ。これらのネットワークの詳細とそれでいかにより良い未来が作れるかについては以降の章で詳しく説明するが（特に第5部「次にくるもの」）、まずはブロックチェーンが所有権を実現する仕組みを見ていこう。

第5章

トークン
――デジタル所有権を表し、新時代に成長する

Tokens

社会を変える技術は、
人との交流の方法を変える技術である。[1]

物理学者・起業家　セサール・A・ヒダルゴ

シングルプレイヤーとマルチプレイヤー

たったひとりで無人島に取り残されたのなら、お金があってもあまり役には立たないだろう。通信できないコンピュータネットワークも同じだ。しかし、金づちやマッチ、食料は重宝する。電源があるなら、スタンドアローンのコンピュータも便利かもしれない。

使う状況が重要ということだ。技術には社会的なものもあれば、そうでないものもある。お金とコンピュータネットワークは社会的な技術だ。他人との交流に役立つ。ゲームの用語を借りて、それだけで便利なものはシングルプレイヤー型、社会的技術はマルチプレイヤー型と呼ばれている。

ブロックチェーンはマルチプレイヤー型だ。動作を強く保証するプログラムを書いて実行できる。個人や企業は自身に対して何らかの保証をする必要はあまりない。そのため、特定の企業の枠組みの中でのみ使用できる「企業所有のブロックチェーン」を開発する試みは成功しなかった。ブロックチェーンはこれまで関わりのなかった人たちがやりとりするときに有用な技術だ。それも単に複数の人が利用するのではなく、インターネット全体で多くの人が利用する場面において非常に有用である。

数十億人規模のユーザーが利用できる社会的技術はいずれも、基礎をシンプルにする必要がある。論理的な動作を記述したコードで構成されるソフトウェアは複雑になりがちだ。現在50億人が利用するインターネットで使えるものにしようとすると、さらに複雑になる。相互依存する論理的なコードが増えるほど問題が起きる可能性は高まる。規模が大きければ、それだけバグが入り込む余地も増えるのだ。

「カプセル化」は、この複雑さを解消する強力なソフトウェア技術である。明確に定義されたインターフェースでパッケージ化することで複雑さを減らし、使いやすくする。馴染みがない考え方かもしれないので、現実世界のものにたとえてみよう。「電気コンセント」は、多くの人が深く考えることなく使っているカプセル化の一例だ。

誰でもプラグをコンセントに挿し込むだけで、照明、ノートパソコン、目覚まし時計、エアコン、コーヒーメーカー、カメラ、ミキサー、ヘアドライヤー、Xbox、テスラの電気自動車のモデルXなど、さまざまな電気製品を使えるようになる。コンセントを差し込んだ先で何が起きているかを知らなくても、電力網から電気が供給され、電力という強力なパワーを使えるのだ。カプセル化は詳しいことを知る必要を省く。使い方さえ知っていればいい。

ソフトウェアの非常に柔軟な特徴により、カプセル化したコードには簡単に再利用できるという利点もある。カプセル化されたコードは「レゴブロック」のように使える。ブロックを組み合わせるようにして、はるかに規模の大きなプログラムも作れるということだ。カプセル化は特に、グループによる大規模なソフトウェア開発(今どきのソフトウェア開発はほとんどがこれだ)で役立つ。ある開発者がレゴブロック、すなわち基本的な機能を持つプログラムを作成したとする。たとえば、データの保存や取得、操作をしたり、電子メールや決済といった機能を提供したり、さまざまなサービスにアクセスしたりするプログラムだ。他の開発者は必要なプログラムを選んで自分のプログラムに組み込める。レゴブロックがほかのレゴブロックとカチッとはまるように、開発中のプログラムに簡単に追加できるのだ。カプセル化したコードの開発者と、そのコードを使いたい開発者が互いに作っているものの詳細を知り、調整する必要はない。

ブロックチェーンでトークンとして単純化されている重要な概念は「所有権」だ。トークンをデジタル資産や通貨のことだと思っている人は多い。しかし、技術的により正確な説明をするなら、トークンはユーザーがブロックチェーン上で保持している数量や権限などのメタデータを追跡するデータ構造である。抽象的だと思うかもしれないが、それは実際トークンが抽象化された概念だからだ。この抽象化によりトークンはプログラムしやすく、使いやすいものになっている。トークンは複雑なコードを簡単に使える状態にパッケージ化したものだ。電気コンセントと同じである。

トークンは所有権を表す

トークンが何であるかよりも、それで何ができるかのほうが重要だ。

トークンは通貨やアート作品、写真、音楽、文章、プログラム、ゲームアイテム、投票権、アクセス権をはじめ、人が創造するあらゆるデジタル資産の所有権を表すことができる。ほかのプログラムと組み合わせれば、物理的な商品や不動産、銀行口座の預金額など、現実世界のものを表すことも可能だ。プログラムで表せるものは何でもトークンとして扱うことができ、トークンの使用や売買、保管、埋め込み、移管も思いどおりにできる。あまりにシンプルで当然のことのように思うかもしれない。これは意図してそう作られた。シンプルなことが最大の特徴なのだ。

トークンだからこそ、ユーザーはそれを所有できる。そして所有しているからこそ、自由に使っていい。従来のコンピュータで動作するトークン、たとえば、先に例に挙げたグーグルコインのようなものは、グーグルがいつでもユーザーから奪ったり、変更したりできる。ユーザーにトークンを自由に使う権利はない。一方、将来の動作を強く保証するコンピュータ、すなわちブロックチェーン上で動作するトークンは、この技術の真の力を解き放つ。

たとえば、ゲーム。この分野ではずっと前からデジタルな商品やバーチャルグッズが普及してきた。「フォートナイト」や「リーグ・オブ・レジェンド」などの人気ゲームは、プレイヤーが使うアバター用の装飾アイテムといったバーチャルグッズで年間数十億ドルも売り上げている。[2] しかし、ユーザーは借り手にすぎない。購入しているのではなく、借りているだけの状態だ。ゲームの運営会社はいつでもアイテムを削除したり、利用規約を変更したりできる。購入品をゲームの外に持ち出すことはできないし、転売といった所有権に関わることもできない。真の所有者である運営企業が管理しているからだ。アイテムの価値が上がっても、ユーザーが利益を得ることはない。ゲームはいずれ人気がなくなったり提供を終了したりするが、そうなればバーチャルグッズも消えてなくなってしまう。

同じことがほとんどの人気ソーシャルネットワークでも起きている。先に説明したとおり、ユーザーの名前やフォロワーを所有しているのはユーザー自身ではなく、運営企業だ。大手テック企業の横暴な対応はこれを如実に示している。2021年10月、フェイスブックがメタ・プラットフォームズに社名を変更した数日後、同社は個人のアーティストがインスタグラムで使っていた「@metaverse」というユーザー名を取り上げた[3]（大きな反発が起き、ニューヨークタイムズが報道したことで、メタはこのアーティストのアカウントを復活させている）。2023年、ツイッターがXに社名を変更したときもユーザー名「@x」をずっと前から使っていたユーザーから強制的に奪い取った[4]。このようなことが頻繁に起きている。政治家、活動家、科学者、研究者、セレブ、コミュニティのリーダーなど、企業ネットワークによってアカウントを停止されたユーザーは多い[5]。ネットワークを制御する会社はユーザーのアカウント、評価、社会的交流などを完全に支配している。企業ネットワークにおけるユーザーの所有権は幻想にすぎない。

ブロックチェーンで権限を持つのは人ではなく、不変のコードを実行するソフトウェアであり、それによって所有権が守られる。そしてこの所有権を確かなものにしているのが、トークンという仕組みだ。

初期のウェブでは、ウェブサイトの仕組みが似たような役割を果たした。ウェブは、さまざまな人が管理するウェブサイトをリンクでつなぎ、情報の海を生み出すことを目指して設計された。これは野心的で大掛かりなビジョンだったが、あまりに構造が複雑になり使い物にならなくなる可能性があった。そこで複雑な構造にも対応できるシンプルな構成要素、つまりたくさん集まることで都市さえ作れるレンガのような、デジタル建築資材としてウェブサイトが設計されたのである。

インターネットの「読み取り（リード）時代」は、情報をカプセル化する「ウェブサイト」により定義された。「読み取り／書き込み（リード／ライト）時代」は、発信をカプセル化する「投稿」により定義され、おかげでウェブ開発者だけでなく、誰でも多くの人に情報を伝えられるようになった。インターネットの第3幕である「読み取り／書き込み／所有（リード／ライト／オウン）時代」は、所有権という概念をカプセル化した「トークン」によって定義される。

トークンの用途

トークンは一見シンプルに見えるかもしれないが、実際のところは違う。主な種類は2つ、ビットコインやイーサリアムのような「代替性トークン」と、NFTとして知られる「非代替性トークン」で、それぞれの使い方は多岐に渡る。[6]

代替性トークンは取り替えが効く。同じ種類の代替性トークンは、同じ種類の別のトークンと交換しても差し支えない。リンゴを別のリンゴと交換するのと似ている。お金も代替性がある。10ドル持っているなら、どの10ドル札かは気にならないだろう。10ドルあるということが重要だ。

一方、NFTのトークンは、物理的な世界の多くの物と同じように固有である。私の本棚にはさまざまな著者によるさまざまな題名の本が並んでいる。どれも同じ「本」ではあるが、替えが効かない。これが非代替性だ。

代替性トークンには多くの用途があるが、その代表例が通貨だ。ブロックチェーンによりソフトウェアでお金を保持し制御することが可能になった。従来の金融サービスは実際にお金を保有しているわけではない。金額の情報はあるが、お金自体は銀行などに預けられている。ブロックチェーン以前まで、ソフトウェアでお金を保持し制御する仕組みはなかった。

代替性トークンの代表的な例は、ビットコインのような暗号通貨である。暗号通貨がブロックチェーンの主な用途だという前提で話をする人は多い。政府が管理する法廷通貨の代わりにビットコインを推進する人たちの声で誤解はさらに広まった。本来は政治的に中立であるにもかかわらず、ブロックチェーンとトークンをリベラルな思想と結びつけて考える人が増えてしまったのだ。

新しいお金のシステムである暗号通貨は、ブロックチェーンとトークンの数ある用途のひとつにすぎない。法定通貨を表す代替性トークンもある。これは「ステーブルコイン」と呼ばれ、特定の通貨と価格が連動するよう設計されている。[7] 名前の由来は、他のトークンよりも価格変動が少ない（ステーブル）傾向にあるからだ。よくある誤解は、ステーブルコインが世界の基軸通貨としての米ドルの地位を脅かすというものである。しかし、実際は逆だ。インターネイティブなドルの需要が非常に高いからこそ、ほとんどの発行者は自分たちのステーブルコインを米ドルと連動させることを選んだのだ。米国議員で、ステーブルコインの普及を監督する下院金融サービス委員会の一員であるリッチー・トーレス（ニューヨーク州民主党）[8]は、「この技術は米ドルの優位性に対抗するものではなく強化するもの」と主張しており、「ＣＢＤＣ（中央銀行が発行するデジタル形式の法定通貨）がなくとも米国がデジタル通貨の分野で中国をはじめとする国を超えられた一因」と語った（今のところ米国政府はＣＢＤＣを発行していないが、中国人民銀行はデジタル人民元を発行している）[9]。

　米国政府が支持するステーブルコインはないが、民間企業は複数のステーブルコインを提供している。米ドルと連動させる方法はいくつかある。ひとつは、トークンと銀行に預けた法定通貨を1対1の比率で裏付けする方法だ。金融テクノロジー企業「サークル」が管理する「USD Coin（ＵＳＤＣ）」は、この法定通貨担保型で人気のステーブルコインである[10]。このシステムでは1トークンを1米ドルと引き換えられる。トークンと米ドルをいつでも交換できることが保証されているので、実際に交換することは稀だとしても、人々はトークンを米ドルと同じ価値があるものとして扱えるのだ。分散型金融（ＤｅＦｉ）アプリケーションなどのサービスは、プログラムによる自動送金にＵＳＤＣを使用している。

「アルゴリズム」を活用したステーブルコインもある。これらはトークンを自動で売買することで、価格の連動を保っている。価格が下落したときは担保として保有しているトークンを自動で売却して価値を維持する。価格が極端に変動している時期でも担保を適切に管理することで、メイカー（Maker）などのアルゴリズム型ステーブルコインは、トークンの価値を米ドルとうまく連動させていた。一方で担保の管理が甘く、崩壊したものもある。２０２２年に暴落したことで知られるテラ（Terra）[11]がそのひとつだ。

トークンは汎用型ブロックチェーンの基本要素だが、設計の質はまちまちである。ちなみに、一部の人は「コイン」「暗号通貨」「トークン」を使い分けているが、私はどれもほとんど同じ意味で使っていることに気づいたかもしれない。ただし、業界の多くの人と同じように私も「トークン」の呼び名が望ましいと考えている。この技術の持つ普遍的な性質を表しているからだ。「トークン」という言葉は中立的で本質を捉えている。「コイン」のように金融面を強調したり、「暗号通貨」のように政治的な意味合いを連想させたりもしない。

代替性トークンの別の用途は、ブロックチェーンネットワークを動かす燃料としての機能である。イーサリアムには「イーサ（ＥＴＨ）」と呼ばれる専用の代替性トークンがあり、これには2つの役割がある。ひとつは、ＮＦＴマーケットプレイスやＤｅＦｉサービスなど、イーサリアムを基盤とするネットワーク内での決済手段、もうひとつは、ネットワークが取引を処理するために必要な費用を支払うためだ。この費用は計算処理の費用の単位である「ガス」で表される。他のブロックチェーンの多くも、ユーザーが計算処理にかかる費用をトークンで支払う仕組みを導入している。60年代と70年代にコンピューティングの分野を支配していたメインフレームで一般的だった従量課金モデルと同じだ。

非代替性トークンにも複数の用途がある。ＮＦＴはアート作品、不動産、コンサートのチケットなど、物理的なアイテムの所有権を表せる。マンションの一室といった不動産の売買に使っている人もいる。物件の権利証と同じように、ＬＬＣ（有限責任会社）に紐付いたＮＦＴで所有権を移したり、取引を記録したりしているのだ。とはいえ、最もよく知られている使い方はデジタルメディア作品の所有権を表すものとしてである。メディアはアート作品、動画、音楽、GIF、ゲーム、テキスト、ミーム、プログラムなどどんなものでも構わない。著作権使用料(ロイヤリティ)の管理やインタラクティブな機能が組み込まれたトークンもある。

NFTは非常に新しいので、それの購入が何を意味しているかはっきりしていないものもある。現実世界で絵画を購入することは、その作品とその作品を使う権利を購入することを意味する。通常は作品の著作権や、他人が作品を使うことを阻む権利は含まれていない。アート作品のNFTを購入する場合も、一般的には著作権は含まれない(ただし、これはトークンの設計次第だ)。

現在、ほとんどのNFTはサイン入りの複製品のようなものである(サイン入りの絵画やレコードアルバムに近いということ)。アート作品の価値には多くの要素が影響している。希少性や専門家の評価だけでなく、社会的および文化的な要因が複雑に絡み合うことで価値が変動する。アート作品や野球選手のトレーディングカード、ブランドバッグ、スポーツカー、スニーカーなどの製品には実用面以上の価値が上乗せされることがある。同じように、文化的または芸術的な重要性を持つものを表すトークンにも付加価値が付く。価値は、一部は客観的、一部は主観的な要素の影響を強く受けるのだ。

NFTには、デジタルな機能を持たせることもできる。NFTの人気の機能のひとつは取引を追跡し、作家が二次流通からロイヤリティを受け取れるようにするものだ。ゲーム内のNFTにはプレイヤーに特別なアイテムや能力を与えるオブジェクトやスキル、体験を表すものもある。戦士の剣、魔法使いの杖、ダンスの動きなどだ。また、サブスクリプションやイベント、メンバーが話し合う場へのアクセスを提供するＮＦＴもある。一部の人気のコミュニティはメンバーがデジタル上、あるいは現実世界で集まるときにアクセスを管理する手段としてトークンを活用している。

ＮＦＴのもうひとつの用途は、デジタルなオブジェクトと物理的なオブジェクトをつなぐことだ。ティファニー・アンド・カンパニーとルイ・ヴィトンは、ジュエリーやハンドバッグなどの商品と引き換えられるＮＦＴを発行した。[12] アーティストのダミアン・ハーストが発行したＮＦＴは彼のデジタルアート作品を表し、[13] 実際の作品と引き換えることができる。デジタルと実世界の境界を越えようとするＮＦＴもある。ナイキが作成したデジタルスニーカーを表すＮＦＴの所有者は、ゲーム「フォートナイト」でそのスニーカーを展示したり、着用したりできる。[14] さらに新商品の発売の告知やプロアスリートとの交流イベントへの招待も受けられる。

ユーザーにとって、ＮＦＴは物理的なオブジェクトのデジタルツインとして機能し、オンラインとオフラインの世界をつなぐ役割を果たす。物理的な製品を所有する利点に加えて、マーケットプレイスで取引したり、ソーシャルサービスで展示したり、ゲーム内のキャラクターに装備させたりするなどオンライン上の利点も得られる。発行元のブランドにとっては、顧客との継続的な関係を築けるツールになる。これは現在、ほとんどのブランドができていないことだ。

ＮＦＴは、ＤＮＳの「名前」に似た識別子としても機能する。プロトコルネットワークではユーザーが自分の名前の所有権を持つことで、サービスの切り替えコストが下がった。ＮＦＴの識別子も、新しいソーシャルネットワークで同様の役割を果たす。ユーザーは名前やつながりを保ったまま、別のアプリケーションに乗り替えられるということだ。

ユーザーはトークンを「ウォレット」ソフトウェアで保有し、管理する。すべてのウォレットには暗号技術の公開鍵から生成された公開アドレスがあり、これが識別子として機能する。だから、特定のユーザーのウォレットの公開アドレスを知っている人なら誰でもそのユーザーにトークンを送れる。そしてウォレットのトークンを管理できるのは、公開鍵に対応する秘密鍵を持っているユーザーだけだ。

「ウォレット」という言葉は、トークンが通貨だけを意味していた時代に生まれたので、今ではやや誤解を招く呼び名となっている。ウォレットはインターネット上で使えるトークンの永続的な保管場所として機能するが、通貨以外のトークンやアプリケーション、ソフトウェアを利用するときにも使用する。ブロックチェーンとウォレットの関係をわかりやすく言えば、ウェブに対するウェブブラウザである。ユーザーが接するインターフェースということだ。

「ウォレット」のように「トレジャリー」もトークンをまとめて保管し、ユーザーのインターフェースとして機能するものだが、これはより大きな規模に対応している。ウォレットは主に個人が使うものであるのに対し、トレジャリーは集団でのトークンの管理を便利にする。イーサリアムでは、コミュニティ（DAO、分散型自律組織とも呼ばれる）が管理するトレジャリーアプリケーションを作成することができる。これにより、コミュニティはソフトウェア開発、セキュリティ監査、運用、マーケティング、研究開発、公共財、慈善寄付、教育関連の取り組みなど、トレジャリーの資産をどのように使うかを投票で決められるというわけだ。また、ウォレットとトレジャリーのどちらもプログラムを組むことで、投資や資金の配分などといった運用を自動で行える。トークンが細胞であるなら、トレジャリーは完全な生命体だ。トレジャリーはマルチプレイヤー型の金庫であり、トークンは事前に決められたルールにのみ従って動くようソフトウェアによって制御されている。この力はブロックチェーンに、企業や非営利団体のようなオフラインの組織と競争する力をもたらす。ブロックチェーンにパワーを与えるのだ。

デジタル所有権の重要性

どれも大袈裟で大したことには思えないかもしれない。DAOは「銀行口座の付いたチャットグループ」[15]、NFTは「格好つけたJPEG」、トークンはボードゲーム「モノポリー」のお金のようなものだと揶揄されている。「トークン」という言葉もゲームやゲームセンターを連想させる。だが、それでこの技術の重要性を過小評価するのは間違いだ。

ブロックチェーンは現状からの劇的な脱却を示している。トークンはデジタル所有権のパラダイムを逆転させ、サービスの提供元ではなくユーザーに所有権を与えるからだ。

多くの人は逆の状態に慣れてしまっている。オンラインで取得したものがデジタルサービスと紐づいたままの状態に疑問を持っていない。ダウンロードしたものの多くにも同じことが言える。たとえば、ユーザーはアマゾンのキンドルで購入した電子書籍や、アップルのアイチューンズストアで購入した映画を実際に所有しているわけではない。[16]企業は購入をいつでも取り消せる。ユーザーは購入品を売ることも、別のサービスへと移すこともできない。新しいサービスに登録するたびに買い直さなければならないのだ。

ユーザーがインターネット上で唯一所有しているものは自分のウェブサイトだけであり、それも自分でドメイン名を取得した場合に限る。ドメインを所有しているので、私のウェブサイトは私のものだ。法を犯さない限り、誰も私から奪うことはできない。同じように、会社も自社ウェブサイトのドメインを所有している。人々が所有できる唯一のデジタル資産がウェブというネットワークに基づくものであるのは偶然ではない。プロトコルネットワークはブロックチェーンネットワークのように、ユーザーのデジタル所有権を尊重する。企業ネットワークはそうではない。

多くの人は企業ネットワークの規範にあまりに慣れてしまっていて、その特異性すら認識していない。物理的な世界で、新しい場所を訪れるたびに最初からやり直さなければならないとしたら理不尽に思うだろう。同じ名前を使うこと、持っている物をある場所から別の場所へ持ち運べることは現実では当然のことだ。「所有」の概念は人々の生活に深く根ざしているので、それがない世界を想像するのは少し難しいかもしれない。それはたとえるなら、買った服を購入した店でしか着られないような世界だ。家や自動車を売ったり、再投資したりすることもできない。名前は行く先々で変えなければならない。これが企業が提供するデジタル空間では行われている。

企業ネットワークに最も近い現実世界の環境は、ひとつの企業が体験のすべてを厳密に管理しているテーマパークだ。たまに行く分には楽しいが、日常生活が同じ仕組みで回ることを望む人はいないだろう。入場ゲートをくぐったのなら、運営企業が定めたルールに従わざるをえない。テーマパークの外、つまり現実世界には自由がある。所有している物を好きにできる。品物を再販する店や事業を立ち上げたり、持ち物を好きな場所に持って行ったりできる。物を所有したり、投資したりすることで人々は利益と満足感を得られるのだ。

所有権にはうれしい副次的効果もある。たとえば家など、所有している資産の価値が上がれば、その分の利益を得られる。家を所有している人は家を借りている人よりも、はるかに所有物件や、その延長である近隣地域に関わり、投資する傾向にある。[17] 自分のものの価値を高めることは、みんなのものの価値を高めることにつながる。

所有権はスタートアップが立ち上げるサービスの必要条件で、イノベーションの土台だ。エアビーアンドビーのようなサービスは、自宅を貸し出すことを含め、オーナーが所有物件を好きに使えるからこそ成り立つ。また、現実世界では購入したさまざまな素材を組み合わせて新たな商品を作る。そうするのに誰かの許可は必要ない。購入し、所有しているものは自由に使っていい。多くのビジネスは、素材の提供元が想像もしない、時にはあまり望ましくない形で新たなものを作り出す。特許法といった制限はあるものの、所有権は新しいことをするために許可を求める必要はないという点で人々に自由を与えるのだ。

こう説明すると所有権の重要性は自明のようだが、インターネットの文脈だと忘れられがちである。しかし、真剣に考えなければならない。物理世界と同じくらい所有の概念がデジタル世界でも広まれば、インターネットはより良い場所になる。

最初はおもちゃのように見える破壊的技術

現在、トークンを使用しているのは少数の愛好家にすぎない。インターネットユーザー全体のごく一部、おそらく数百万人だ。奇妙なアウトサイドイン型の技術を使っているアーリーアダプターとして、彼らを過小評価するのはたやすい。しかし、それは間違いである。大きなトレンドでも登場当初は小さかった。

テック業界の面白いことのひとつは、大手テック企業がメインストリームになる可能性のある新しいトレンドを見逃し、スタートアップの台頭を許してしまうことである。[18] ティックトックはどこよりも早く短編動画に最適化し、メタやツイッターのような大手を出し抜いた。大手企業が慢心していたわけではない。自社サービスのシェアが奪われないよう積極的に他社を潰したり、模倣したり、買収したり、新製品を開発したりしていた。インスタグラムとツイッターはティックトックが人気になるずっと前から動画の機能を提供していた。しかし、2社とも既存の主力製品を優先してしまった。ツイッターは2017年に短編動画アプリのヴァインの提供を終了している。ティックトックが米国で爆発的に広まったのはその翌年のことだった。

既存企業が足元をすくわれてしまう理由は、次のヒット製品が最初はおもちゃにしか見えないからである。[19] これは経営学者で故クレイトン・クリステンセンが明らかにした重要な現象のひとつだ。[20] 彼が提唱した「破壊的イノベーション」の理論は、ユーザーのニーズが高まるよりも速く技術が改善されるという現象を起点に、時間の経過と共に市場や製品がどのように変化するかを的確に説明している。この理論はスタートアップが既存企業の足元を割と頻繁にすくえてしまう理由も明らかにする。

クリステンセンの理論を見直してみよう。企業は成熟するにつれて、高価格帯の市場に移り、製品を徐々に改善していく。やがて製品はほとんどの顧客が望む、または必要とするもの以上の機能を備えたものになる。企業は収益性の高い市場にばかり注力し、低価格帯の市場には目もくれない。これが死角となり、次に伸びそうな新しい技術やトレンド、アイデアを見落としてしまうのだ。そこに小さなスタートアップが入り込み、シンプルで使いやすく、手頃な商品を要求がそれほど高くない顧客に提供し始める。そして技術の改善に伴い市場シェアは拡大し、やがて既存企業を追い越すまでに成長するのだ。

登場当初の破壊的技術はユーザーの期待を下回ることからおもちゃだと評価され、見過ごされがちだ。1870年代に発明された電話も当初は少しの距離しか音声を届けられなかった。だから当時、主要な通信会社だったウェスタン・ユニオンは、上顧客の企業や鉄道会社にとってこの技術がどのように役に立つかを理解できず、買収を見送ったのは有名な話である。[21]ウェスタン・ユニオンが予期しなかったのは、電話とその基盤となるインフラの改善速度だ。同じことが1世紀後にも起きている。1970年代、ミニコンピュータのメーカー（ディジタル・イクイップメントやデータゼネラルなど）はパソコンの可能性を見抜けなかった。[22]さらにその数十年後、デスクトップコンピュータ企業（デルやマイクロソフトなど）の経営陣はスマートフォンの可能性を見抜けなかった。[23]重装備の剣士は何度も石と投石器で倒されている。

とはいえ、おもちゃっぽい製品がすべて大ヒット製品になるわけではない。一部のおもちゃはおもちゃのまま進化しない。失敗作と破壊的技術を見分けるには、進化の過程に注目する必要がある。

破壊的な製品は指数関数的な力の波に乗ることで、驚くべき速度で改良されていく。徐々に改善される製品は破壊的ではない。段階的な改良で生まれる成長の力は弱い。指数関数的な成長は、ネットワーク効果やプラットフォームとアプリ間のフィードバックループを含む、複合効果の高い強力な力から生まれる。ソフトウェアのコンポーザビリティ（構成可能性、つまり開発者がすでに作ったものを簡単に拡張、適応、発展させられる再利用可能なプログラムの性質）も指数関数的な成長をもたらす要因のひとつだ（「コミュニティが作るソフトウェア」の章で詳しく説明する）。

破壊的技術のもうひとつの重要な特徴は、既存企業のビジネスモデルと相容れない点にある（トークンをどのように活用できるかは第5部「次にくるもの」で説明する）。アップルがより性能の高いバッテリーやカメラを搭載したスマホの開発に取り組んでいることは間違いない。スマホを改良することで製品の価値が高まり、スマホ販売という主力事業を伸ばせるのが理由だ。スタートアップが同じ土俵で競争するのは難しい。スタートアップにとってもっと面白い事業アイデアは、スマホの価値を下げるような何かだろう。そうした事業をアップルが追求する確率は非常に低いからだ。

もちろん、破壊的技術でなくとも価値のある製品は多い。発明されたその日から有用で、長期に渡り利便性を提供し続ける製品もある。これはクリステンセンが「持続的技術」と呼ぶものだ。スタートアップが持続的技術を開発すると、既存企業が買収したり、機能を模倣したりする。とはいえ、事業運営が的確になされ、タイミングが良ければ、持続的技術の事業でも成功できる。

人工知能や仮想現実など、最新のテックトレンドの重要性を疑う人はほとんどいない。これらの分野はメタ、マイクロソフト、アップル、グーグルのような大企業に有利である。技術の開発に必要な計算能力、データ、リソースなどの高額な費用を負担できるからだ。大手テック企業はこれらの分野に重点的に投資している。オープンＡＩのような新興企業が彼らと肩を並べるには何百億ドル規模の資金が必要だ（オープンＡＩはマイクロソフトから１３０億ドルを調達したと報じられている）[24]。大手テック企業がこれらの技術と利益を生み出している既存事業とをどう両立できるのか一部の人たちは疑問視しているが、既存のビジネスモデルを拡張する形で活用される可能性が高いだろう。言い換えれば、これらは持続的イノベーションということだ。

言っておくが、私はＡＩ（人工知能）とＶＲ（仮想現実）は重要な技術になる可能性があると考えている。だから、２００８年にＡＩスタートアップを共同創業し、オキュラスＶＲ（フェイスブックが２０１４年に買収）にも早くから投資した。ここで言いたいのは、これらの技術は大手テック企業もその可能性を認識していることから、クリステンセンが提唱した厳格な意味での「破壊的技術」とは言えないということだ。「破壊的」という言葉は気軽に使われるようになったが、学術的な定義は細かく定められている。破壊的技術は定義上、持続的技術よりも見つけにくい。専門家ですら見落とすものであり、そこが重要である。既存企業が見逃すからこそ、破壊的になりえるのだ。

どの技術が破壊的イノベーションか見分けられなくても仕方がないかもしれない。専門家であるクリステンセンでさえ間違えていた。クリステンセンがｉＰｈｏｎｅは単にモバイル端末市場を拡張するだけの持続的イノベーションと読み間違えたのは有名である[25]。実際はコンピュータ市場という潜在的により大きな市場を破壊するものだった。これがイノベーションのジレンマだ。イノベーターでさえ見誤ってしまうのである。

既存企業は再び自らを破壊の危険に晒している。大企業の多くは、いまのところＡＩやＶＲほどブロックチェーンやトークンを真剣に捉えていない。確立された企業はその重要性を認識していないのだ。ビットコインとイーサリアムが登場してからこれまでトークンの開発に真剣に取り組んだことのあるテック大手は1社のみだ。メタは2019年に、元はリブラ（Libra）という名称だったブロックチェーンプロジェクトのディエム（Diem）を開始した。しかし2年後にはプロジェクトを売却し、関連するデジタルウォレット製品のノビ（Novi）の提供も終了した。[26] これがテック大手のなかで唯一、今でも会社のトップを創業者が務めている会社の施策だったことは、偶然ではないと私は考えている。常識に逆らおうとする試みは、ビジョナリーでなければ推進できない。

トークンには破壊的技術のすべての特徴が備わっている。トークンは、インターネットの前の2つの時代で破壊的な基本要素だった「ウェブサイト」や「投稿」と同じマルチプレイヤー型だ。より多くの人が使用するにつれて、より有用になる古典的なネットワーク効果が発生する。これはブロックチェーンをおもちゃ以上の製品へと成長させる力となる。また、トークンの基盤となるブロックチェーンは、複合的な成長を生み出すプラットフォームとアプリ間のフィードバックループにより急速に成長できる。トークンはプログラムすることができ、開発者はソーシャルネットワーク、金融システム、メディア事業、仮想経済など、さまざまなアプリケーションに応用し、拡張できる。人々が異なる用途で技術を再利用し、発展させられるコンポーザビリティもある。これがトークンの力をますます高める。

ウェブサイトを「ドットボム」と一蹴し、ソーシャルメディアの投稿を単なる暇つぶし用のおしゃべりツールと軽視した懐疑論者たちは、それらの可能性を見抜けなかった。ネットワーク効果がもたらす強大な力を過小評価し見逃した。技術を基盤とするネットワークが複合的な成長を遂げる段階になって初めて、新たなトレンドや発明が広まり、人々の間に定着するのだ。

ウェブサイトは、ウェブの「読み取り（リード）時代」のプロトコルネットワークと共に成長した。投稿は、フェイスブックやツイッターのような「読み取り／書き込み（リード／ライト）時代」の企業ネットワークと共に成長した。最新のコンピューティング分野の基本要素であるトークンは「読み取り／書き込み／所有（リード／ライト／オウン）時代」において、新しいタイプのインターネットネイティブネットワークと共に成長し、繁栄する。

第6章

ブロックチェーンネットワーク
——さまざまな用途で使える新ネットワーク

Blockchain Networks

都市はすべての人が開発に関与したときにのみ、
すべての人に何らかの価値を提供する能力を持つ。[1]

作家・活動家　ジェーン・ジェイコブズ

素晴らしい都市の条件とは何だろう？

世界の素晴らしい都市では、公共の場と私有地が混在している。公園や歩道などの公共の空間は人々を外に誘い出し、人々の豊かな生活に貢献する。私有地は事業を立ち上げるインセンティブとなり、重要かつ多様なサービスを人々に提供する。すべてが公有の都市は起業家がもたらす創造的な活力に欠く。逆に、すべてが私有の都市は、魂のないまがいものだ。

素晴らしい都市は、さまざまなスキルや関心を持つたくさんの人々によって地道に築かれる。公共の場と私有地は互いになくてはならない。ピザ屋は近くを歩いている人たちを引き寄せ客にする。同時に、ピザ屋は人々が外に出る目的を提供し、さらに納税を通じて都市の維持費の一部を負担する。この関係は共生的だ。

ネットワークの設計も都市計画のように考えることができる。素晴らしい都市の構造に最も近い既存の大規模ネットワークは、ウェブと電子メールだ。先に説明したように、これらのネットワークを管理するのはネットワークから経済的利益を享受しているコミュニティ自身だ。企業ではなく、コミュニティがネットワーク効果を制御する。ネットワークのルールは一貫していて、そこで作ったものは自分で所有できることが保証されている。だからこそ起業家には、これらのネットワークを使って事業を立ち上げる強いインセンティブがある。

インターネットにも健全な都市に見られるような公有地と私有地のバランスが必要だ。企業ネットワークは起業家が私有地を広げるのと似ている。企業ネットワークは俊敏で、リソースが豊富にある。だが、成功すると公共の場を取り込み、代替サービスを締め出してユーザーやクリエイター、起業家が活動する機会を減らしてしまう。

インターネットの均衡を取り戻すために、プロトコルネットワークと企業ネットワークに代わるものが必要だ。私はこの新しいネットワークをブロックチェーンネットワークと呼んでいる。ブロックチェーン技術に基づくものだからだ。最初のブロックチェーンネットワークはビットコインで、サトシ・ナカモトをはじめとする開発者は、暗号通貨という特定の用途のために開発した。しかし、より汎用的なネットワークも作れる。技術者らは、ブロックチェーンネットワークの基礎設計および、ブロックチェーンに欠かせない分散型所有権を可能にするトークン技術を発展させてきた。その結果、ブロックチェーンネットワークは金融だけでなく、ソーシャルネットワーク、ゲーム、マーケットプレイスなどのサービスにも応用できるようになったのだ。

ブロックチェーン以前まで、ネットワークの構造には制限があった。従来のコンピュータでは、コンピュータのハードウェアを所有している人々に力があり、いつでも好きなようにソフトウェアを変更できる。したがって、従来のコンピュータ向けのネットワークを設計する際には、ネットワークのノードとして機能するソフトウェアが「邪悪になる」、つまりネットワークの利用者の利益よりも所有者の利益を優先するようになる可能性を考慮しなければならない。すると作れるネットワークは制限される。これまでうまく機能したものは2種類しかない。(1)プロトコルネットワーク。たくさんの弱いネットワークノードで構成され、権力が分散することから、一部のノードが利己的に振る舞うようになっても影響は軽く済む。(2)企業ネットワーク。すべての権力がネットワークの所有者である企業に集中しているので、企業が利己的に振る舞わないことを期待するしかない。

ブロックチェーンネットワークの構造は違う。ブロックチェーンは従来のハードウェアとソフトウェアの力関係を逆転させ、ソフトウェアが制御していると説明したのを思い出してほしい。これにより、ネットワークの設計者はソフトウェアの表現力をフル活用し、ハードウェアの影響を受けることがない永続的なルールをソフトウェアに組み込むことができる。これらのルールは、誰がアクセスできるか、誰が手数料をいくら支払うか、経済的な報酬をどう分配するか、どのような状況で誰がネットワークを変更できるかといったネットワークのあらゆる側面に対応できる。また、ブロックチェーンネットワークの設計者はネットワークの中核となるソフトウェアを開発するとき、ネットワーク内の一部のノードが利己的になりシステムを悪用する状況を考慮する必要はない。組み込まれたコンセンサスメカニズム（合意形成の仕組み）により、正しい処理をするようノード同士が互いを見張っているからだ。

ブロックチェーンネットワークでは、ソフトウェアと同じように複雑で多様なものを作れる。そしてその土台は永続的で盤石なものだ。ここで紹介する設計は、私が考えるブロックチェーンネットワークの最先端のベストプラクティスである。しかし、ソフトウェアは柔軟なので、いずれここで説明するものよりも強い影響力を持つものが現れるかもしれない。まだ誰も思いついてもいない、ここで示すものより優れたネットワークがいずれ発明される。その可能性は非常に高い。なぜなら、人間が想像できるネットワークなら、どんなものでもソフトウェアに落とし込めるからだ。

ちなみに、ここでは「ブロックチェーンネットワーク」という言葉を、テクノロジースタックのインフラストラクチャ層とアプリケーション層の両方を含む包括的な用語として使っている点を説明しておきたい。前章で説明したように、インターネットはいくつかの層が積み重なったケーキのようになっている。スタックの最下層にあるのはデバイス間のネットワークだ。インフラストラクチャ層のブロックチェーンネットワークはこの上に位置する。人気の高い汎用型のインフラストラクチャ層のネットワークには、イーサリアム、ソラナ（Solana）、オプティミズム（Optimism）、ポリゴン（Polygon）などがある。この層の上に位置するのがアプリケーション層のブロックチェーンネットワークだ。これにはアーヴェ（Aave）、コンパウンド（Compound）、ユニスワップ（Uniswap）などのＤｅＦｉ（分散型金融サービス）ネットワークや、ソーシャルネットワーク、ゲーム、マーケットプレイスなどを動かしている新しいネットワークが含まれる。

用語について少し補足しよう。多くの業界の専門家は、アプリケーション層のブロックチェーンネットワークを「プロトコル」と呼ぶ。しかし、この言葉はメールやウェブといったプロトコ

メールのテックスタックと
ブロックチェーンのテックスタックとの比較

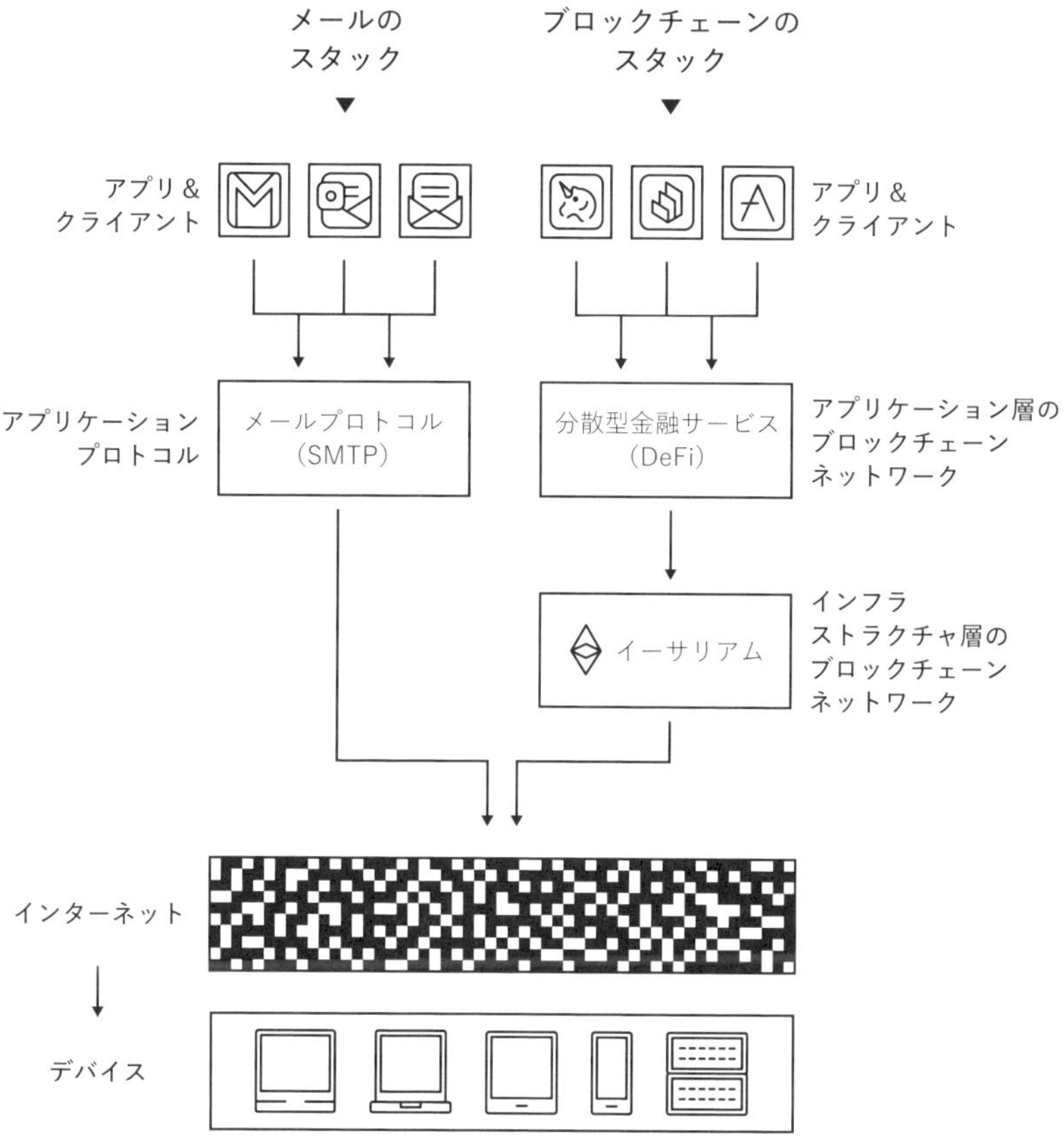

ルネットワークと混同する恐れがあるので、本書では使わない。アプリケーション層のブロックチェーンネットワークとプロトコルネットワークは私の考える枠組みでは別物だからだ。また、ブロックチェーン関連企業には、提供サービスの基盤にあるネットワークの名前を借りているところがある点も注意したい。たとえば、クライアントソフトウェアを開発しているコンパウンド・ラボという企業は、コンパウンドという基盤のネットワークとは別物だ。グーグルがGmailを開発してメールのネットワークを活用しているように、コンパウンド・ラボはコンパウンドを活用したウェブサイトやアプリを開発している。

ブロックチェーンは10年以上前からあるが、インターネット規模での運用が始まったのはこの数年のことだ。広範囲でのサービス提供を可能にするブロックチェーンのスケーリング技術が向上したおかげである。これにより使用料が下がると同時に、トランザクションのスループットと速度が上昇した。以前まで、ブロックチェーンの取引手数料は予測不能かつ高額で、ソーシャルネットワークのような高頻度の活動があるサービスで使うのには向いていなかった。「いいね」をクリックしたり投稿したりするたびに数ドル請求されては実用的ではない。とはいえ、こうした制限にもかかわらずDeFiネットワークは成功を収めている。手数料は高額なものの、取引の頻度が低いおかげだ。数十ドル、数百ドル、数千ドル分のトークンを取引する場合、数ドルの手数料を支払うことはそれほど大きな負担ではない。

ブロックチェーンの性能は着実に改良されており、これまでに広く普及したコンピューティング技術を促進したのと同じプラットフォームとアプリケーション間のフィードバックループが起きている。新しいインフラは新しいアプリケーションの提供を可能にし、それがさらにインフラへの投資を加速させる。初期のブロックチェーンであるビットコインとイーサリアムの現時点における1秒当たりの平均トランザクション処理件数（TPS）は7〜15件だ。最近の高性能なブロックチェーンの処理能力はその何百倍にもなっている。ソラナ（Solana）は6万5000件、アプトス（Aptos）は16万件、スイ（Sui）は1万1000〜29万7000件だ。さらに、イーサリアムは開発計画どおりに改良されており、いずれスループットは1000倍以上にもなる可能性がある。ネットワークの特性はそれぞれ異なり、各ベンチマークテストにも微妙な違いがあるので、ブロックチェーンの性能の厳密な比較は難しい。とはいえ、今後も性能が上がっていくことは間違いない。

性能の向上にはさまざまな技術が寄与している。例のひとつに、イーサリアムに導入された「ロールアップ」がある。これは、重い計算処理を別の層のブロックチェーンネットワーク、すなわち「オフチェーン」の従来型のコンピュータに移し、その結果をブロックチェーンに送り返して正確さを検証する技術だ。このような「レイヤー2」システムは、コンピュータが同じ計算を実行するよりも効率的に計算結果を検証できるようにする理論計算機科学に基づいており、何年もかけて洗練された高度な暗号技術やゲーム理論の成果である。ロールアップはブロックチェーンの処理能力を高めつつ、そもそもブロックチェーンを有用なものにしている強固な動作の保証を維持できるのだ。

企業ネットワークで構築できるアプリケーションの多くは、ブロックチェーンでも構築できる。ただし、実際に作るにはインフラの最適化に関する複雑な作業を伴うことが多い。したがって、開発チームにはアプリケーションとインフラの両方の専門知識が必要で、その結果、開発が困難かつ高価になっている。

過去のコンピューティング技術の普及時に見られたように、インフラが十分に洗練され、アプリケーションの開発者がインフラについて考える必要がなくなったときが重要な転換点となる。ブロックチェーンベースのゲームを開発するチームが、インフラのスケーリング問題に時間を割くのはもったいない。楽しいゲームを作ることだけに集中できるのが理想だ。同じことがｉＰｈｏｎｅの登場時にも起きている。それまで位置情報を使うアプリを作るには、アプリの設計とＧＰＳ技術の両方に精通している必要があった。しかし、ｉＰｈｏｎｅがインフラの複雑さを抽象化し開発しやすくしたことで、開発者は彼らの得意分野である素晴らしいユーザー体験の構築に注力できるようになったのだ。現状を踏まえると、数年後にはブロックチェーンでこうした分業が起き、成長が劇的に加速することが予測される。

ブロックチェーンネットワークを活用するサービスを開発するメリットは、過去に登場した2つのネットワークデザインの長所を引き継ぎつつ、さらにそこから発展させられる点にある。ブロックチェーンネットワークは、企業ネットワークのように高度な機能を提供するコアサービスを実行する。ただし、処理は民間企業のサーバーではなく分散型ブロックチェーン上で行われる。ブロックチェーンネットワークにはプロトコルネットワークとの共通点もある。プロトコルネットワークと同じようにネットワークを管理するのは「コミュニティ」で、ルールは一貫している。さらにテイクレートは低いか無料で、ネットワークの末端にいる開発者たちのイノベーションを促進する。

そのうえ、ブロックチェーンネットワークに組み込まれた経済性は、プロトコルネットワークのものよりもはるかに強力だ。プロトコルネットワークの長年の信奉者であり支持者である私さえこの点を認めている。企業ネットワークとブロックチェーンネットワークの収益を生み出すテイクレートはコアサービスの資金源になり、それらのネットワークがお金を引きつけ、成長を加速するための投資を可能にする。しかし、企業ネットワークとは異なり、ブロックチェーンネットワークの価格決定力は弱い。テイクレートを簡単には引き上げられないということだ（その理由については「テイクレート」の章で説明する）。この限定的な価格決定力はコミュニティに有利であり、ネットワークにかかわるサービスの開発や参加を奨励する。

ネットワークの構造により、その特性は異なる。プロトコルネットワークでは参加者の間で権力が分散される。企業ネットワークでは運営企業がすべての権力を握っている。ブロックチェーンネットワークはそのどちらとも違う。プロトコルネットワークと企業ネットワークの「ちょうどいい」中間に位置し、小さなコアシステムを中心に、クリエイター、ソフトウェア開発者、ユーザーなどの参加者から構成される豊かなエコシステムが形成されるのだ。企業ネットワークではほぼすべての活動が中央のコアシステムで集中的に管理される。プロトコルネットワークにはそもそもコアがない。ブロックチェーンネットワークのコアは、基本的なサービスを提供するのに十分なものの、ネットワークを独占できるほどの権力は持たない。

ブロックチェーンネットワークは論理的に中央集権化されているが、組織的には非中央集権化されている。論理的な中央集権化とは、中央のプログラムでネットワークの適切な状態を維持することだ。ブロックチェーンネットワークには、ハードウェアやその所有者には変えられないルールがソフトウェアに組み込まれている。そしてブロックチェーン（または「オンチェーン」）上で

ネットワークの構造	強み	弱み
企業ネットワーク 例：フェイスブック、ツイッター、ペイパル	・資金を保有、分配、調達できる ・中央集権型サービス：改善が容易、高度な機能の提供	・企業がネットワーク効果を制御、テイクレートが高い、ルールが変わる ・規模がある程度拡大して搾取モードに入るとユーザーが参加したり、クリエイターや開発者がネットワーク向けのサービスを開発するインセンティブが弱まる
プロトコルネットワーク 例：ウェブ、電子メール	・コミュニティ運営、コミュニティがネットワーク効果を制御 ・ユーザーが参加したり、クリエイターや開発者がネットワーク向けのサービスを開発するインセンティブが高い ・テイクレートがない	・資金の保有や調達ができず、コア機能の開発に必要な資金源がないので、ネットワークによる投資やインセンティブを提供できない ・プログラムとデータを集約するコアがないので機能が限定される
ブロックチェーンネットワーク	・ソフトウェアのコア機能は資金の保有、分配、調達ができる ・コア機能の維持、改善が可能で、高度な機能を提供 ・コミュニティ運営、コミュニティがネットワーク効果を制御 ・ユーザーが参加したり、クリエイターや開発者がネットワーク向けのサービスを開発するインセンティブが高い ・テイクレートが低い	・技術が新しく、導入が始まったばかりなので、ユーザーインターフェースやツールが不足している ・オンチェーンのプログラムの性能に限界がある

動作するこのコアソフトウェアが、ネットワーク参加者が仮想コンピュータの状態に合意するための基本的な仕組みを提供する。コアが表す状態は、口座残高、ソーシャルメディアの投稿、ゲームのアクション、マーケットプレイスの取引などネットワークによって異なる。とはいえ、コアがあることで、開発者はネットワークを活用した開発がしやすくなると同時に、取引から少額の手数料を徴収する仕組みなどを通じて、さらなる成長への投資に必要な資金を得られるのだ。

企業ネットワークも論理的に中央集権化されている。分散型の仮想コンピュータではなく、自社のデータセンターでコアとなるプログラムを実行しているのだ。だが、企業ネットワークは組織的にも中央集権化されている。この設計には利点があるが、代償を伴う。会社の経営陣がハードウェアを制御しているので、いつでも自由にネットワークのルールを変更できてしまうのだ。この構造では、ネットワーク参加者が「おとり商法」だと感じる「集客と搾取のパターン」は不可避である（「企業ネットワーク」の章で説明したとおりだ）。

ブロックチェーンネットワークは、ネットワークの制御権をコミュニティのメンバーに委ねることで、このパターンに陥ることを避ける。コミュニティはトークンの所有者、ユーザー、クリエイター、開発者を含むさまざまなステークホルダーで構成される。新しいシステムの多くでは、ブロックチェーンネットワークの変更には投票が必要だ。投票できるのは通常、ガバナンスの権利を表すトークンを持っているユーザーである。この仕組みにより、コミュニティの利益になることに関してのみルールが変更されることをネットワークにかかわる人たちに保証するのだ（ブロックチェーンのガバナンスの課題と可能性については「ネットワークガバナンス」の章で解説する）。

ただし、ブロックチェーンネットワークは最初から組織的に非中央集権化された状態で始まるわけではない。初期段階では、小さな創設チームがトップダウンでシステムを管理していることがほとんどだ。その後、開発者、クリエイター、ユーザーなど、より大きなコミュニティに引き継ぎ、ボトムアップでのシステムの保守と開発を任せるのである。コミュニティの規模に制限はない。現在、多くのブロックチェーンコミュニティには数百、数千、あるいはそれ以上の人が参加している。創設チームの仕事は、ネットワークのコアシステムと成長を促進するインセンティブの仕組みを設計することだ。その後、段階的に権限を分散させ、コミュニティに管理権を委譲する。

何を中央で管理し、何をコミュニティの開発に任せるかを決定することが、設計における重要な検討事項だ。企業ネットワークのようにすべてをコアに詰め込むべきではない。コアに任せすぎると、企業ネットワークに伴う問題を再現してしまう。ある程度はコアで管理する必要はあるが、開発の大部分は起業家に任せるべきである。基本的には、コミュニティに委ねられるものはすべて委ねるべきだ。コアはガバナンスの管理やコミュニティのインセンティブ設計など、ブロックチェーンの基本的なサービスのみを担う状態が理想だ。

コミュニティが制御している一般的な要素のひとつは「トレジャリー」、すなわちブロックチェーンネットワークの財務管理である。トレジャリーを制御するコミュニティはDAO（decentralized autonomous organizations）、つまり分散型自律組織と呼ばれる。しかし、DAOはやや誤解を招く名称だ。DAOの「自律（autonomous）」は自動運転する自律走行車のような「自律」とは違う。ブロックチェーンの自動的な処理の仕組みに基づいている点で自律的という意味だ。ネットワークを制御するプログラムがブロックチェーン上で実行され、特定の条件が満たされた場合、たとえばトークンによる投票を通じて参加者が合意したときに、自動で処理が実行される。ブロックチェーン上のプログラムは永続的に処理を進め、外部機関に依存せずに資金を管理できる。DAOはネットワークの管理組合のようなものだ。コミュニティのルールの作成と執行を担うが、その作業はより自動化されている。

もう一度、都市にたとえてみよう。優れた都市には通常、市役所、警察署、郵便局、学校、清掃施設といった必要なものが揃っている。住民や事業者が頼るこうした公共サービスは街の他の要素が発展する土台にもなっている。行政サービスは効率のために中央集権化されているが、それでもなお住民が支配している。コミュニティが選挙を通じて制御しているのだ。

ブロックチェーンの設計は都市計画に、新たなブロックチェーンネットワークの立ち上げは未開発の土地に都市を作るのに似ている。都市計画を立てる人は必要最低限のビルをいくつか建てたら、住民や土地開発者向けの公有地の供与や税制優遇の仕組みを作る。ここで所有権が重要となってくる。なぜなら、物件が本当にその所有者の持ち物であることを保証し、物件に投資する安心感を与えるからだ。都市が成長するにつれて、税収基盤は安定する。税金で道路や公園などの公共設備を開発すると同時に、さらに多くの土地が人々に提供され、都市は成長していく。

ブロックチェーンネットワークの場合、トークン報酬が公有地の供与に相当し、さまざまな活動に対して寄与者に与えられる。トークンは財産権を確立し、人々に所有権を与える。テイクレートは税金に相当する。アクセスや取引に際し、市民がネットワークに支払う料金だ。DAOは市政のようなものでインフラ開発の監督、紛争の解決、ネットワークの価値最大化のための資源の配分を担う。これらの機能の組み合わせを通じて、優れたブロックチェーンネットワークはボ

プロトコルネットワーク

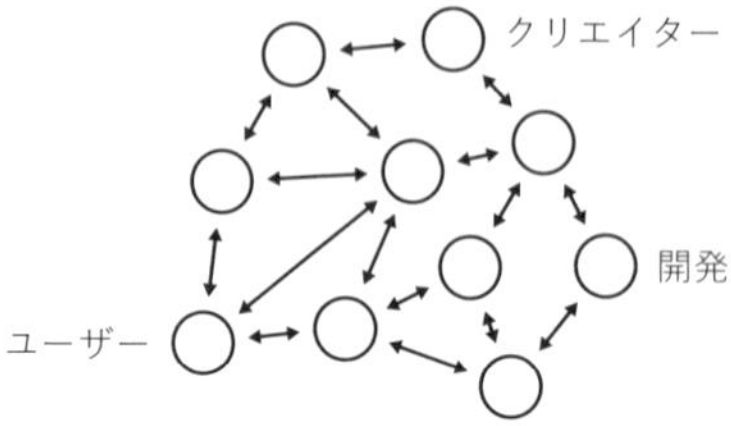

企業ネットワーク

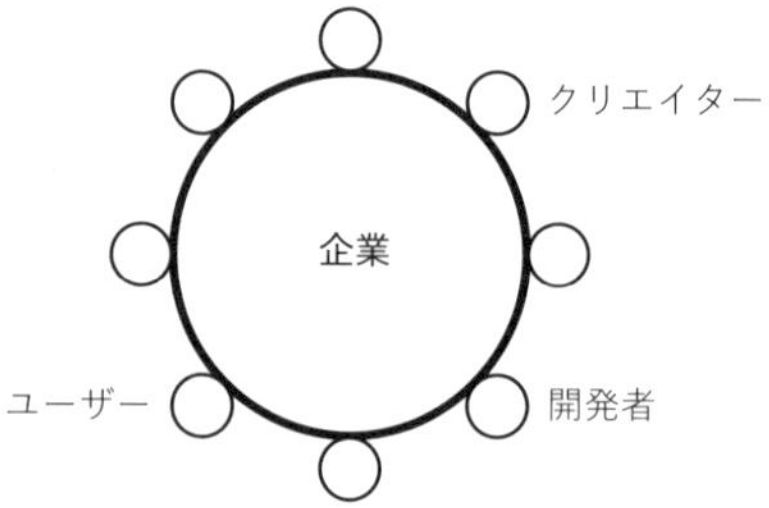

ブロックチェーンネットワーク

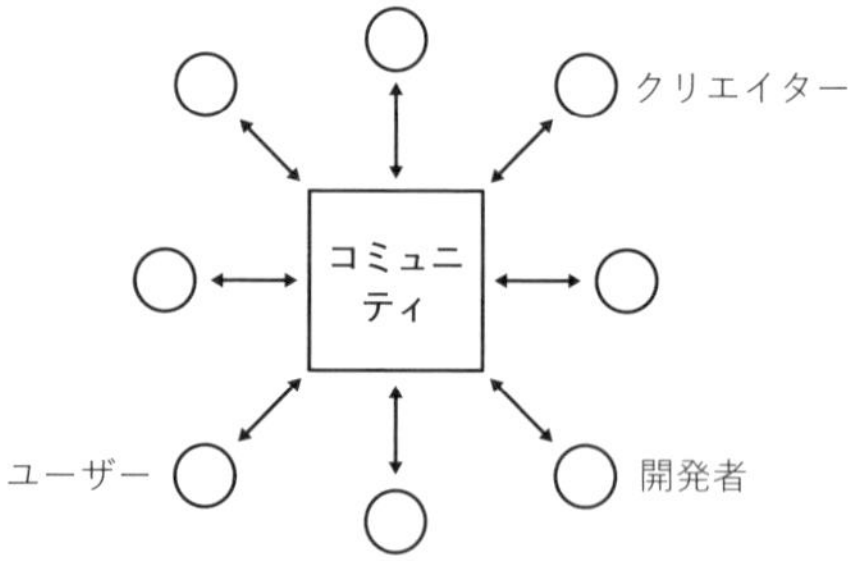

トムアップの経済活動を奨励する。

ローカルビジネスを始めようとする起業家がいたとしよう。最初に知りたいのは都市のルールだ。「法律はすぐには変わらないだろうか？　法律の変更は公正なプロセスをたどるだろうか？　税額は妥当か？　ビジネスが成功したなら財政的な恩恵を享受できるか？」公正さと先を見通せる状況が事業への時間とお金の投資を奨励する。起業家の成功と都市の成功は互いに依存している。起業家には都市の成長と繁栄を後押しするインセンティブがあり、都市にもまた起業家の成長と繁栄を後押しするインセンティブがある。ブロックチェーンネットワークも同じだ。

ボトムアップの協力的なソフトウェア開発モデルは、トップダウンの企業ソフトウェア開発モデルに慣れ親しんでいる人には違和感があるかもしれない。しかし、ボトムアップの開発がプロトコルネットワークを広げ、オープンソースソフトウェアの発展を促進した。それはまた、ウィキペディアのようなウェブサイトの成長をもたらしたクラウドソース型共同作業の原動力にもなっている。ブロックチェーンネットワークは以前からあるこのモデルを採用し、インターネットのキラーアプリであるネットワークに適用したのである。

次の章からは、ブロックチェーンネットワークの魅力的な特徴について解説していく。まずはオープン性についてだ。次にソフトウェアのコンポーザビリティと低いテイクレートに焦点を当てる。これらの要素は他の種類のネットワークに対する競争上の優位性をブロックチェーンネットワークに与える。さらに、ブロックチェーンネットワークの経済性を詳しく分析する。ユーザー、開発者、クリエイターに提供するインセンティブと強い保証などについてだ。そしてこれらの特徴が、ネットワークが生み出す価値の使い道を決め、管理し共有する包括的で多様なメンバーからなるコミュニティをどう形成するのかを見ていく。

新時代

A New Era

3

Part Three

第7章 コミュニティが作るソフトウェア

Community-Created Software

禅と同じだ。
プロジェクトは誰かひとりものではなく、
全員のものである。[1]

プログラマ　リーナス・トーバルズ

1970年代までテック業界で働くことは、マイクロチップやストレージデバイス、コンピュータなどのハードウェアを売ることだった。ある時、鋭い若者の頭に逆張りのアイデアが浮かぶ。[2] ソフトウェアが良いビジネスになるとしたら？ むしろ、ハードウェアよりも優れたビジネスになるとしたら？ 仮説を検証するため、若者は法科大学院への進学を取りやめ、大学を中退してマイクロソフトを創業した。

もちろん、ビル・ゲイツのことだ。ゲイツは、パーソナルコンピュータのオペレーティングシステムがネットワーク効果に乗じて多大な力を持つと考えた。消費者はコンピュータの基盤となるハードウェアではなく、オペレーティングシステムやソフトウェアアプリケーションに引き付けられる。アプリ開発者も最も売れているマシン向けのアプリではなく、最も人気のオペレーティングシステム向けのアプリを開発する。これにより自己強化的なプラットフォームとアプリ間のフィードバックループが生まれ、やがてソフトウェアがすべてを支配するようになるというわけだ。

当時の大企業はこの展開をまったく予想していなかった。1980年、IBMはマイクロソフトの初期のヒット製品であるオペレーティングシステム、DOSのライセンス契約を結んだ。[3]それはマイクロソフトが他のメーカーにもソフトウェアを販売し続けることを認める内容だった。IBMは重大なことを見逃していた。IBMの設計を真似るものを含め、PCメーカーが続々登場し、コンピューターハードウェアのコモディティ化が起きたのである。そうしてマイクロソフトは市場を席巻し、同社のオペレーティングシステムは広く普及して業界標準になった。その後20年間、ソフトウェアはテック業界で最も儲かるビジネスとなったのである。

しばらくすると新たなテックサイクルが始まった。マイクロソフトの力が増すにつれ、一部のプログラマ活動家が反発し、オープンソースソフトウェア運動を起こしたのだ。テクノロジー出版業界の重鎮であるティム・オライリーが1998年のブログ投稿「フリーウェア：インターネットの心と魂」で当時の状況についてこう書いている。[4]「インターネットの首都はレドモンドだとマイクロソフトが世界に信じ込ませようと手を尽くす一方で、ネットスケープはマウンテンビューこそ首都だと主張している。しかし、真の首都はサイバースペース、すなわちアイデアだけでなくそれを実装するソースコードを共有する世界中の開発者からなる分散型コミュニティにこそある」

オープンソース運動はソフトウェアの価格を下げる圧力となった。さらにこの運動は、特にデータセンターで動作するサーバーサイドのソフトウェアをコモディティ化した。かつてマイクロソフトが主導してハードウェアからソフトウェアにシフトしたときと同じことが起きたのだ。テック業界のプレイヤーは「スタックの上層」に移動し、ソフトウェアの代わりにサービスに焦点を当てるようになった。そして新しい流行語である「ソフトウェア・アズ・ア・サービス」、すなわちSaaSが広まり定着したのである。

今どうなっているかというと、多くのテック企業はサービス提供企業となり、サービスの使用料、あるいはサービスに関連する広告費用で利益を得ている。グーグル、メタ、アップル、アマゾンはどこもサービス提供企業だ。ソフトウェアモデルのパイオニアであるマイクロソフトでさえも、今では自らをサービス提供企業と捉えていることは象徴的である。

「読み取り／書き込み（リード／ライト）時代」が始まった2000年代、サービスへの転向はインターネット全体をよりオープンにし、相互運用性がさらに広まると考えられていた。インターネットサービスをつなぐAPIをどこも提供しており、開発者は他サービスの機能を組み合わせ、改変し、再利用して、いわゆる「マッシュアップ」を数多く作成した。ユーチューブはブログや他のウェブサイトに埋め込む動画ツールとして人気を得た。初期の配送サービスやライドシェアアプリはグーグルマップと連携していた。ブログやソーシャルネットワークはディスカスのようなコメントアプリを追加したり、フリッカーなどのサードパーティサービスの写真を表示した。開発に誰の許可も必要なく、すべて無料でできた。

当時、相互運用の理念が永遠にインターネットに浸透するかのように思われた。[5] ジャーナリストのアレクシス・マドリガルは2017年、アトランティック誌に10年前の楽観的な雰囲気を振り返り、こう書いている。

2007年、ウェブ業界の人々は勝利に沸いていた。確かに、ドットコムバブルは崩壊した。しかし、残されたオフィスチェアや光ファイバーケーブル、失業した開発者たちによって新たな帝国が築かれたのだ。Web2.0は単なる一時的な現象ではなく、ある種の哲学だった。ウェブはオープンだ。無数のサービスが作られ、それぞれがAPIを通じて互いに通信し、インターネット全体の体験を構築する。

しかし、iPhoneの登場という新たな転機が訪れる。スマートフォンの台頭により状況は一変した。[6] プロトコルネットワークは勢いを失い、企業ネットワークが確固たる地位を得たのだ。マドリガルは次のように書いている。

その世界の歴史に残る爆発的な普及と同時に、プラットフォーム戦争が勃発した。オープンウェブは短期間で決定的な敗北を喫する。2013年には、米国人がフェイスブックを見ている時間と、他のオープンウェブ全体を見ている時間はほぼ同じになっていた。

問題は、企業ネットワークの搾取という無慈悲な仕組みにある。先に説明したように、企業ネットワークの設計から生じるネットワーク内の緊張関係により、「集客と搾取のパターン」が発生するのは避けられない。技術の普及を示すS字曲線のある時点を過ぎると、ネットワーク所有者にとっての利益がネットワークの参加者にとっての利益と対立するようになり、搾取が始まる。2010年代初頭、スマートフォンにより企業ネットワークの台頭を後押しするプラットフォームシフトが起きた。企業ネットワークの勢力が増すにつれて、最適なビジネス戦略は集客から搾取へと変化する。やがて多くの企業ネットワークが搾取モードに切り替わり、権力の集中が加速した。これに伴いAPIは下火になり、相互運用は衰退した。かくしてオープンインターネットは分断されてしまったのである。

モッド、リミックス、オープンソース

しかし、相互運用がまだ息づいているインターネットサービスの分野がある。ユーザーが「モッド（MOD）」を作成できるゲームはその代表例だ。モッドとはゲームの見た目やルールの改変、ゲーム要素のランダム化、新しい武器や道具をはじめとするカスタム要素を追加できるソフトウェアのことだ。

モッドは1980年代のPCゲームの黎明期から存在する。当時、ゲーマーの多くはソフトウェアの可能性を試したがるプログラマ、いわばハッカーだった。そしてゲーム制作会社は顧客が求めているものを理解し、モッドを受け入れた。人気のFPS（ファーストパーソンシューティング）ゲーム「ドゥーム」の製作会社であるイド・ソフトウェアの事例が最も有名かもしれない。[7]

１９９４年、ある「ドゥーム」のプレイヤーはゲーム内で１９８６年のＳＦ映画『エイリアン』を再現し、地球外生命体ゼノモーフと戦う外骨格スーツまで作り上げた。１９９６年に発売された「ドゥーム」の続編「クエイク」は、モッドを作成しやすくする独自のプログラミング言語さえ備えていた。

現在、家庭用ゲーム機やスマホアプリよりもオープンな傾向にあるＰＣゲームでモッドは定番となっている。人気のＰＣゲームストア「スチーム」には、ユーザーが作成したゲーム用のモッドや追加要素が多く掲載されている。[8] ゲームのモッドから新たなヒット作が生まれることも珍しくない。[9] たとえば「リーグ・オブ・レジェンド」は「ウォークラフトⅢ」のモッド「ディフェンス・オブ・ジ・エンシェント」に着想を得てゲーム化されたものであり、「カウンターストライク」も元はＦＰＳゲーム「ハーフライフ」のモッドだった。人気ゲーム「ロブロックス」のほとんどのコンテンツは、ユーザーが作成したゲームや既存のゲームコンテンツをリミックスして作られたものである。ものを作ったりリメイクしたりすることが「ロブロックス」の大きな魅力となっているのだ。

多くのゲームでモッドは盛んだが、こうした活動が最も成功を収めた分野はオープンソースソフトウェアである。貢献者のほとんどはボランティアであり、空いた時間に作業をしていることが多い。開発者らは世界中に散らばっているものの、リモートでの共同作業と知識共有を通じてゆるく連携している。オープンソースのプログラムを使えば、誰でも自分のソフトウェアに無料かつ最小限の制限でプログラムを組み込めるのだ。

オープンソースは１９８０年代に起きた過激な理想[10]を追求する政治運動の一部[11]として始まった。

オープンソースの支持者は、誰もが自由にソフトウェアを変更できるべきだという理念から、プログラムに著作権を適用することに反対していた。1990年代になると、より実用面を重視したテック運動に変化したが、それでもソフトウェア業界では傍流の考えにすぎなかった。オープンソースが主流になり始めたのは2000年代に入ってからである。特に現在広く普及しているオープンソースのオペレーティングシステムであるリナックスの台頭に伴って広まった。

オープンソースソフトウェアの控えめな始まり方を考えると、現在世界中で使われているソフトウェアのほとんどがオープンソースであるという事実には驚くかもしれない。スマホでインターネットに接続するとき、端末はデータセンターのコンピュータと通信するが、その多くはリナックスのようなオープンソースソフトウェアを実行している。アンドロイド搭載端末が実行しているのも主にリナックスを含むオープンソースソフトウェアだ。自動運転車、ドローン、VRヘッドセットといった次世代デバイスの多くも、リナックスやその他のオープンソースコードを使用している（iPhoneやMacはオープンソースのソフトウェアとアップル独自のものを組み合わせて使用している）。

オープンソースがどのようにして世界を席巻したのか？　これほど成功した理由のひとつは、ソフトウェアの特性である「コンポーザビリティ（構成可能性）」にある。

コンポーザビリティ：レゴブロックとしてのソフトウェア

コンポーザビリティとは、小さな部品を組み合わせて大きなものを作れるソフトウェアの特性のことだ。コンポーザビリティは相互運用性がなければ成り立たないが、レゴブロックのように自由に組み合わせて新しいシステムを作り出せる点で、それをさらに発展させた概念である（「トークン」の章でも説明したとおりだ）。交響曲や小説といった超大作は、音符や言葉のような小さなパーツが組み合わさってできている。この点で、ソフトウェアを書くことは作曲や執筆活動と同じだ。

コンポーザビリティはソフトウェアにとってあまりに基本的なもので、ほとんどのコンピュータはすべてのプログラムにコンポーザビリティがあると仮定して動いている。コンピュータはプログラムを走らせる際、これを前提とする2段階のプロセスを実行しているのだ。まず「コンパイラ」と呼ばれるプログラムがソフトウェアのソースコードを人間が読める言語から機械が読む低水準言語に変換する。次に「リンカ」と呼ばれるプログラムがソフトウェアで参照されているすべての構成可能なプログラムを取りまとめる。このリンカがすべてのプログラムをつなげて構成し、ひとつの実行可能なファイルにまとめるのだ。ソフトウェアは構成のアートと言える。

コンポーザビリティは人類の叡智を解放する。オープンソース開発者向けのオンラインのコードリポジトリであるギットハブに掲載されているプロジェクトのほとんどは、ギットハブにある他のオープンソースプロジェクトを参照している。プロジェクトの多くは他のプログラムを新たな形で構成し直したものだ。数多くのプログラムが収録されているリポジトリは、たくさんの人が作った何十億もの作品が互いにつながり、枝分かれして伸びる大木のようである。開発者らは互いに会ったことがないにもかかわらず、それぞれが協力して、世界的な知識のデータベースを作っているのだ（オープンソースがメインストリームになった別の証拠として[12]、ギットハブは現在、皮肉にもかつてこの運動の最大のライバルだったマイクロソフトが所有している）。

コンポーザビリティの力は、一度書いたソフトウェアは二度と書く必要がない点にある。ギットハブを見て回れば、数学の公式からウェブサイトの開発、ゲームのグラフィックスに至るまで、やりたいことを実現する無料のオープンソースのプログラムが見つかる。使いたいプログラムをコピーし、他のソフトウェアに利用していい。そして、そのソフトウェアをさらに別の誰かがコピーして使うという連鎖がどんどん起きる。これが企業内で起きれば仕事の生産性が向上し、オープンソースリポジトリで起きれば世界中のソフトウェア開発が加速するのだ。

アルバート・アインシュタインはかつて「複利は世界8番目の不思議」[14]と言ったという[13]。本当にアインシュタインが言ったかどうかは別にして（おそらく言っていない）、核心をつく言葉だ。元本から生じた利子で資産が増えると利子はさらに増え、得られる利益はどんどん大きくなる。複利がもたらす驚異的な効果は金融に限ったものではない。複利を生む仕組みが世界の多くのものの指数関数的な成長を支えている。コンピュータハードウェアの指数関数的な改善は「ブロックチェーン」の章で説明したように、ムーアの法則で説明できる。コンポーザビリティはソフトウェア版の複利の仕組みだ。

またコンポーザビリティが非常に強力な理由は、次に挙げるそれぞれが単独でも強力な複数の力が合わさっているからだ。

◆**カプセル化。**誰かが作ったプログラムを他の人も使え、その詳細な仕組みを理解する必要はない。これによりソフトウェアのデータベースは急速に拡大し、かつ複雑さとエラーの入り込む余地を抑えられる。

◆**再利用性。**どのプログラムでも、一度書いたら二度書く必要はない。作成されたゲームやオープンソースソフトウェアの要素などは許可を取らずとも、何度でも使用できる。パーツとして永遠に使えるのだ。オープンインターネットの恒久的なリポジトリでこれが起きると、世界中の開発者の貢献を通じて集合的なソフトウェア開発が進む。

◆**人の知恵を借りられる。**ビル・ジョイの言葉を思い出してほしい。あなたがどれだけ賢くとも、どれだけ賢い人があなたのために働いていようとも、抜群に賢い人たちの大部分は別のことに注力している。ソフトウェアの再利用は、その賢い人たちの知恵を借りられることを意味する。世界にはさまざまな専門知識をもつ優れた開発者が大勢いる。コンポーザビリティにより、彼らの知識を思う存分活用できるのだ。

ソフトウェアのコンポーザビリティは非常に強力な性質だが、今はまだその力を活かしきれていない。本番環境で実行されているサービスではなく、主にリポジトリに収録されている静的なプログラムにしか使われていないからだ。その理由は計算処理コストにある。オープンソースソフトウェアを支える貢献者モデル、すなわち慈善的な寄付とボランティアによる一時的な活動に依存するモデルは、オープンソースサービスではうまく機能しない。開発者はプログラムの作成に手を貸せるが、ソフトウェアをホストして実行するには財源が必要だ。サービスを提供するには通信費やサーバー代、電力代などがかかるが、それを賄うための安定したビジネスモデルがないのである。

ソフトウェアサービスのコンポーザビリティは、企業ネットワークが相互運用をやめたのと同時に弱まってしまった。ユーチューブ、フェイスブック、ツイッターのような大手企業が提供するAPIはまだあるものの、使用のルールは厳しく、機能も限定されている。どの情報を誰に、どの条件で送るかを決定するのは、APIの提供企業だ。集客モードから搾取モードに切り替えたとき、企業ネットワークはサードパーティの開発者を見捨て、縛りをきつくした。このとき、外部の開発者はこうした企業のサービスに依存してはいけないことを学んだのである。

ただし、ビジネス間のエンタープライズソフトウェアの分野ではまだ広く使われているAPIが存在する点は書いておきたい。決済サービスのストライプ（Stripe）や通信サービスのトゥイリオ（Twilio）などだ。これらのAPIは複雑なプログラムをシンプルなインターフェースで隠し、コンポーザビリティの長所のひとつであるカプセル化を活かしている。ただし、他の2つの利点はない。APIを動かすプログラムはほとんどがクローズドソースだ。したがって、他者の知恵を借りることはできず、世界中の開発者が形成しているグローバルな知識基盤に貢献することもない。さらに、運営企業がこれらのAPIの利用料と規約を決めており、彼らの許可があって初めて使用できる。許可制のAPIは企業が使用する分には有用だが、オープンでリミックス可能なサービスで構築されるインターネットというビジョンの実現に貢献するものではない。

安心して開発するには、利用しているサービスの機能やAPIがオープンであるだけでなく、永続的にオープンであり続ける強い保証があることが理想だ。しかし、ネットワークが財政面で自立していなければ、このような保証を提供できない。

ブロックチェーンは企業ネットワークの問題点を解決する。ブロックチェーンネットワークは提供サービスがリミックス可能で、利用に誰の許可も必要としない状態が続くことを強く保証できるからだ。これは2つの仕組みに支えられている。ひとつは、ソフトウェアにエンコードすることで価格と利用ルールが変わらないことを保証する仕組みだ。創設チームがデプロイすると同時に、ブロックチェーンネットワークは完全に自律して動き始める。ネットワークの設計次第では、コミュニティの投票によってのみルールを変えることができる。これがあるからこそ開発者はプラットフォームを信頼できるのだ。

もうひとつは、トークンを使用する持続可能な財務モデルを通じてホスティング費用を負担する仕組みだ。イーサリアムには世界中に何万ものバリデータ、すなわちネットワークのホスティングサーバーが存在する。そのバリデータに報酬としてトークンを分配することで、サーバー、通信、電力などホスティングにかかる費用をネットワーク自身で賄っている。したがって、イーサリアムネットワークに需要があり、ユーザーとアプリケーションがネットワークの使用に際して取引手数料を支払う限り、バリデータは提供するホスティングサービスに対して報酬を得られるというわけだ。構築の基盤が堅固かつ安定しているだけでなく、持続可能な財源がある。

コンポーザビリティは時代を超え、何度もその強大な力を証明している。それが特に顕著だったのが、オープンソースソフトウェアの成功だ。しかし、サービスのコンポーザビリティに基づくオープンインターネットのビジョンは、企業ネットワークが参加しなかったことで頓挫した。企業ネットワークの関心は成長するにつれ、オープンであることからクローズドになることに移る。「邪悪になるな（Don't be evil）」というモットーを掲げているからといって、悪に転じないと考えるのは甘すぎる。企業は基本的に、利益の最大化のためなら何でもする。そうしなければ、なりふりかまわない企業に遅れを取って生き残れないのだ。

ブロックチェーンネットワークは「邪悪になるな」を「邪悪になれない」に変える。ブロックチェーンの設計が、データとプログラムが永遠にオープンでリミックス可能なことを強く保証するのだ。

企業ネットワークの巨大な一枚岩のような設計と、ブロックチェーンネットワークのコンポーザビリティを活用した設計との関係は、１９９０年代に議論されたオペレーティングシステムの２つの設計の関係に似ている。プログラマでオープンソースソフトウェアの提唱者でもあるエリック・レイモンドは１９９９年に上梓した有名な著作『伽藍とバザール』（光芒社）で、２つのソフトウェア開発モデルについて説明している。[15]

ひとつは、ソフトウェアを「伽藍のように、個人または少人数の魔術師が孤独な作業を通じて精巧に作り上げる」方法で、マイクロソフトのようなクローズドソースの企業の成長と共に普及した。対して、リナックスのようなオープンソースプロジェクトの成長と共に普及したのがもうひとつのモデルだ。このモデルの開発コミュニティは「異なる目的と手法を持つ人たちが集まる騒がしいバザールのよう」で、「早期かつ頻繁にリリースし、人に任せられるものはなんでも任せ、すべてがないまぜになるほどオープンにする」という哲学を指針とする。

レイモンドは孤独な伽藍モデルよりも雑然としたバザールモデルの開発方式を好んだ。オープンソースコミュニティは「すべての問題が公開され、それぞれに注目する人がいる」とし、人々が協力することで中央集権的な方式で開発された競合製品を超えられると信じている。

リナックスの開発環境は、多くの点で自由市場や生態系に似ている。利己的な開発者が集まり、それぞれが利便性を最大化しようとしている。その過程で、中央集権方式で立てられたどんな計画で作られるものよりも緻密で効果的な自己修正型の自発的秩序が生まれるのだ。

コンピュータプログラミングが誕生してからおよそ80年、2つのソフトウェア開発手法の間で振り子は揺れ動いてきた。現代において企業ネットワークは伽藍モデル、ブロックチェーンネットワークはバザールモデルだ。ソフトウェアの再利用とリミックスの力がブロックチェーンネットワークを企業ネットワークに匹敵できるものにする。未来のネットワークは大都市のようにさまざまなスキルと興味関心を持つ何百万人もの人々が資源を共有し、力を合わせ、共通の目標に向かってレンガをひとつずつ積み上げるように作られるのである。

第8章

テイクレート——低い手数料がもたらす競争優位性

Take Rates

あなたの利益は私のチャンスだ。[1]

アマゾン創業者　ジェフ・ベゾス

1990年代半ば、名のある会社の幹部として、ぽっと出のドットコム創業者に右記の脅し文句を聞かされたのなら、その傲慢さ加減を鼻で笑ったかもしれない。しかし、後になって後悔したことは間違いないだろう。

アマゾン創業者のジェフ・ベゾスの発言は誇張ではなく、市場シェアを奪う戦略を示していた。その戦略とは、オーバーヘッドコスト（事業運営にかかる間接費用）を最小限に抑えて価格を下げ、競合の利益を奪うことである。端的に言えば、効率優先、悪どくあれ、手加減をするな、だ。当時、アマゾンの競合となる実店舗を持つ小売業者にとって、アマゾンと価格面で対抗するには事業のコスト構造がネックとなっていた。賃貸料、光熱費、店員の給料といった店舗運営にかかる経費が販売価格の大きなかせとなる。一方のアマゾンは実店舗がないので価格を抑えられる。アマゾンはこの優位性を活かし、競合より低い価格で商品を提供することで競合を市場から追い出した。

　この低コスト構造がアマゾンのデフレ型ビジネスモデルを支えている。サービスの価値を維持、もしくは高めながら消費者のコストを減らしていくモデルだ。この戦術は、商用インターネットの初期から数多くのサービスが実践してきた。クレイグスリストが新聞のクラシファイド広告事業を置き換え、[2]グーグルとフェイスブックが広告モデルのメディアに取って代わり、[3]トリップアドバイザーとエアビーアンドビーが旅行業界に参入できた[4]理由はここにある。どのケースでも革新者たちは運営コストを削減することで、旧来のコスト構造に縛られていた既存企業を追い抜いたのだ。

　ブロックチェーンはこの戦略を受け継いでいる。ネット系スタートアップが既存企業の価格の高さという弱点を突いたように、ブロックチェーンネットワークは企業ネットワークの高いテイクレートという弱点を突くのだ。

高いテイクレートの原因はネットワーク効果にある

　ネットワークは商取引や広告出稿といったネットワーク上の活動に手数料を課すことで収益を得ている。前に説明したように、その収益のうち、ネットワークの参加者ではなく所有者である運営企業の懐に入る割合がネットワークの「テイクレート」だ。システムを監督する仕組みがない限り、強いネットワーク効果を持つサービスのテイクレートは高くなる。なぜなら、ネットワーク参加者には他に移れるネットワークがほとんど、あるいはまったくなく、そこから抜け出せないからだ。

インターネットが登場するまで「規模」が価格を決定づける大きな要因だった。しかし、インターネット上では「ネットワーク効果」が価格を決定づける。大手ソーシャルメディア企業のテイクレートの極端な高さは、ユーザーを囲い込む強さを表している。

大手ソーシャルネットワークの中でクリエイターを最も厚遇しているのはユーチューブだ。同社は収益の45％を自社で取り、残りの55％をクリエイターに分配している。ユーチューブは立ち上げ初期、他の動画スタートアップとの激しい競争に直面した。それらは広告収入の半分をクリエイターに分配することを約束していた。脅威に感じたユーチューブは、2007年の終わりに「パートナープログラム」と呼ばれる収益分配プログラムを立ち上げ、今に続く分配の基準を設定したのである。[5]

しかし、このような高待遇は珍しい。フェイスブック、インスタグラム、ティックトック、ツイッターはいずれも稼ぎ頭となっている広告事業から収益の約99％を得ている。各種サービスは最近になって、クリエイターに収益を分配する現金ベースのプログラムを立ち上げた。[6]だが、これらのプログラムのほとんどはユーチューブのような収益分配ではなく、分配金の上限が決まっている期間限定の「クリエイターファンド」の形を取っている。[7]このクリエイターファンドで分配される収益の割合は、ネットワークのテイクレートのごく一部、通常は1％未満にすぎない。分配金の上限が決まったモデルの運営企業がこうしたファンドを長期的に続けるとも限らない。分配金の上限が決まったモデルの最大の欠点は、クリエイターに限られた資金を巡って争うことを強いるので、[8]運営企業とクリエイターの関係がゼロサムになることだ。ユーチューブの長年のクリエイターであるハンク・グリーンが指摘するように、「ティックトックが成功すればするほど、クリエイターの1ビューあたりの収益は減る」のだ。

たとえクリエイターファンドを考慮に入れたとしても、大手ソーシャルネットワークはネットワーク参加者にほとんど収益を渡していない。これはネットワークにとっては最高だが、クリエイターにとっては最悪である。コンテンツを提供しているにもかかわらず、公正な報酬を受け取れないのだ。また、運営企業はより多くの収益を上げようと、ネットワークの別の部分でも自社の影響力を利用している。金銭の代わりにユーザーの個人情報を吸い上げ、より精度の高いターゲティング広告を提供するために活用しているのだ。このように、ユーザーを囲い込むネットワーク効果は、ネットワークに価格決定力を与える。

アップルは、ｉＰｈｏｎｅで囲い込んだユーザーと、ｉＯＳの開発者エコシステムから派生するネットワーク効果により、非常に強い価格決定力を持っている。[9] アップルは決済周りの厳しいルールを強いるのにこの力を使い、他の企業はこれに従わざるをえない。[10] ｉＯＳアプリを通じてスポティファイのサブスクリプションに登録したり、[11] アマゾンのキンドルで電子書籍を購入しようとした[12]ことがあるだろうか？　できなかったはずだ。サービス提供企業は、アップルが課す最大30％にもなる取引手数料を避けようとする。そのためによく使われる方法は、アプリではなくモバイルウェブブラウザ経由でのみ支払いを受け付けることだ（ウェブとメールはモバイル端末に残された唯一の楽園である）。技術的には、アップルはこの回避策を無効にし、すべての取引をアップストア経由で行うよう強制することができる。だが、今のところそのような強硬策は取られていない。そんなことをすれば強い反発が起きるのは目に見えているからだ。訴訟や規制面で問題に直面する可能性も高い。

アップルに収益の大きな割合を明け渡すよりも戦うことを選んだ企業もある。[13] アプリ開発者もアップルの取引手数料を嫌い、市場を独占しているとしてアップルを訴えるために団結した。[14] しかし、裁判所や規制当局がアップルの手数料体系に介入しない限り（あるいは事業運営に関する他の問題が発生しない限り）、アップルは引き続き高額な手数料を課し続けることができるし、実際そうするだろう。ユーザーを囲い込めるネットワークがあるからこそ、そのような力を行使できるのだ。

市場の独占がテイクレートの上昇を後押しするなら、競争はそれを抑制する。決済ネットワークの手数料が比較的低く抑えられているのは、他に使える決済手段が豊富にあるおかげだ。ビザ、マスターカード、ペイパルなど類似のサービスを提供している決済ネットワークは複数ある。豊富な選択肢は企業の価格決定力を下げ、消費者に有利に働く。クレジットカードネットワークの決済手数料は2～3％と比較的低い。そして利益の多くはポイントなどのインセンティブとして消費者に還元されている（とはいえ、それでもまだ高いとも言える。これについては「金融インフラを公共財にする」の節で議論する）。

物理的な商品を扱うマーケットプレイスの取引手数料は決済ネットワークよりも高いが、ソーシャルネットワークよりはずっと低い。たとえば、イーベイ[15]（取扱商品は主に中古品）、エッツイ[16]（ハンドメイド作品）、ストックエックス[17]（スニーカー）の手数料は6～13％だ。ユーザーは商品を掲載するサービスを選べるし、複数のサイトに掲載しても構わない。テイクレートが低い理由のひとつは商品売買の利益率が低いからだが、ネットワーク効果が弱いことも影響している。購入者はソーシャルなつながりからではなく、検索結果を通じて商品を見つけることが多い。そのため、販売側がサービスを乗り換えるコストは低い。また、販売側は商品を所有しているので、他のネットワークでもそれを販売できる。ネットワーク参加者に所有権があるとき、乗り換えコストは下がり、それに伴いテイクレートも下がるというわけだ。

プロトコルネットワークには収益の一部を徴収する仲介企業がないので、テイクレートは存在しない。ユーザーがドメイン名を所有しているので、誰に構わずホスティングプロバイダーを変えられる。ネットワークの一部のサービス、たとえばメールやウェブのホスティングプロバイダーなどは、ユーザーに特定のサービスの利用料を請求することがある。しかし、プロトコルネットワークには企業ネットワークのようにネットワーク効果の恩恵を受ける運営企業がないので、ホスティングプロバイダーの価格決定力は弱い。したがって料金は取引額の何割といった形ではなく、ストレージやネットワーク通信のコストに基づいて設定される。その結果、料金が発生しても、実際にネットワーク参加者がネットワークの使用に際して支払う最終的な価格、つまり実質的なテイクレートは非常に低い水準に保たれるのだ。

実質的なテイクレートは、会計時に初めて知る追加料金のように、隠れていることもある。企業ネットワークの場合、実質的なテイクレートが見かけ上のテイクレートを上回ることがある。その理由は、アルゴリズムによるソーシャルフィードや検索結果でネットワーク参加者のオーガニックリーチを抑えているからだ。そのため一定のフォロワー数を持つクリエイターや開発者、販売者といったユーザーは、フォロワーを維持したり増やしたりするために、広告を購入せざるをえない。

グーグルやアマゾンで何か検索したときに表示されるスポンサー広告は増加傾向にある[18]（「スポンサー」というラベルが付いたリンクのことだ）。大企業はこの方法で、ネットワークの供給側（グーグルの場合はウェブサイト、アマゾンの場合は販売店）の実質的なテイクレートを引き上げている。グーグルの場合、ウェブサイトのオーガニックリーチは無料だが、見られやすい場所にスポンサー広告を出すには入札しなければならない。アマゾンの場合、販売店はサービスの利用料を支払っているが、見られやすい場所にスポンサー広告を表示したいなら追加料金を支払わなければならない[19]。グーグルもアマゾンも、検索結果で上位に表示されるリンクがクリックされやすいことを理解している。検索結果でオーガニックリンクの表示を下げることは実質的に、ウェブサイトや販売店に対し、これまでと同じ露出を望むならより多くの料金を支払うことを強制しているのだ。それだけではない。これらの企業は限られたスマートフォンの表示画面で他社製品と競合する自社製品を宣伝することさえある。

グーグルやアマゾンなどの大企業も、立ち上げ当初の「集客」の段階では既存企業を破壊する側だった。しかし、これらの企業は現在「搾取」の段階にあり、自社ネットワークからできるだけ多くの金を絞り取ることに注力している。ネットワークのほぼすべての収益を吸い上げるのみならず、追加料金を課す方法を探しているのだ。ネットワーク参加者は利益を得られず、不利な立場にある。長い時間をかけてフォロワーを増やしてもルールが変更されたり、せっかく集めたオーディエンスとの接点を維持するためにさらにお金を支払わなければならなかったりする。

大手テック企業の高いテイクレートはネットワーク参加者にとっては不利だが、運営企業の利益率にとっては最高だ。メタの粗利益率は70％以上ある。[20] これは売り上げ1ドルにつき70セント以上が会社に残ることを意味する（差分はデータセンターの運営など、売り上げに直接関係する費用だ）。ネットワークを所有する大手テック企業は、粗利益の一部を人員やソフトウェア開発などの固定費に投じ、ほかは純粋な利益となる。こうした企業で働く数千人の従業員にはマネジメントや営業、新しい研究開発プロジェクトなど重要な仕事に携わっている人たちもいるだろう。しかし、多数の中間管理職を含む無駄の多い官僚制度も過剰な利益によって賄われているのだ。

高い利益率のある会社は、起業家にとってはチャンスである。「あなたの取引手数料は私のチャンスだ」とベゾスなら言うかもしれない。

あなたのテイクレートは私のチャンス

ブロックチェーンネットワークは利益を吸い取る中間業者を破壊する。低い手数料は、脅迫的に料金を課す企業から市場シェアを奪いやすくする。消費者を囲い込む力が強いネットワークほど、価格決定力も強い。価格決定力が強いほど、テイクレートは高くなる。そしてテイクレートが高いほど、ネットワークを破壊するチャンスは増える。

人気のブロックチェーンネットワークのテイクレートは1％以下～2・5％と非常に低い。これはネットワークに流れる多くのお金がユーザーや開発者、クリエイターを含むネットワークの参加者に渡ることを意味している。広く普及している企業ネットワークのテイクレートと、イーサリアムやユニスワップなどの人気のブロックチェーンネットワークや、ブロックチェーンネットワークの上に構築されたNFTのマーケットプレイスであるオープンシーのテイクレートを比較したのが下の図だ[21]。

ブロックチェーンネットワークのテイクレートが低いのは、ネットワークの設計に基づく厳格な制限があるからだ。具体的には次のとおりである。

◆**プログラムによる動作保証。**ブロックチェーンネットワークの立ち上げ時に定められたテイクレートは、コミュニティの同意がなければ変更できない。ネットワークはより多くの参加者を獲得するためにテイクレートを下げて競争することになる。競争のある市場のテイクレートは、ネットワークの維持と開発にかかる

企業ネットワーク	テイクレート
フェイスブック	～100%
ユーチューブ	45%
iOS App Store	15-30%

ブロックチェーンネットワーク／アプリケーション	テイクレート
オープンシー	2.5%
ユニスワップ*	0.3%
イーサリアム**	0.06%

* 最も人気のある料金プランのテイクレート
** 2022年にユーザーが支払ったすべてのガス代をETHおよび主要なERC20トークンの総送金額で割った値（出典：Coin Metrics）

コストを負担できるだけの低い水準に落ち着く。

◆**コミュニティによる管理。**よく設計されたブロックチェーンネットワークでは、コミュニティの投票で可決された場合にのみ、テイクレートを引き上げられる。対照的に、企業ネットワークはコミュニティの利益を気にせず、一方的にテイクレートを引き上げられる。

◆**オープンソース。**ブロックチェーンのプログラムはすべてオープンソースなので、「フォーク」する、つまりコピーを簡単に作成できる。ブロックチェーンネットワークのテイクレートが高すぎる場合、競合他社はブロックチェーンを「フォーク」して、テイクレートがより低いバージョンを作れてしまう。フォークの脅威はテイクレートの上昇を抑制するのに役立つ。

◆**重要なものの所有権はユーザーにある。**優れたブロックチェーンネットワークは、ユーザーが自分にとって重要なものを所有できるようにするシステムと相互運用している。たとえば、多くのブロックチェーンネットワークは、イーサリアムブロックチェーン上で広く使用されている名付けシステム、イーサリアム・ネーム・サービス（ENS）と相互運用している。つまり、自分のENS名（私の場合はcdixon.eth）はさまざまなネットワークで使用でき、ネットワークがルールを変更したり、取引手数料を引き上げたりした場合は、登録した名前やつながりを失うことなく新しいネットワークに簡単に乗り換えられる。低いスイッチングコストは、ネットワークの価格決定力を下げ、結果としてテイクレートも低くなる。

ブロックチェーンネットワークに対する批判のひとつは、テイクレートの低さは一時的というものだ。[22] ブロックチェーンネットワークの普及に伴い新しい仲介業者が登場し、テイクレートを上げる可能性がある。セキュリティ研究者で、メッセージングアプリ「シグナル」の創業者であるモクシー・マーリンスパイクは、広く読まれているブログ記事にこう書いている。ユーザーはユーザーインターフェースのわずかな使いにくさにも拒否感を持つため、ブロックチェーンから離れ、使いやすいフロントエンドアプリケーションに集まるようになる。そのアプリケーションが企業のものである場合、今と同じ状況、つまり強い価格決定力を持つ少数の企業がすべてを支配する状況が生まれる。

これは「再集中化のリスク」と呼ばれ、的確な批判である。「RSSの衰退」の節で説明したように、RSSの力を削いだ要因だ。ツイッターをはじめとする企業ネットワークは非常に使いやすいユーザー体験を提供することで、プロトコルネットワークからユーザーを奪った。これは設計の甘いブロックチェーンネットワークにとっても大きなリスクとなる。

とはいえ、いくつかの人気サービスに人が集まったとしても、ユーザーが簡単にサービスを乗り換えられるという、ネットワークにとって脅威となる行動の自由が保証されていれば、リスクは避けられる。そのためにはブロックチェーンネットワークは以下の要素を備えていなければならない。

◆**今どきの企業ネットワークに匹敵する使いやすさ。**企業ネットワークはユーザーの負担を軽くするため、継続的なソフトウェア開発、無料ホスティングや名前の登録機能に投資している。ブロックチェーンネットワークには、こうしたコストを負担できる資金調達の仕組みがある。RSSをはじめとするプロトコルネットワークにはそれがなかったから競争に負けた（ブロックチェーンの資金調達の仕組みについての詳細は「トークンをインセンティブとするネットワークを作る」の章で詳しく説明する）。

◆ネットワーク効果が、企業が管理するフロントエンドのサービスではなく、コミュニティが管理するブロックチェーンにかかる。ユーザーが名前や社会的なつながり、デジタル商品といった価値あるものを所有できるようにブロックチェーンを設計する必要があるということだ。ユーザーが簡単にあるサービスから別のサービスに乗り換えられる場合、サービスは価格決定力を得られない。ユーザー自身が重要なものを所有しているとき、囲い込みははるかに難しくなる。

マーリンスパイクは、企業所有のサービスがブロックチェーンネットワークから権力を奪う可能性がある例としてNFTマーケットプレイスのオープンシーを挙げていた。しかし、オープンシーが連携しているブロックチェーンネットワークは上記の要素を備えている。オープンシーに登録するとき、ユーザーはイーサリアムのようなブロックチェーンに紐付いた名前を使用するが、その所有権はユーザーにある。また、ユーザーが所有しているすべてのNFTは企業のサーバーではなく、ブロックチェーンに保存される。この仕組みによりユーザーは自分のNFTを保持したまま、別のマーケットプレイスに簡単に乗り換えられる。

マーリンスパイクがこのブログ記事を書いたのは2022年初頭のことである。それ以来、ブラーのような新しいNFTマーケットプレイスがオープンシーから市場シェアを奪っている。プラットフォームの乗り換えコストが低いからこそできたことだ。[23] そして市場シェアを奪われたオープンシーは、競合に対抗するため取引手数料を下げた。この事例は、ブロックチェーンによる所有権の管理は、実際に価格を下げる効果があることを示している。対照的に、企業ネットワーク間ではこのような価格競争はほとんど見られない。

ブロックチェーンネットワークの低いテイクレートは、開発者やクリエイターにとってそのネットワークを基盤とするサービスを開発する強いインセンティブとなる。スタートアップはDeFiネットワーク向けの機能やアプリケーションの開発に安心して取り組める。DeFiネットワークがルールを変更して不利益を被ったり後から搾取されたりすることなく、新事業に投資し成長させられることを知っているからだ。スクエアやペイパルのような企業が運営する金融ネットワークに依存するサービスを作ろうとするソフトウェア開発者はほぼいない。これらのサービスを複数の決済手段のひとつとして取り入れるかもしれないが、依存するのは危険なことを理解しているからだ。

ブロックチェーンネットワークのテイクレートは、基本的なネットワーク活動の費用を負担するのに十分な高さでありながら、企業が運営する競合サービスよりも低くする必要がある。その結果、企業の利益と官僚制度により肥大化した組織の維持に回る余剰資金が減り、はるかに多くの資金がネットワーク参加者に分配されるネットワークができるのだ。

テクノロジー業界を理解するには、「テックスタック」のレイヤーのひとつがコモディティ化すると別のレイヤーの利益が増える仕組みを理解する必要がある。ここでのテックスタックとは、収益を生み出すために連携して動作する一連の技術のことだ。たとえば、コンピュータとオペレーティングシステム（ＯＳ）、ソフトウェアアプリケーションのそれぞれのレイヤーがひとつのテックスタックを形成している。

ひとつのレイヤーがコモディティ化するということは、そのレイヤーの価格決定力が失われることを意味する。これは実世界では、競争が非常に激しく、各社の製品が互いに区別が付かないほど同一化し、利益がゼロに近づく状況に相当する。小麦やトウモロコシのような実際の「コモディティ」もそのひとつだ。テックスタックの場合、次のような状況でコモディティ化が起きる。製品やサービスが(1)ｉＰｈｏｎｅの電卓アプリのように無料で提供される、(2)ＯＳのリナックスのようにオープンソースになる、(3)電子メールのプロトコルＳＭＴＰのようにコミュニティで管理されている状況だ。

「トークン」の章ではクレイトン・クリステンセンの破壊的イノベーション理論について言及した。彼は「魅力的な利益保存の法則」[24]でテックスタックのコモディティ化の概念についても説明している。テックスタックのレイヤーのコモディティ化は、風船の一部をつまんで潰すことにたとえられる。風船内部の空気の量は一定だが、一部をつまんで潰すと空気は別の部分に移動する。テックスタックでも同じだ（ビジネスは物理的な世界ほど厳密ではないのでイメージとして捉えてほしい）。全体の利益は変わらないが、あるレイヤーでコモディティ化が起きると利益は別のレイヤーへと移動する。

具体例を見ていこう。「グーグル検索」は、ユーザーが広告をクリックするときに収益を得る。広告主が広告料を支払ってユーザーが広告をクリックするまでに、テックスタックの各レイヤーがそれぞれの役割を果たしている。この場合のレイヤーは、スマホやPCなどのデバイス、OS、ウェブブラウザ、通信キャリア、検索エンジン、広告ネットワークだ。それぞれのレイヤーはスタックを通過する売り上げの取り分を増やそうと競争している。市場全体は拡大または縮小するが、特定の時点でのレイヤー間の競争はゼロサムだ。

グーグルの検索事業の戦略はテックスタック内のレイヤーを支配するか、コモディティ化して自社の収益を最大化することである。さもなければ、別のレイヤーを管理している競合他社に利益を奪われかねない。だからこそ、グーグルはスタックの各レイヤーに対応する製品を開発した。モバイル端末（グーグルピクセルシリーズ）、OS（大部分がオープンソースのアンドロイド）、ブラウザ（クロームとオープンソースのクロミウム）、通信キャリア（グーグルFi）などだ。グーグルがオープンソースプロジェクトに貢献したり、競合他社のプラットフォーム製品の安価なバージョンを提供したりするのは、慈善活動からではなく利益追求のためなのである。

スマホ上でレイヤー同士の競争がどのように行われるかを見てみよう。まずはOSだ。アップルがiPhoneのOSとデフォルトのウェブブラウザであるサファリを管理しているので、グーグルはiPhoneのデフォルトの検索エンジンであり続けるために年間120億ドルをアップルに支払っていると言われている。[25] グーグルはこれを事業を続けるためのコストと捉えている。アップルはiPhoneの人気を利用して、グーグルの検索のレイヤーに圧力をかけているわけだ。[26] グーグルに先見の明がなくアンドロイドを開発していなかったら、アップルへの支払い額はもっと高くなっていただろう。グーグルはアンドロイドでモバイル市場の十分なシェアを獲得した。アンドロイドで利益を出す必要はない。モバイル市場の一部でもコモディティ化できればいい。そうすれば競合他社、たとえばアップルのような企業が、グーグルの検索製品へのアクセスを制限できなくなる。このようにOSの競争が、検索での利益獲得の競争に関連している。

アンドロイドをオープンソース化し、多くのハードウェアメーカーがそれをモバイル端末に無料で搭載できるようにすることは、「補完財のコモディティ化」と呼ばれるテクノロジー業界の古典的な戦略である。[27] この戦略は2002年に、スタックオーバーフローとトレロの共同創業者であるジョエル・スポルスキーが名付けたもので、[28] 経済学者カール・シャピロやグーグルのハル・ヴァリアンの研究に基づいている。グーグルはモバイルOS市場の大部分をコモディティ化することで、新しいプラットフォームでも検索エンジン（実質的な利益を生む事業）が妨げられることなく機能する道を確保した。この戦略により、業界全体がPCからモバイルにシフトした時も、自社のプラットフォームリスクを軽減しつつ交渉力を高め、検索事業への脅威を取り除くことができたのである。

インテルも、オープンソースOS、リナックスの開発における最大の貢献者となることで同じ戦略を追求している。OSはインテルが提供しているプロセッサの補完財だ。誰かがウインドウズ搭載マシンを購入すると、インテルとマイクロソフトはそれぞれ利益の一部を獲得する。しかし、リナックス搭載マシンが購入されると、より多くの利益がインテルに入る。インテルは利益を生むプロセッサの補完財であるOSをコモディティ化するためにリナックスを支援しているということだ。

クリステンセンの理論をソーシャルネットワークに当てはめると、ユーザーからクリエイター、ソフトウェア開発者、その他のネットワーク参加者にお金が流れるまでの道をテックスタックと考えることができる。高いテイクレートを持つ企業ネットワークは、風船の両端を圧迫している。運営企業はクリエイターやソフトウェア開発者といったネットワークの上に構築される補完的なレイヤーを圧迫し、ネットワークの中央から利益を得るということだ。ユーザーを囲い込むネットワーク効果は、クリエイターには無料で作品を提供すること、開発者には指示されたとおりに動くことを強要する。

広告モデルのメディアの場合、広告主が顧客でありお金の出所で、視聴者は圧迫される補完的なレイヤーだ。視聴者はネットワークへのアクセスと引き換えに、視聴時間と個人データを明け渡す。一方、プロトコルネットワークとブロックチェーンネットワークのテイクレートは低いので、ユーザー、クリエイター、開発者などのネットワーク参加者に資金が流れることを可能にする。これらのネットワークは風船の中央を圧迫し、ネットワークの端まで利益を行き渡らせるのだ。

この意味で、企業ネットワークは「厚く」、プロトコルおよびブロックチェーンネットワークは「薄い」と言える。厚いネットワークはネットワークの中心に多くの利益を集め、クリエイターやソフトウェア開発者からなる補完的なレイヤーの利益は少なくなる。逆に薄いネットワークでは、ネットワークのコアの利益は少なく、補完的なレイヤーの利益が多くなる。

ゼロからソーシャルネットワークのスタックを設計するとしよう。生み出す価値に応じた金額を稼げる公正なネットワークや、平等な利益の分配といった社会的目標のあるネットワークを想像するかもしれない。しかし、今回は革新と創造性を奨励するネットワークを作ることが目標だとしよう。つまり、現在普及しているものとは反対の薄いソーシャルネットワークを作るということだ。

ここでもソーシャルネットワークを都市のインフラにたとえて説明したい。道路は基本的な機能を果たすべきだが、イノベーションの土壌になる必要はない。自動車が通れればよく、劇的な創造性は要らない。一方で、創造性を発揮し、道路の周りにさまざまなものを作る起業家は多い方がいい。店やレストランを開き、ビルを建て、都市を大きくできるような人たちだ。要は、道路は薄くあるべきだが、その周囲は厚くしたいということだ。

ソーシャルネットワークは、道路と同じく「薄い」公共事業のようであるべきである。基本的な機能を提供し、信頼性が高く、高性能で、相互運用に対応している。それだけで十分で、その他の機能はネットワークの周りに構築できるようにしたい。イノベーションと多様性を促進して、ネットワークの上に作られるレイヤーを厚くし、ソーシャルネットワークを補完するメディアやソフトウェアをいくらでも収容できるようにするということだ（これについては第5部「次にくるもの」で詳しく説明する）。

ウェブは薄いネットワークとして発展した。その結果を見てほしい。ウェブのネットワークは単純なプロトコル（HTTP）で成り立っていて、すべてのイノベーションはウェブサイトの形でその上のレイヤーで起きている。この構造はインターネット上で30年間にわたる爆発的なイノベーションをもたらした。対照的に、今普及している企業ネットワークは厚い。ほとんどの価値は、フェイスブック、ティックトック、ツイッターなどネットワークの運営企業に流れている。イノベーションがあるとすれば、それはそうしたネットワークを活用した事業ではなく、競合するソーシャルネットワークを作ることに関連するものばかりだ。言い換えれば、スタートアップは既存の公共道路の周りに事業を作るのではなく、新しい都市を築くための真新しい占有道路を作っているにすぎない。既存のソーシャルネットワークはイノベーションを抑制する形で風船を圧迫している。

現代の金融ネットワークでも同じことが起きている。決済は電子メールの送受信のように、簡単で安価なコモディティ、すなわち基本的な公共機能であるべきだ。これを実現する技術はすでにある（詳しくは「金融インフラを公共財に」の節で説明する）。金融や商取引のスタックにおける「決済」のレイヤーを薄くできるはずだ。しかし、今は逆の状態になっている。この分野には多額の利益を得る大手決済会社が何社か存在し、テイクレートが高いままであることから、スタートアップやベンチャーキャピタルを引き付け活発な起業活動の舞台となっている。ここでも風船のつまむ場所を間違えているのだ。

ブロックチェーンネットワークは言わば、輪ゴムだ。風船の形を変え、厚い中央部を薄くする。DeFiは決済、貸付、取引のレイヤーを薄くする仕組みだ。ソーシャルネットワーク、ゲーム、メディアのような分野のブロックチェーンネットワークも同じである。ユーザー、クリエイター、起業家が圧迫されるのではなく報酬を受け取れる、新しいテックスタックを構築することを目標に掲げるべきなのだ。

ただし、テイクレートはブロックチェーンネットワークの経済性のひとつの側面にすぎない。もうひとつはソフトウェア開発やその他の建設的な活動の財源となるトークンインセンティブだ。トークンは他のツールと同じく、使い方次第でネットワークの質を左右する。適切に設計すれば、キャリアやビジネスを築くための魅力的な環境のネットワークを作れる。そのためには設計についてよく考えなければならない。鞭であるテイクレートと飴であるトークンインセンティブを使いこなすということだ。

第9章

トークンをインセンティブとするネットワークを作る

Building Networks with Token Incentives

インセンティブを教えてくれたら、どんな結果になるか教えてあげよう。[1]

バークシャー・ハサウェイ副会長　チャーリー・マンガー

ソフトウェア開発に対する報酬

最も成功したプロトコルネットワークが、商業インターネットが登場する前の1970～80年代に政府が出資するプロジェクトだった点は多くを物語っている。電子メールとウェブは企業ネットワークの競争がない時代に広まった。インターネットがいかにビジネス（とそれ以外の多くのもの）を変えたかを説明する2000年刊行の「クルートレイン・マニフェスト」ではこのように語られている。[2]「ネットは伝統的な商業という鋼とガラスでできた巨大で堅固な帝国の隙間を縫って伸びる雑草のように大きくなった」そしてインターネットは世間から「あらかた無視されていたがために広まることができた」と。

もし電子メールやウェブがその黎明期に、企業ネットワークと対峙していたらどうなっていただろう。おそらく生き延びれなかった。RSSのように頓挫したプロトコルネットワークと同じ運命をたどったはずだ。企業ネットワークがプロトコルネットワークを圧倒できた要因のひとつは、ソフトウェア開発に充てられる膨大な資金を集められたことにある。テック企業は、プロトコルネットワークには到底用意できない魅力的な報酬と製品の成功に伴う経済的な見返りを提供することで、超優秀な開発者からなる大規模チームを作ることができたのだ。

ネットワークは放っておいてできるものではない。企業ネットワークに対抗しようとするすべてのネットワークは、競争力のある報酬とその成功に伴う経済的な見返りを開発者に提供できなければならない。誰かが実際に手を動かして作る必要があるからだ。当たり前だが、インセンティブが大事なのである。

プロトコルネットワークの多くは開発者に競争力のある報酬を提供できる財源がない。ボランティアの善意で回っていて、自立した運用ができていないのだ。ブロックチェーンネットワークもまたプロトコルネットワークと同じように、ソフトウェア開発において個人または企業などのサードパーティの力が必要だ。ただし、2つのネットワークには重要な違いがある。ブロックチェーンネットワークはボランティアだけに頼っているわけではなく、開発者に報酬を提供する仕組みがある。

ブロックチェーンネットワークは、報酬としてトークンを提供することで開発者を引きつける。トークンは所有権を表すコンピューティングの基本的な構成要素であり、ブロックチェーンネットワークの経済を支える価値の単位だ（ブロックチェーンの経済については「トークノミクス」の章で説明する）。この用途で使用されるトークンは基本的に「ネイティブトークン」と呼ばれる。たとえば、イーサリアムのブロックチェーンのネイティブトークンはイーサだ。ネイティブトークンは金銭的なインセンティブに加えて、保有者にネットワークのガバナンスにかかわる権利を付与することにも使われる（これについては「ネットワークガバナンス」の章で説明する）。

トークンの分配は外部の人を引きつけるだけでなく、ソフトウェア開発を奨励し、競争力を維持するのにも役立つ。財源があることで、ブロックチェーンネットワークは企業ネットワークに匹敵する洗練されたソフトウェア体験を構築できるのだ。

企業ネットワークではそこの社員が、製品にかかわるほぼすべてのソフトウェアを開発している。ツイッターならアプリの開発やメンテナンス、ツイートを分類してランク付けするアルゴリズムの調整、スパム対策のフィルターの構築などだ。対してブロックチェーンネットワークはこうした仕事を外に出して、外部の開発者やソフトウェア企業に任せる。企業ネットワークでは運営企業内で処理されていた仕事が、ブロックチェーンネットワークでは外部に解放され、市場原理に基づくタスクとなる。そして開発の対価としてトークンを受け取った開発者らは、ネットワークの所有権とガバナンスの権限の一部を保有するステークホルダーになるのだ。

開発者に報酬としてトークンを提供することには複数の利点がある。ひとつは、世界中の誰もが開発に貢献でき、ネットワークにかかわる人とステークホルダーが増えることだ。また、貢献者がトークンを受け取りネットワークの一部を所有するようになると、ソフトウェアの開発やコンテンツの制作、または他の方法を通じてネットワークの成功を後押しする動機が生まれる。2つ目の利点は、機能間での競争が生まれることだ。その結果、ユーザーは複数のソフトウェアから好きなものを選んで使えるようになり、数あるウェブブラウザやメールクライアントのなかから好きなものを選んで使えるのと同じ状況を作れる。3つ目の利点は企業の株式とは異なり、トークンの分配は透明で、プログラムにより自動で行われることだ。これはアナログな方法よりも公平かつオープンで、スムーズである（「トークン規制」の節で詳しく説明する）。

どのプロジェクトも貢献者のコミュニティを大きくすることを目標とするが、これはすぐに実現できることではない。ブロックチェーンプロジェクトの創設チームは大抵、新しいアイデアを形にしたい少数の開発者である。最初期の貢献者たちは法人を立ち上げて正式な関係を築いている場合もあれば、非公式に協力しているだけの場合もある。彼らの報酬は、少なくとも部分的にはトークンで支払われる。よく設計されたネットワークは、最初期の貢献者たちが受け取る報酬を調整している。具体的には、立ち上げに必要な作業を完了した後もいくらか影響力を持ち続け、ネットワークの成功に伴う利益をある程度受け取れるものの、それが大きくなりすぎない程度に設定するのだ。

半自律的に処理を実行するプログラムをブロックチェーン上で走らせる準備が整ったら、創設チームはネットワークを立ち上げ、それと同時にネットワークの管理権を放棄する。その後も創設チームはネットワークを使ったアプリの開発にかかわることはあるが、その立場はアプリを開発している他の人たちと同じだ。ネットワークは広範で多様なコミュニティに支えられているときにこそうまく機能する。ブロックチェーンネットワークはパーミッションレス（参加許可不要）であり、適切に設計されている場合、特定のアプリ開発者、たとえそれがネットワークの創設者であっても優遇されることはない。

立ち上げ後、ブロックチェーンネットワークは助成金として取り置いたトークンを通じて、開発者の活動を継続的に支援する。なかには数億ドル規模のトレジャリーを持ち、コミュニティによる決定、あるいは事前に決められた指標に基づいて助成金を自動で分配するものもある。[3] フロントエンドアプリケーションやインフラ、開発者ツール、アナリティクスツールなどを開発した個人開発者などにそのお金を割り当てるのだ。ブロックチェーンの助成金だけでなく、健全なエコシステムでは、そのネットワークを活用した新しいプロジェクトやアプリ、サービスに対して、営利目的の投資家も出資するようになる（一貫した低いテイクレートはブロックチェーンネットワークへの投資を促進する。なぜなら前章で説明したとおり、サービスの成功で得た利益はすべて自分たちのものになることを開発者と投資家は理解しているからだ）。

開発者に報酬としてトークンを分配できるブロックチェーンネットワークは、企業ネットワークと互角に戦える。助成金と外部からの投資により、ブロックチェーンネットワークはソフトウェア開発に大々的に投資する企業ネットワークと肩を並べられるのだ。報酬としてトークンを活用することには他の利点もある。開発者を引き付けるのと同様に、ユーザーやクリエイターなど他のネットワーク参加者も引き付けるのだ。

ブートストラップ問題を克服する

企業ネットワークの最初期に参加したユーザーは多大な価値を創造するものの、その努力に対して正当な報酬を受け取れることはほとんどない。ユーチューブを盛り上げた動画制作者、フェイスブックを広げたソーシャルグループ、インスタグラムの人気を高めたインフルエンサー、エアビーアンドビーを成長させた家主、ウーバーを回しているドライバーたち。こうした参加者がいなければネットワークは存在できない。

企業ネットワークではほぼ例外なく、投資家や創業者、一部の従業員といった少数の人たちに富と権力が集中する。運の良い少数の人たちしか利益を享受できないのだ。ネットワーク効果の恩恵はネットワークを所有する企業が受け、他のネットワークの貢献者を犠牲にした勝者総取りの結果を招く。企業ネットワークは成長すると初期ユーザーを見放す。少数の企業関係者が利益を得る一方で、ネットワークの構築を助けた他の人たちは無視されるのだ。初期の参加者は何も得られず失望する。

対してブロックチェーンネットワークははるかに包括的だ。ネットワークに参加し構築を助けた初期ユーザーにトークンを付与できるからだ。たとえば、ブロックチェーンベースのソーシャルネットワークなら、ユーザーの間で人気のあるコンテンツを作成したユーザーに報酬を与えられる。ゲームならプレイがうまい、あるいは面白いモッド（MOD）を作ったユーザーに報酬を与えられる。マーケットプレイスなら、早くから販売側としてネットワークに参加し、購入側のユーザーを呼び込むことに貢献したユーザーに報酬を与えられる。利用料を支払ったり何かを購入したりしたユーザーではなく、ネットワークに建設的な貢献をしたユーザーに報酬を与えるのが理想のネットワークのあり方である。

ネットワークが成長したら、トークンによる報酬は減らしても構わない。参加者が増えるほどネットワークは有用になり、一定の人数が参加してネットワーク効果が現れれば、インセンティブを提供する必要性は薄れる。ネットワークが成功するかどうかわからない初期の段階からリスクを取って貢献してくれた人たちにより多く報いることができるということだ。

これはユーザーや貢献者にとってだけでなくネットワーク全体にとっても良い。ネットワークを作る上で「ブートストラップ問題」または「コールドスタート問題」は大きな障害となる。立ち上がったばかりのネットワークにとって、すべてのユーザーに利便性を提供できるほど十分な数のユーザーや貢献者を集めることは非常に難しい。なぜなら、ネットワーク効果は諸刃の剣で、成長を加速させる力にもなるが、衰退させる力にもなるからだ。大規模なネットワークは頑張らずとも新規ユーザーを引き付けられるが、小規模なネットワークは生き残るだけでも苦労する。

報酬としてトークンを付与することは、ブートストラップ問題の克服に役立つ。コンパウンドのようなDeFiネットワークは、ネットワーク効果が弱いネットワークの初期段階でもトークンでユーザーを引き付けられることに気づき、このアプローチの先駆者となった。[4] 次ページの図を見てほしい。

企業ネットワークもブートストラップ問題を克服するために似た戦略を取っている。ただし、トークンを提供する代わりに、ユーザーの負担を肩代わりする。たとえば、最初期のユーチューブはユーザーに動画を投稿してもらうために、動画のホスティング料を肩代わりした。

しかし、この方法には限界がある。実現できれば多くの人にとって有用なネットワークの構想は多いが、ネットワーク効果が発生する規模にまで成長させることが困難なものも多い。トークンは、過去に成長の面で行き詰まりがちだった分野のネットワークを構築するための新しい道筋を示している。

たとえば、通信。何十年も前から、技術者たちはコミュニティ主導のインターネットアクセスプロバイダーの実現を夢見てきた。通信ネットワークのインフラを構築し所有する企業の代わりに、ユーザーが自宅やオフィスに無線ルーターのようなアクセスポイントを設置する。他のユーザーは企業が提供する携帯電話基地局の代わりに、これらのアクセスポイントから通信できる仕組みだ。目標は、AT&Tやベライゾンのような既存の通信会社に取って代わるコミュニティ所有の通信サービスである。

こうしたサービスの立ち上げは過去に何度も試みられてきた。マサチューセッツ工科大学の学生たちによるルーフネット（Roofnet）、ベンチャーキャピタルの出資を受けたスタートアップの従業員た

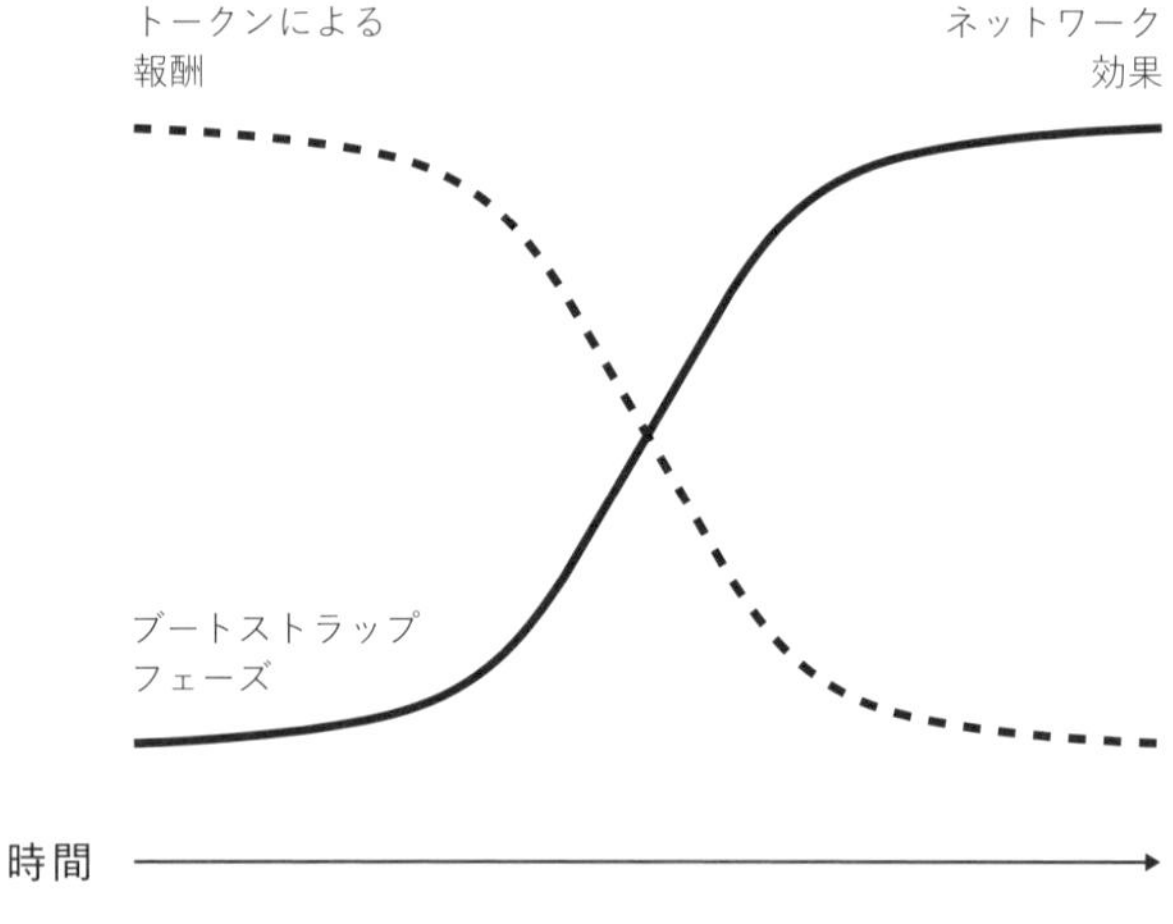

ちによるフォン（Fon）、ニューヨーク市の住民によるＮＹＣメッシュなどだ。[5]しかし、いずれもアクセスポイントを十分な数設置し、通信エリアを拡大することはできなかった。ほとんどのプロジェクトは初期段階で頓挫してしまったのである。

しかし、そんな時代も近いうちに終わるかもしれない。実験的なブロックチェーンプロジェクトであるヘリウム（Helium）は、他のどのプロジェクトよりも順調に普及している。[6]このネットワークは、アクセスポイントの設置と運用をする人に報酬としてトークンを提供することで、通信エリアを数年で全国規模に広げることに成功した。ネットワークの十分な需要を作るという点でまだやるべきことは多い（以前まで複雑な通信規格を使用していたが、現在ははるかに普及している5G通信規格に対応している）。それでもヘリウムはコミュニティ主導の通信サービスを提供するネットワークを、以前のどのプロジェクトよりもはるかに広げることができた。これはトークンによるインセンティブの可能性を証明している。

電気自動車の充電やコンピュータストレージ、人工知能の訓練などのためのネットワークを構築しようとする他のプロジェクトもこの手法を使っている。[7]どれも実現すれば多くの人に利便性をもたらすネットワークだが、普及においてブートストラップ問題が大きな障害となる。トークンインセンティブはこの障害を乗り越えるための有効な手段だ。企業ネットワークの「富める者がますます富む」傾向、つまり企業ネットワークが成功したときに利益を得るのは従業員や投資家ばかりで、ユーザーは恩恵を受けられない問題を解消するのにも役立つ。

クチコミによる拡散はすべてのマーケターの目標だ。ひとりからふたり、ふたりから4人、4人から8人と指数関数的に良い評判が広がる。クチコミが、製品やブランド、コミュニティ、ネットワークを成長させる上で最も効果的かつ費用対効果が高いマーケティング手法なのだ。そこで一番重要となるのは「感染力」である。

ホットメールがメールの末尾に「PS: I love you. Get your free email at Hotmail（追伸：アイ・ラブ・ユー。ホットメールでメールを開設できるよ）」の一文を追加して以来、[8] ネットサービスの創業者たちはサービスの感染力を高める方法を探してきた。フェイスブックは大学の学生の間でサービスを広める方法を見つけた。スナップはデジタルな記録が残ってしまうことにうんざりしていたティーンエイジャーの間に浸透させる方法を見つけた。ウーバーはタクシーと食事をすぐに手配できる魔法のボタンという方法を見つけた。

しかし、企業ネットワークが登場して以来、ユーザーの習慣は凝り固まってしまっている。アップルとグーグルのモバイルストアの上位アプリを見てほしい。[9] ほとんどは十年以上前に創業した会社のものだ。フェイスブック（2004年）、ユーチューブ（2005年）、ツイッター（2006年）、ワッツアップ（2009年）、ウーバー（2009年）、インスタグラム（2010年）、スナップ（2011年）。ティックトック（2017年）の親会社であるバイトダンス（2012年）さえ思いのほか古い会社である。[10]

新しいサービスが成功しないと言いたいのではない。いつだって例外は現れる。チャットGPTのようなAIアプリの人気が継続し、次の上位アプリになるかもしれない。とはいえ、以前とは状況は大きく変わった。消費者向けインターネットサービス分野の投資家に話を聞いたなら、ユーザーのスマホのホーム画面はすでにたくさんのアプリで埋まっていて、新しいアプリが食い込むのははるかに難しくなっていると言うだろう。人々に使われるアプリは定番化してしまったのだ。

さらに今、大手テック企業が門番となっている。スタートアップの新規サービスが多くの人の目に触れるには、そうしたテック企業のサービスを経由しなければならないということだ。「テイクレート」の章で説明したように、企業ネットワークは製品の成長に必要な無料の露出量を制限している。人々に知ってもらい使ってもらうには広告費を支払わなければならなくなっているのだ。

スタートアップは、顧客を十分に獲得し維持できれば長期での経済性が成り立つという理論のもと、増加するマーケティング費用を正当化している。[11] いつかは利益を上げられると自分たちに言い聞かせているのだ。しかし実際には、スタートアップの顧客基盤が大きくなるにつれ広告の限界利益は低下する。[12] マットレス、ミールキット、動画配信、その他商品が何であろうと多くのレイターステージのスタートアップのユーザー獲得コストは高く、利益率はマイナスになっている。ビジネスの見通しはよくない状況だ。

トークンは広告を打つ必要性をなくし、人から人へのクチコミを通じて顧客を獲得する方法を提供する。トークンはユーザーをネットワークの参加者としてだけでなく、ステークホルダーにするからだ。ユーザーはネットワークの一部を所有しているように感じると、ネットワークに貢献し、クチコミを広める動機ができる。〝伝道者〟となったユーザーの声は、企業に雇われたチームが展開するマーケティングキャンペーンよりも真に迫っていて効果的だ。彼らの言葉はブログ投稿やツイート、ソフトウェアを通じて人の心を掴む。掲示板の議論に参加し、称賛の声を上げ、デスクトップから訴えかけるのだ。トークンの経済性などの利点のおかげで、ネットワークを広めるのにマーケティングは必要ない。トークンが自らをマーケティングする。

ブロックチェーンネットワークは広告ではなく、コミュニティ主導のクチコミで成長する。大手テック企業という門番に広告料を支払うことなく成長できるということだ。ビットコインやイーサリアムには運営企業もマーケティング予算もないが、何千万人もの人々がこれらのネットワークのトークンを所有している。伝道者たちが人から人へ評判を伝えた結果だ。彼らはミートアップを主催したり、オンラインの議論に参加したり、記事を投稿したりする。他のネットワークも同じである。今人気のブロックチェーンネットワークはどこも広告に莫大な費用をかけてはいない。その必要がないのだ。ブロックチェーンネットワークには感染力がある。ユーザーが代わりにマーケティングしてくれる。

トークンは強力なツールだが、責任ある使い方が重要だ。トークンを発行しているネットワークは、ユーザーにとって有用なサービスを提供しなければならない。マーケティングはあくまでネットワークを広める手段であり、それ自体が目的ではない。中身を伴わないマーケティング重視のプロジェクトはすぐに消滅してしまうだろう（慎重な規制が重要な理由はここにある。これについては「トークン規制」の節で詳しく説明する）。

ブロックチェーンに備わっているクチコミの力も都市にたとえるとわかりやすい。物件の所有者には自分の住む都市を宣伝し、大きくするインセンティブがある。不動産を開発し、事業を立ち上げ、学校やスポーツチームを支援し、地元の組織や市民活動にかかわる動機があるのだ。住民は都市の成長による財政的な利益を享受し、市政に関与するコミュニティの真の一員である。

盤石なコミュニティを作ることがクチコミを広げる最適な方法だ。

ユーザーをネットワークの所有者に

トークンによるセルフマーケティングの最たる例はおそらく「ジョークトークン」あるいは「ミームコイン」として有名な「ドージコイン」だろう。[13]

多くのミームコインと同じように、ドージコインはブロックチェーンのオープンソースの理念の基に誕生した。ブロックチェーンネットワークは誰でも他のプロジェクトのプログラムを「フォーク」、つまりコピーして簡単に作成できる。ドージコインもそのように作られたネットワークのひとつである。正確に言えば、元のネットワークのコピーのコピーのコピーだ。ドージコインは別のプロジェクト「ラッキーコイン」のコピーで、「ラッキーコイン」は「ライトコイン」のコピーで、「ライトコイン」は「ビットコイン」のコピーである（これがコンポーザビリティの実例だ）。

ドージコインはもともとビットコインのような暗号通貨のパロディとして作られた。実用性のない真似事のコインにもかかわらず、何年にも渡って数十億ドルもの時価総額を維持している。

支払い手段として受け入れている場所はごくわずかだが、熱烈な支持者を獲得してきたのだ。ソーシャルニュースサイト「レディット」のドージコイン専用の掲示板には２００万人以上が参加しており[14]、イーロン・マスクが支持者であることでも有名だ。ドージコインのミートアップで出会って結婚した人たちさえいる[15]。

ドージコインの創設者たちは、自分たちが作ったものをよく思っておらず、熱狂を抑えようとドージコインをこけにする発言を繰り返している。それにもかかわらず、ドージコインはフランケンシュタイン博士が作り出した怪物（ただし、ずっとかわいい）のように自らの道を歩むようになった。

ドージコインの息の長さは、たとえ創設チームが去って目の敵にするようになっても、草の根的なコミュニティがブロックチェーンネットワークの発展を維持できることを証明している。ユーザーにとってドージコインは面白おかしいネットワークというだけのものかもしれないが、少なくとも自分たちのネットワークだ。ネットワークを所有し、制御しているのはユーザーだ。ネットワークの開発にかかわる重要な意思決定が必要な場合は自分たちで決められる。ネットワークが成長すれば、その利益を享受できる。企業ネットワークの場合はそうはいかない。ドージコインは、トークンの真の力を検証するために複雑な要素を取り除いた臨床試験のようなものだ。

言っておくが、私は少なくとも今の状態のドージコインの支持者ではない。その点で言えば、大多数のミームコインも支持していない。ミームコインの大半は投機のために作られたものだ。なかには首謀者だけを豊かにするポンジスキーム（投資詐欺）じみたものもある（とはいえ、パーミッションレスなイノベーションの長所は、私を含め誰かの意見に賛同する必要はない点にある）。

中身のないドージコインだが、そのコミュニティは10年以上にわたり勢いを保っている。他にも同じくらい長く盛況なミームコインはある。この30年、ユーザーはインターネットネットワークの成長に貢献してきたが、見返りを得られたことはほとんどない。企業ネットワークはユーザーに対して何もしてこなかった。しかし、ドージコインや他のトークンは、ユーザーを初めてネットワークの所有者として迎え入れ、実質的な利益と制御権を得られるようにしたのである。所有権に強力で持続的な効果があることは明らかだ。

ではこの効果と、有用なサービスを提供するネットワークが組み合わさったならどうなるか。ユニスワップは、トークンの分散型取引所という便利な製品と、ネットワークの成功に応じた利益を得られるコミュニティの両方を備えている。[16] 2018年末に登場して以来、ユニスワップの取引総額は1兆ドルを超えた。[17] そして2020年、ユニスワップはネットワークを利用したすべてのユーザーに報酬としてトークンの全供給量の15%を無償で配布している。当時のユーザー約25万人が、それぞれ数千ドル相当の「エアドロップ」に加え、ネットワークのガバナンスに参加する権利を受け取った。[18] さらに、ネットワークはトークンの45%をコミュニティ助成プログラムのために取り置いている。合わせるとトークンの60%をコミュニティへの還元に割り当てたことになる。

これほど多くのユーザーがネットワークの所有者になった例は、テクノロジー業界には前例がない。ユニスワップはネットワークの成功に伴う財政的な利益だけでなく、ガバナンスに参加する権利の大部分をコミュニティに譲った。ほとんどの企業ネットワークは限られた従業員以外のネットワーク参加者に対して、利益や権限を共有することに非常に消極的だ。フェイスブック、ティックトック、ツイッターをはじめとする多くの大規模な企業ネットワークは、ネットワークを作り、成長させ、維持したユーザーへの分け前を一切用意していない。

本書を通じて、企業ネットワークモデルから生じる問題について説明してきた。もちろん、企業ネットワークにも良い面はある。「テイクレート」の章で説明したように、アマゾン、エアビーアンドビー、グーグルのようなデフレ型ビジネスモデルは品質を維持または高めながら、消費者に商品を低価格で提供できるようにした。そしてユーザーはお金、注目、データを与えることで、従来型の企業より良いサービスを提供する企業を選んできたのである。

しかし、インターネットにはもっと期待してもいいはずだ。低価格なのはうれしいが、企業が株主だけでなく、ユーザーともサービスの成功に伴う金銭的な利益を共有してくれたらどんなにいいだろう。大手テック企業の時価総額は合わせると数兆ドルにもなる。ユーザー、特に初期ユーザーは企業の成功に多大な貢献をした。アマゾンで商品を販売し、ユーチューブに動画を投稿し、ツイッターにコンテンツを共有してきた。ユーザーは創業者や投資家と同じように成功するかわからないサービスに時間と労力をかけてきたのである。しかし、ほとんどの企業ネットワークはユーザーのことを広告主などの顧客に提供する商品、良くて二級市民としか見ていない。

しかし、希望を示す変化も起きている。新規株式公開の一環として、ユーザーに株式の一部を提供する企業が現れ始めたのだ。[19] たとえばエアビーアンドビー、リフト、ウーバーは一部の家主やドライバーのために株式の一部を取り置き、一時的な特別報酬で株式を購入するよう奨励した。これらの施策はネットワークの正しいあり方への第一歩である。しかし、ユーザーの取り分は企業が持つ所有権のごく一部、一桁%にすぎない。

ブロックチェーンネットワークのほとんどは、エアドロップ、開発者への報酬、アーリーアダプター向けのインセンティブなどさまざまな方法を通じて、コミュニティに総トークンの50％以上を還元している。[20] 所有権についても少数の関係者に集中させるのではなく、ネットワークへの貢献度合いに応じてユーザー全体に広く分配しているのだ。

これがネットワークのあるべき姿だ。すでに多くのブロックチェーンネットワークが行っているように、企業ネットワークも所有権の大部分をコミュニティに分配すれば世界はもっと良くなり、ユーザーにとってもはるかに良い環境が生まれるだろう。しかし、企業ネットワークはそのようなことをしてこなかったし、今後もする可能性は低い。企業がたとえ何らかの方法でそれを実現できたとしても、ユーザーにネットワークの動作を約束したり、低いテイクレートを保証したり、他の機能と組み合わせられるオープンなＡＰＩを提供したりする点で、ブロックチェーンネットワークには及ばない。

ブロックチェーンネットワークはコミュニティへの所有権の分配をサービスの中核機能に組み込んでいる。それがブロックチェーンネットワークのＤＮＡなのだ。ドージコインのようなミームコインはお遊びに見えるかもしれない。しかし、それらの成功は人々が企業ネットワークが残した空白を埋めるコミュニティを求めており、ふざけたものから真面目なものまで、さまざまなトークンを受け入れる準備があることを示している。インターネットの構想はもともと、参加者が所有し、制御する分散型ネットワークを作ることだった。トークンはそのビジョンの実現にもう一度挑戦するための技術である。

第10章

トークノミクス
——トークン経済における供給と需要の創出

Tokenomics

価格が重要なのは、金銭的な価値が重要視されているからではなく、それが断片化された情報の整理が必要な広大な社会において、迅速かつ効果的に情報を伝えられる手段だからである。[1]

経済学者　トーマス・ソウェル

ブロックチェーンネットワークを支えるインセンティブシステムの設計は「トークノミクス」として知られている。説明するまでもないが、トークノミクスは「トークン」と「エコノミクス」を組み合わせた造語だ。

トークノミクスはまったく新しい概念のように思うかもしれないが、そうではない。元からある概念をインターネットに持ち込んだだけだ。トークノミクスは基本的には経済学で説明できる（ブロックチェーンの専門家はトークノミクスを「プロトコルの設計」と呼ぶが、インターネットの初期の時代に普及したプロトコルネットワークと混同しやすいので、ここでは「トークノミクス」として説明する）。

ネットワークに組み込まれている通貨やネイティブな通貨を持つ仮想経済を備えたネットワークは、ブロックチェーンネットワークが最初ではない。ゲームはずっと前から仮想経済を取り入れてきた。70年代、80年代のゲームセンターは硬貨を入れて遊ぶ従来のゲームに変わって、独自のトークンで遊べるゲームを導入した。[2] ゲームセンターは人気を得るとゲームの種類を増やし、事業規模の拡大に伴いトークンの販売価格を引き上げる。以前買ったトークンも使用できるので、たくさん購入して使わずに取っておいたなら、数年後には他の人よりも実質的に低い価格でゲームを遊べることになる。

現代のゲームはこれをもっと洗練させた形で実践している。仮想経済を持つゲームとしておそらく最も有名なのは、2000年代初頭に登場した「イブ・オンライン」だ。何百万ものプレイヤーが「ニューエデン」と呼ばれる仮想の銀河系で商売をしたり戦ったりしている。[3] 制作元のCCPゲームズは、架空の鉱石である「ベルドスパー」「スコダイト」「パイロゼリーズ」の市場価格など、ゲーム内の市況に関する詳細なデータを毎月経済レポートにまとめて公開している。制作元はゲーム内の主要通貨である「惑星間クレジット(ISK)」に基づく経済活動を真剣に捉えている。2007年には、ゲーム内の経済バランスを監督するため、博士号を持つ経済学者を雇ったことで話題になったほどだ。[4]

「イブ・オンライン」の成功は、「クラッシュ・オブ・クラン」のようなシンプルなモバイルゲームから、「リーグ・オブ・レジェンド」のようなハードコアなものに至るまで、新世代のゲームに影響を与えた。これらのゲームはどれもゲーム内通貨があり、通貨を稼いだり使ったりできる。ゲームの制作元は何百万人ものプレイヤーを引きつける楽しい体験を作ることでデジタル通貨の需要を生み出すと同時に、通貨を使う方法としてプレイヤーが購入できる仮想商品を用意している。ゲームの需要は通貨の価値を押し上げ、人々のゲームへの関心が薄れると価値は下がる。

ブロックチェーンネットワークのトークノミクスの設計は、ビデオゲームの経済をさらに発展させたものだ。ブロックチェーン経済も他の健全な仮想経済と同じく、持続可能な成長にはネイティブトークンの需要と供給のバランスが重要である。よく考えられたトークン経済はネットワークの繁栄を促進する。適切なインセンティブはユーザーをオーナーや貢献者のコミュニティに変えるのだ。

ただし、インセンティブは慎重に設計する必要がある。さもなくば思いもよらない事態を招くからだ。スティーブ・ジョブズは、かつて企業が提供するインセンティブについてこう話していた。「インセンティブの施策は機能する。だから、それで人々のどんな行動を奨励するかについてよく考えなければならない」[5]続けて「それはさまざまな予期しない結果をもたらすこともある」と警告したのである。

フォーセットによる供給の創出

トークン経済の仕組みは、家の配管を通じて流れる水にたとえられることが多い。供給は水が出る「フォーセット（蛇口）」、需要は水を排出する「シンク（流し台）」により創出される。

ネットワークの設計者がまず考えるべきことは、フォーセットとシンクのバランスを取り、水が足りずに流れが止まったり、多過ぎてあふれたりしないようにすることだ。蛇口から出る水の勢いが強すぎると、供給が需要を上回り、価格は下がりやすくなる。シンクの排水する力が強すぎると、供給が需要を下回り、価格は上がりやすくなる。適度なバランスが保たれないと、トークンの価格が大きく上下しすぎてバブルや価格崩壊が起きる。そのような現象はインセンティブを歪め、ネットワーク全体の有用性を下げてしまう。

前章までの話の多くは供給、すなわちフォーセットに関するものだった。トークンによる開発者への助成と初期段階のネットワークの成長促進、初期ユーザーへのエアドロップなどだ。蛇口の勢いを調整して、ネットワークを成長させる行動を適度に促進するのが理想である。ソフトウェア開発者による新しい機能や体験の開発を奨励し、クリエイターやユーザーなどの参加者をネットワークを育て成長させる意欲を持つコミュニティに変えるために、トークンを使うということだ。

フォーセットの一般的な使われ方は次ページの表のとおりである。

フォーセットは、ネットワーク構築を支援する強力なツールだ。配布されるトークンによるインセンティブはブートストラップ問題を解決し、初期の貢献者を集め、開発資金を継続的に調達し、広範なユーザーコミュニティと利益を分かち合い、ネットワークの安全性を維持する助けとなる。これは初期の都市開発での土地の供与が、市民が同じ目標に向かい、不動産や事業などの開発を促進する仕組みと似ている。

フォーセット	説明
投資家への販売	立ち上げ段階の運営費獲得のためにトークンを販売する。
創設チームへの報酬	ネットワークを開発したことに対し、ネットワークの成長に連動する報酬を提供する。
継続的な開発を促進するための報酬	コミュニティが管理する助成金を開発者に報酬として提供し、継続的な開発を促進する。これにより優秀な人材を獲得しやすくなる。
ネットワークを成長させた初期ユーザーに対する報酬	ネットワークの初期段階（ブートストラップフェーズ）を乗り越えるためのインセンティブ。ネットワークの有用性が増すにつれて、報酬額は減少する。
ユーザーへのエアドロップ	初期のコミュニティメンバーの活動に対する報酬。コミュニティ内で信頼関係ができ、ネットワークのステークホルダーが増える。
セキュリティ管理の予算	システムのセキュリティを向上させるためのインセンティブ。ブロックチェーンバリデータへの報酬など。

シンクとトークン需要

優れたシンクは、ネットワーク上の活動とトークンの需要を鑑み、トークン価格がネットワークの利用状況や人気と連動するようにする。有用なネットワークのトークン需要は高まる一方で、あまり有用ではないネットワークの需要は少なくなる。

ネットワークへのアクセスや使用にかかる料金は「アクセスシンク」または「手数料シンク」と呼ばれる。これは有料道路の料金のようなもので、ネットワークの運営と維持に必要なだけの料金を徴収する。イーサリアムやいくつかのDeFiネットワークはこの方式を採用している。イーサリアムのネットワークの処理量には上限があり、一度に処理できるプログラムの量は決まっている。なので、負荷の集中を避けるために、計算時間に応じた料金を利用者に課すのだ（イーサリアムは、数十年前に主流だった使用時間に基づいて課金するメインフレームと似た、公共のコンピュータとして機能することを思い出してほしい）。

イーサリアムの計算処理にかかる少額の費用は「ガス代」と呼ばれ、イーサリアムのネイティブトークンであるイーサで支払う。このガス代は供給と需要に応じて変動する。イーサリアムは徴収したガス代の一部をトークンの購入に充てたり、「バーン（焼却）」（つまり破壊）したりする。この購入と焼却がトークンの供給量を減少させ、理論的には（需要が一定であると仮定して）イーサの価格を上昇させるのだ。アーヴェ、コンパウンド、カーブのようなDeFiネットワークも利用者から利用料を徴収している。その一部はネットワークのトレジャリーに保管され、後にフォーセットを通じて参加者に再分配される。こうした処理はすべて、それぞれのブロックチェーンネットワークの基盤となっているプログラムによって自動で行われる。

基盤のブロックチェーンに備わっている、需要を創出する別の一般的な仕組みに「セキュリティシンク」がある。これは「ステーキング」、すなわちバリデータにトークンを預けた保有者に対して報酬を提供するものだ。「ブロックチェーン」の章で触れたように、バリデータは提案された取引の正当性を確認することでネットワークのセキュリティを維持するコンピュータだ。ステーキングとは、ユーザーがプログラムにより動作が管理されているアカウントにトークンを一定期間預け入れることである。バリデータが正しく振る舞うと、報酬としてより多くのトークンを受け取る。ただし、不正な処理をした場合は罰を与えるネットワークもある。ステーキングには相反する作用がある。トークンを一定期間保持する（場合によっては没収する）ことで発生するシンクの作用と、正しい処理をしたバリデータにトークンを報酬として与えるフォーセットとしての作用だ。

セキュリティシンクには長所と短所がある。長所は、ネットワークのセキュリティを高めることだ。預けられている金額が多ければ多いほど、ネットワークとそのアプリケーションの安全性は高まる。ネットワークを使ったアプリケーションの人気が高まると、より多くの人が利用料を支払うのでネットワークの収益は増加する。するとトークン価格は上がり、ステーキングの報酬も増加する。これによりステーキングが促進され、さらにネットワークのセキュリティが向上するのだ。

短所は、セキュリティシンクのコストが高額になりがちな点だ。ステーキングに報酬を与えるフォーセットがある場合、トークンの供給が需要を上回り、価格を下落させる可能性がある。したがって、イーサリアムのようなブロックチェーンネットワークはアクセスシンクとセキュリティシンクの両方を備え、コミュニティがトークンの流入と流出を微調整してバランスを保っている。一方が多くなりすぎるとシステムのバランスが崩れてしまうからだ。

需要を創出する一般的な仕組みとして、最後に「ガバナンスシンク」を取り上げる。一部のトークンは、ネットワークの変更に投票する権利をユーザーに与える。なので、影響力を持ちたいユーザーはより多くのトークンを購入する。投票の権利は、人々がトークンを取得して保持するインセンティブとなり、ユーザーが保持することでトークンの流通量が減ると、トークンの需要が生まれる。その結果、

シンク	長所	短所
アクセスシンク／手数料シンク	価格はネットワークの使用状況に連動する。トークンの保有者に対し、ネットワークを成長させる有用なアプリの開発を促進する。	コストが高くなりすぎると、ネットワークの利用を抑制する可能性がある。
セキュリティシンク	トークンの価値が上がるほどネットワークのセキュリティが強化される。	正しい処理に報酬を与えるフォーセットが必要で、費用が高額になる場合がある。
ガバナンスシンク	トークンの保有者にガバナンスに参加する権利を与える。	フリーライドの問題があり、ネットワークの有用性の向上には直接貢献しない。

シンクの役割を果たすのだ。しかし、ガバナンスシンクはフリーライダー（トークンを保持するだけで投票しないこと）が問題になることがある。投票の結果が重要でない、あるいは参加してもしなくても思いどおりの結果になると考えて投票しないのだ。ガバナンストークンはネットワークの民主的な運営の役には立つが、それだけでトークンの需要を持続させることは難しい。

よく設計されたシンクはトークンの価格がネットワークの使用状況と連動するようになっている。使用量が増えるほどより多くのトークンが流出し、価格は上昇しやすくなる。価格が上がればセキュリティやソフトウェア開発などの建設的な活動に充てられるトークン報酬の価値も高まる。シンクの適正な設計は好循環を生み出すのだ。

一方で、雑に設計されたフォーセットとシンクは、コミュニティを破壊する投機的な環境を助長する。ブロックチェーンコミュニティのなかにはトークンの価格のみに焦点を当てているものがある。これはカジノ文化の特徴であり、悪い兆候だ。よく考えられたトークンのインセンティブは、新しいアプリや技術改善のような建設的なことにコミュニティの目を向けさせる。プロジェクト内で議論されている内容で、そのコミュニティの健全性を判断できる。

トークンは一般的な財務指標で評価できる

ブロックチェーンネットワークに対するよくある批判は、トークンは純粋に投機目的で、本質的な価値はないというものだ。新聞のコラムニストは、トークンは詐欺だとたびたび批判している[6]。投資家のウォーレン・バフェットは「ネズミの毒」と呼び、映画『マネー・ショート 華麗なる大逆転』で有名な逆張りトレーダーのマイケル・バリーは「魔法の豆」だと揶揄した[7]。トークンに依存するネットワークは役に立たない。すべては投機を生み出す蜃気楼だと。

新興する技術の最も極端な例だけを取り上げ、有望な新産業の可能性を否定することは、人の目を引く記事の見出しには良いかもしれないが、適切な批判のあり方ではない。現実的でない構想を掲げる鉄道会社が初期の株式市場の熱狂を煽ったからといって、鉄道に価値がなかったわけではない。自動車が初めて登場したときは非実用的、非効率的、命を危険に晒すものだと見なされていた。初期のインターネットはふざけたコンテンツや、攻撃的、あるいは危険と見なされる内容が多かったため、知識人と自称する多くの人はインターネット業界を真剣に受け止めなかったし、道徳的に問題があると考えていた。

新しい技術を理解するにはそれなりの努力が必要だ。悪いことばかりに目を向けて良い面を無視する批評家は、長期で見た破壊的イノベーションの可能性が見えていない。確かに、純粋に投機目的の不適切なトークン（ミームコインの多くはこれだ）はたくさんあるが、すべてのトークンがそうなわけではない。批評家たちが見落としているのは、非常に柔軟な媒体であるソフトウェアをもってすれば、想像できるいかなる経済モデルでも実装できる点だ。技術を正当に評価しようとする人は、悪い例を取り上げて一般化するのではなく、それがどんなものかを深く知ろうとする。

持続可能な供給と需要を持つ優れたトークンはたくさんある。たとえばイーサリアムだ。イーサリアムは取引手数料やネットワークの使用量に応じた料金を徴収し、その資金でトークンを購入したり、一部を焼却（つまり破壊）したりすることで流通量を減らしている。トークンの供給量を減らすことは、既存のトークンの価値を高め、トークンの保有者に利益をもたらす。こうした処理はすべてイーサリアムに組み込まれた透明性のあるルールのもと、自動で行われている。取引の裏で糸を引き、プロセスを決定している会社なんてものは存在しない。合理的にできているのだ。

言い換えれば、イーサリアムはトークンを通じて、キャッシュフローに相当するものを生み出しているということである。イーサリアムを使うアプリが増え、それがたくさん使われるようになればなるほど、イーサリアムの計算処理とネイティブトークンの需要も増える。イーサの供給量は変動するが、フォーセットとシンクを考慮した後の供給量は比較的一定に保たれてきた（以前まで緩やかに増加していたが、最近は減少している）。これはつまり、イーサの価格がネットワーク上に構築されたアプリケーションの人気とおおむね連動しているということだ。ブロックチェーンネットワークのキャッシュフローと焼却率を調べることで、株価収益率といった従来の財務指標を使ってイーサリアムなどのトークンを評価することができる。

イーサリアム以外にも、トークンの設計が優れたブロックチェーンネットワークはある。同様のモデルを採用しているDeFiネットワークなどだ。DeFiネットワークは使用料として徴収したトークンを、トークンの購入や焼却に加え、トークン保有者への分配などネットワークの活動資金に充てている。

システムのフォーセットとシンクを理解できれば、トークンを評価できる。アクセスシンクと手数料シンクからコストを差し引いた額がネットワークの収益だ。トークンの価格に供給量をかければ時価総額（正確に計算するには、将来のトークン発行に対する割引率をいくらかかける）を計算できる。これはどれも基本的な財務指標だ。

ここで話していることと不動産を比べてみたい。利用料を徴収するブロックチェーンネットワークには、所有物件と似た特性がある。たとえば「Price-to-rental（価格対賃料）」は不動産の一般的な評価指標で、住宅価格を年間賃料で割って計算する。算出した数字は、家を購入するか借りるか、あるいは所有している物件に住むか賃貸に出すかを決める参考になる。好きなタイミングで不動産を貸し出してキャッシュフローを生み出せるからこそ、キャッシュフローに基づいて資産を評価できるのだ。同じように、ブロックチェーンネットワークにファンダメンタル分析を適用することで、トークンの適正価値を知ることができる。

トークンに価値があるかどうかは、トークンに長期的な需要があるかどうかに関係する。これに影響を与える要素のひとつは、トークンの経済面での設計だ。ブロックチェーンネットワークのフォーセットとシンクは、ネットワークの人気が持続的なトークン需要に変換されるように設計されていなければならない。

しかし、より重要で予測できない要素がひとつある。「そのネットワークは人々に支持されるのか」という点だ。これは誰にも予測できない。成功するネットワークもあれば、失敗するネットワークもある。ただし、確実に言えることは、成功するネットワークはユーザーを引きつける有用なサービスを提供するものであるということだ。

特定のネットワークの価値を問うたり、そもそもブロックチェーンネットワークが世界に必要なのかと疑問に思ったりすることは健全である。インターネットにはすでにたくさんのネットワークがあり、企業ネットワークだけで事足りるかもしれない。ユーザーも企業ネットワークを選び続けるかもしれない。すでにユーザーは企業ネットワークに囲い込まれすぎているし、ユーザー体験のような分野で企業ネットワークがブロックチェーンネットワークを凌駕し続ける可能性はある。私はそうは思わないが、批評家がそう主張することは何も間違っていない。しかし、トークンが空想的な経済理論に基づいているという主張は間違いだ。トークンは魔法の豆などではない。仮想経済を動かす資産であり、従来の財務指標で評価できるものなのである。

金融サイクル

株式からコモディティ、不動産、コレクター品まで、所有物が売買される市場では必ず投機が存在する。市場に投機はつきもので、これからもなくなりはしないだろう。トークンも例外ではない。特に有望な新技術、新事業、新資産が現れると市場の参加者は浮き足立つものだ。

経済分野の歴史家であるカーロータ・ペリッツは、２００２年の著書『Technological Revolutions and Financial Capital（技術革命と金融資本）』で、テクノロジー主導による経済の変化は周期的なサイクルをたどることを説明している。[8] まず「イラプション（爆発）」、つまり技術的なブレイクスルーが発生する「導入期」がある。投機が盛んになる「熱狂期」がこれに続く。投機が最高潮に達すると市場のクラッシュ、つまりバブルの崩壊が起きる。その後に続くのは「展開期」だ。これには新技術の普及が進む「シナジー期」が含まれる。最後に業界の統廃合が起きる「成熟期」がやってくる。かつて画期的ともてはやされた技術が日常のものになる時期だ。このような周期が定期的に発生することで資本主義は進展する。

「ハイプ・サイクル」はコンサルティング会社ガートナーが1995年に提唱した技術革新がたどる道を表す別のフレームワークである。[9] このモデルは、創造的破壊の理論で知られる経済学者、ヨゼフ・シュンペーターといった思想家らの研究に基づいている。[10]「ハイプ・サイクル」では新技術が登場すると、それに対する人々の期待が高まり金融バブル（過剰な期待のピーク期）が発生する。しばらくするとバブルは崩壊し（幻滅期）、そこから技術が広く普及する生産的な成長期が続く（啓蒙の坂）。

鉄道や電気、自動車など数多くの技術で、世界はハイプ・サイクルを何度も目

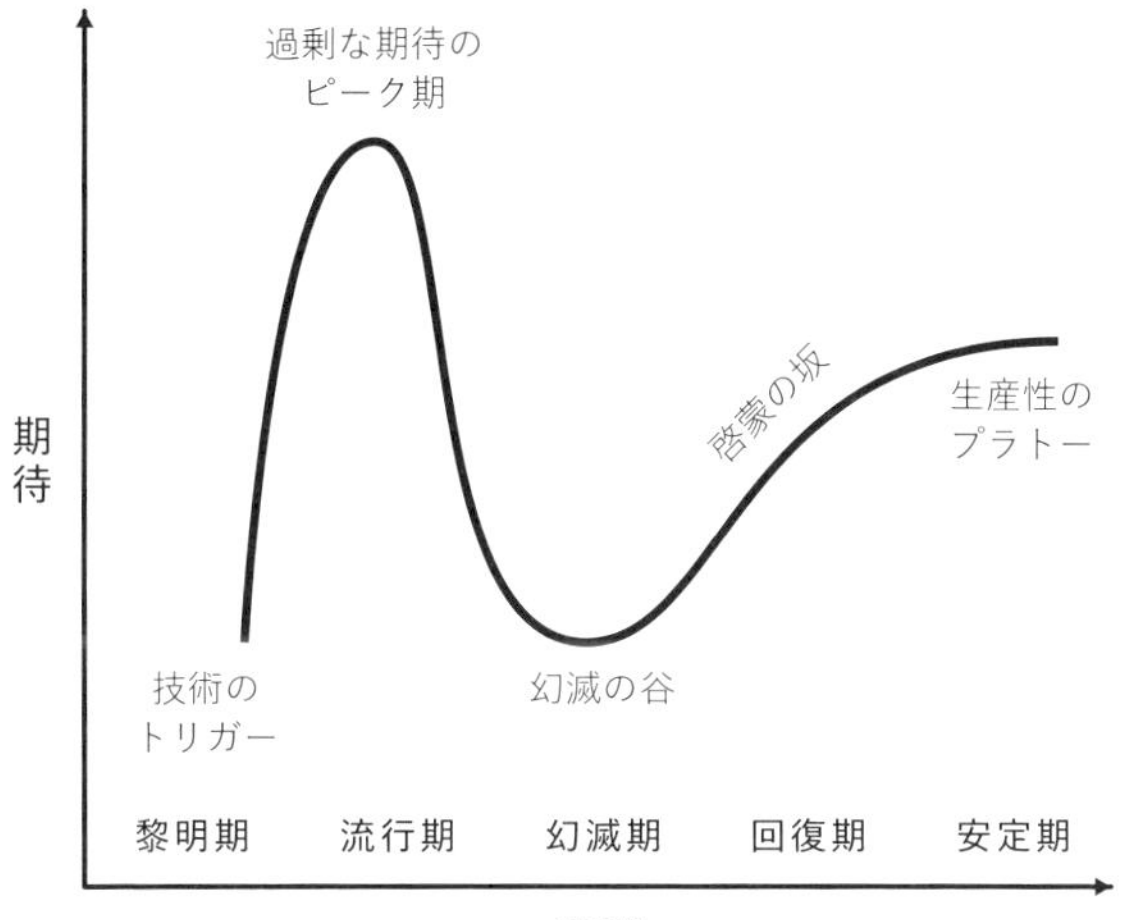

にしてきた。インターネットの場合を見てみよう。ドットコムバブルは1990年代に「過剰な期待のピーク期」に達した。この時代、過大評価されて高値で上場する企業が相次いだが、有用なサービスを提供して大成功した企業もいくつか登場している。2000年代初頭の「幻滅期」を経て、「啓蒙の坂」に沿った安定成長が20年続き、やがてインターネット企業の時価総額はファンダメンタルズ（経済の基礎的条件）に支えられて高値を更新するようになった。ドットコム企業を「魔法の豆」と一蹴した懐疑論者は、グーグルやアマゾンなどの成功を予期できなかった。

ブロックチェーンネットワークはすでにバブルとバブル崩壊のサイクルを何回か経験しており、そのたびに規模が拡大している。初期の熱狂の一部は、技術的ブレイクスルーに基づいたものだった。2009年、ビットコインはブロックチェーンの概念を初めて形にしてみせた。2015年、イーサリアムはブロックチェーンの概念を拡張し、汎用的なプログラミングプラットフォームを構築した。どちらもペレスの言葉を借りれば、典型的な「イラプション」をもたらす技術進歩である。そしてそこからハイプ・サイクルのとおりに市場の期待が先行して膨らんだ。しかしこれらの技術は、投資家や起業家が寄せる多大な期待に、少なくともすぐには応えられるものではなかった。マクロ経済の変化や著名なプロジェクトの崩壊などの出来事をきっかけにバブルが崩壊することもある。

ブロックチェーンの投機的なサイクルは、他の技術よりも激しくなる傾向にあるかもしれない。なぜなら、この技術の主要なイノベーションが所有権に関するものだからだ。所有している物なら、売却でも購入でも好きなようにしていい。もし家を借りることしかできない世界で、ある日突然、家を所有できる方法が発明されたなら、すぐさま投機的な不動産市場が出現することは確実である。だから、適切な政策と規制が重要なのだ（これについては「トークンの規制」の節で詳しく説明する）。とはいえ、人々が新技術の価値をファンダメンタルズに基づいて評価する方法を学ぶにつれて過剰な投機は自然と収まっていく。

私と同僚でトークン市場の浮き沈みを調べたところ、「価格とイノベーション」と私たちが定義したサイクルが起きていることを発見した。トークン市場は、長い間経済学者が研究してきた周期的パターンに従う。上記で説明したとおりだ。「価格とイノベーション」のサイクルではまず、新しいイノベーションの出現に伴い、人々の注目が集まり活動が活発になる時期がやってくる。するとその技術に対する熱狂が高まり、価格が上昇する。これは起業家や開発者、クリエイターなど新技術を扱う作り手を引き寄せる。市場の期待が膨らみすぎてバブルが崩壊しても、作り手たちは去らず、新しいものを作り続ける。彼らの努力はさらなる技術発展をもたらし、やがて新たなサイクルを生み出すのだ。本書の執筆時点でブロックチェーンはこのサイクルを少なくとも3回経験しており、今後も繰り返されるだろう。

熱狂的な投機は技術的なイノベーションを特徴づけるだけでなく、それを促進するものでもある。多くの新興技術は資源集約型で、次の発展段階に必要なインフラを整えるための大規模な資本流入を必要とする。鉄道には大量の鉄鋼と労働力が必要だった。電気は送電網があるところまでしか届けられないし、自動車は道路があるところまでしか進めない。インターネットの場合、ドットコムバブルのおかげで業界の成長に不可欠な大規模なブロードバンドのインフラが構築された。投機のすべてが無駄になるわけではない。

ブロックチェーンも大規模な投資を必要とする。ツールとインフラの開発が必要で、ブロックチェーンを活用するネットワークとアプリの成長にも資本が必要だ。大手テック企業のネットワークは、数十億人ものユーザーを獲得するために数百億ドルもかけた。企業ネットワークと競争するネットワークも同じくらいの資金を必要とする。合理的なものであれ非合理的なものであれ、多少の熱狂は必要なのだ。

ブロックチェーンネットワークを取り巻く市場は、過去の技術と同じ軌跡をたどると私は考えている。時間が経つにつれて、その技術のファンダメンタルズに注目が集まり、市場の価格を押し上げる。トークンでも同じだ。投機は収まり、次第にトークンの供給と需要の源泉に対してより冷静な評価がされるようになる。ウォール街の格言となった「バリュー投資」の父、ベンジャミン・グレアムの言葉のとおりである。[1]「市場は、短期的には人気投票だが、長期的には計量機だ」

実質的な重みのある資産、つまり金融用語で言うところのファンダメンタルズの強さが、長期的な成長の可能性を示す。短期的な見通しに気を取られないことが賢明だ。今人気があるからといって、それが長期的に続くとは限らないのである。

第11章

ネットワークガバナンス
——独裁から成文化されたルールへ

Network Governance

民主主義は最悪の統治形態である。
ただし、これまで試みられてきた他のすべての形態を除けば。[1]

英国元首相　ウィンストン・チャーチル

インターネットを動かしているプロトコルネットワークの運用体制は民主主義的である。開発者らは技術の規格について意見を出し、実装する。自分で意思決定できる個人開発者もいれば、クライアントアプリケーションの開発に携わる大企業に所属する開発者の場合もある。誰かが既存のプロトコルの変更、あるいは新しいプロトコルを提案したなら、それを受け入れるかどうかは個々の開発者や企業が自ら決める。提案はあくまで提案にすぎないのだ。

このことからプロトコルネットワークはインターネットコミュニティが所有し、運用していると言える。開発者は特定のプロトコルを自分たちのソフトウェアに含めるかどうかで、それを支持するかどうかに「投票」している。ユーザーも使用する製品を選ぶことで間接的に「投票」している。誰もが多かれ少なかれ、プロトコルの運用に関わっているのだ。

もっと広く見れば、インターネットのガバナンスは技術の標準規格を調整するさまざまな組織の活動によって支えられている。国際的な非営利団体であるワールド・ワイド・ウェブ・コンソーシアム（W3C）は、研究機関や政府組織、中小企業、大企業など数百の会員組織によるウェブ関連の標準規格に関する議論を取りまとめている。[2] ボランティアのみで構成されるインターネット・エンジニアリング・タスクフォース（IETF）は、別の非営利団体であるインターネットソサエティ（ISOC）の一部であり、電子メールなどのインターネットプロトコルの維持管理をしている。[3] ICANN《アイキャン》もまた非営利団体であり、IPアドレスの割り当て、ドメイン名レジストラの認定など、インターネットの基盤資源の調整と、商標やその他の法的な紛争解決を監督している。ICANNを除き、これらの組織はいわゆる統治機関ではない。プロトコルの標準規格を策定し議論を取りまとめるが、基本的には命令ではなく勧告を出すにすぎないのだ。

　規制とその執行の責任を負うのは政府だが、政府は基本的にインターネットの基盤となる技術には干渉しない。政府組織はインターネットのガバナンスに助言者として参加し、プロトコルに関する意見を出すが、最終的な方針は業界や市民社会、学界などとの対話を通じて決定される。マサチューセッツ工科大学（MIT）の研究者でインターネットのプロトコルの開発を主導したデビッド・クラークはかつてこう言った。「わたしたちは王や大統領、投票による採決を拒否する。わたしたちが信じるのは大まかな合意と動作するコードだ」と。これはプロトコルネットワークのガバナンスの理念を最も的確に表している[4]（クラークの言葉はIETFの非公式のモットーにもなっている）。

　インターネットの規制は基本的にプロトコルそのものではなく、プロトコルを活用する人や企業を対象とする。規制対象にはクライアントアプリケーションを開発する企業も含まれる。たとえば、規制当局は電子メールのプロトコルであるＳＭＴＰに対して、スパムの送受信をブロックすることなどは求めていない。代わりに、虚偽広告やメールの配信停止要求を無視するなど、特定のスパム対策法に違反した個人開発者や企業を罰することでメールの不正使用を規制している。ソフトウェア開発者や企業などは規制に従うか（規制の対象は開発されたアプリや企業、クライアントソフトウェアであり、基盤となるプロトコルではない）、違反して罰則を受けるかを選ぶ自由がある。プロトコルではなくアプリを規制するというシンプルな方法で、基盤となる技術の発展を妨げないようにしているのだ。

プロトコルネットワークの運用体制が民主主義なら、企業ネットワークは独裁である。企業ネットワークでは、その所有者に絶対的な権力がある。これはネットワーク内の調整には効果的だが、本質的に不公平なものだ。経営陣の指示に全員が従わなければならないからである。経営陣が他のステークホルダーの利益を顧みず、自社の利益を目的とした運用方針に変えることを止めるものは何もない。企業ネットワークの経済力と一方的に決定を下せる力は、プロトコルネットワークとの競争で有利に働く。しかし、企業の意思決定のプロセスは基本的に不透明で一貫性に欠け、一部のユーザーが主張するように差別的であることも多い。

今普及しているインターネットサービスのほとんどは企業が所有し、ネットワークの運用を独裁している。そして企業ネットワークは莫大な利益をもたらすので、シリコンバレーの大手企業はこのやり方に問題を感じていない。さらに企業ネットワークモデルがインターネットサービスの当たり前の運用方法として定着したため、他の方法があることを人々は忘れてしまった。しかし今、企業ネットワークに綻びが生じている。企業ネットワークのなかでも特に人々の生活に非常に大きな影響を与えるソーシャルネットワークの問題が顕著になってきており、多くの人が企業の独裁がもたらす悪影響に気づき始めているのだ。

ネットワークガバナンスは数年前までは学術的な話題だと考えられていたが、最近では多くの人が関心を寄せるようになっている。フェイスブックやツイッター、ユーチューブなど人気の企業ネットワークのガバナンスについて議論され始めているのだ。アルゴリズムによるコンテンツの適正なランク付けとはどのようなものか。誰にサービスにアクセスする権利があるか。モデレーションの適切な方針はどのようなものか。ユーザーデータの適切な取り扱い方法は。広告と収益化の適切なあり方は。これらの質問は多くの企業やクリエイターの生計に直接的な影響を及ぼす。場合によっては民主主義そのものにも影響を与えるものだ。

ネットワークのもっと良い運用方法があると私は信じている。私だけではない。ネットワークガバナンスは特定の会社を所有する人物や、そのときそこで働いている従業員の考えに任せるべきではないと多くの人が考えている。イーロン・マスクが買収する前のツイッターが好きだったユーザーは、今の運用体制についてどう思っているだろうか。現在、お気に入りのネットワークの運用に満足しているかもしれないが、長期的にはどうだろう。ネットワークは人々の人生に欠かせないものになっていて、どこかの企業や個人にすべてを任せるには重要すぎると多くの人が気づき始めている。

一部の人は、ネットワークの運用を非営利団体に任せる方法を提案している。運用体制が独裁である点は変わらないが、少なくとも財務的な成功以外の目的を持つ組織が運用の責任を持つようになる。この方法の代表格は、非営利団体のウィキメディア財団が所有、運営しているクラウドソース型百科事典のウィキペディアだ。これは興味深い成功例だが、他のテック分野のサービスにも応用できるのだろうか。

ウィキペディアは特殊だ。[5] ウィキペディアは非営利団体が運営している唯一の大規模なインターネットサービスである。創業者の志、長期に持続するネットワーク効果、低い維持費といった要因のおかげで、ウィキペディアはこの方法で成功できた。ウィキペディアは他の多くのインターネットサービスとは異なり、2001年のサービス提供開始以来、製品の機能を大きく変える必要がなかった。また、テクノロジープラットフォームが変化しても、百科事典の情報を求める消費者の需要もあまり変わっていない。こうした理由からウィキペディアの維持費は比較的低く、寄付で賄える程度に収まっている。

創業者と取締役会の功績も大きい。収益化が簡単にできそうなときも、彼らは団体の使命を忘れなかった。ウィキペディアの非営利モデルを他の分野のサービスにも応用できれば素晴らしいが、これほど少ない費用で運営し続けられる今どきのインターネットサービスは非常に稀である。

ウィキペディアの手法を試した他分野の有名製品は2つほどあるが、どちらも創業当初の非営利モデルから転換している。

ひとつは、ウェブブラウザ「ファイアーフォックス」を開発しているモジラだ。[6] モジラは1998年に初期のウェブブラウザ「ネットスケープコミュニケーター」のプログラムを管理するオープンソースプロジェクトとして始まった。ネットスケープの資産を非営利団体としてスピンアウトしてから2年後の2005年、モジラは営利目的の子会社であるモジラ・コーポレーションを設立している。これによりモジラはグーグルと数億ドル規模の契約を結んだり、[7] 製品開発を加速するために小規模な企業を買収したりなど、[8] 税制の優遇措置を受ける非営利団体には難しいビジネス戦略を積極的に追求できるようになった。

2つ目は、チャットGPTなどのツールを開発するオープンAIだ。オープンAIは2015年に非営利団体として設立された。[9] しかし、AI開発で大手テック企業と競争するには数十億ドル規模の資金が必要で、それを調達するために設立から4年後には営利目的の子会社を設立している。非営利団体から営利企業に転向したのだ。

営利を追求する世界で非営利でいることは難しい。どちらの組織の場合も存続するには、おそらく方針転換が必要だった。インターネットは数十億ドルの資産を持つ大企業が支配する競争の激しい市場だ。収益を上げたり、資本市場から資金調達したりできない非営利団体はそれだけで不利な立場にある。非営利モデルは理論的にはすばらしいが、うまく機能させることは非常に難しい。

より良いガバナンスを実現するもうひとつの方法は、プロトコルネットワークへの回帰だ。ツイッターの共同創業者で元CEOのジャック・ドーシーはこの方法を支持している。[10] ドーシーは2022年4月、ツイッターのCEOを辞任した後、「個人や単独の組織がソーシャルメディアやメディア企業を所有すべきではない。メディアはオープンで検証可能なプロトコルであるべきだ」とツイートした。同年、ドーシーはツイッターにいた頃を振り返って思うことはあるかと尋ねられると、ツイッターを企業にしたことが「最大の問題であり、最大の後悔だ」と話していた。[11]

「RSSの衰退」で、プロトコルネットワークに回帰しようとしたプロジェクトをいくつか紹介したが、事例は他にもたくさんある。2000年代にはソーシャルグラフの分散型プロトコル、[12]フレンド・オブ・ア・フレンド（Friend of a Friend）が登場した。分散型オープンソースソーシャルネットワーク[13]のステータスネット（StatusNet）（後に同様のプロジェクトであるフリーソーシャル（FreeSocial）やGNUソーシャル（GNU Social）と統合している）が立ち上がったのは2009年、自己ホスティング型ソーシャルネットワーク[14]のスカトルバット（Scuttlebutt）が2014年、2016年には分散型ソーシャルプロトコル、アクティビティパブ（ActivityPub）を使ったマストドンが立ち上がった。インターネットの基礎を築いたティム・バーナーズ＝リーが主導した[15]ソリッド（Solid: Social Linked Dataの略）が登場したのは2018年で、2019年にはジャック・ドーシーが支援する分散型プロトコルを使用したツイッターの競合サービス、[16]ブルースカイが立ち上がっいる。これは将来的にアクティビティパブと相互運用する予定だ。[17] この他にもフレンディカ（分散型フェイスブック）、ファンクウェイル（分散型サウンドクラウド）、ピクセルフェッド（分散型インスタグラム）、プレーローマ（分散型ツイッター）、ピアチューブ（分散型ユーチューブ）などがある。

プロトコル版のソーシャルネットワークを実現しようという試みは現在も続いている。そのうちのどれかは普及するかもしれない。しかし、それを達成するには乗り越えなければならない課題がたくさんあり、それらの多くはネットワークの設計から生じている。先述した新しいサービスの多くは連合型ネットワークと呼ばれるプロトコルネットワークの構造を採用している。これらのプロトコルは、企業ネットワークのように中央のデータセンターでユーザーのデータを管理しているわけではない。ユーザーはサーバーと呼ばれるソフトウェアのインスタンスを実行してデータを管理する。このような取り組みは総称して「フェディバース」と呼ばれている。

ブルースカイやマストドン、メタのスレッズなどのツイッターの競合サービスは、この方法で機能しているか、今後対応する予定だ。こうしたサービスのユーザーはオープンソースソフトウェアをダウンロードして独自のサーバーを運用するか、既存のサーバーでユーザーとしてアカウントを作成できる。各サーバーは独自の登録プロセスとコミュニティのルールに基づいて運営されている。最も普及しているクロスサーバー通信プロトコルのアクティブパブは、ユーザーが他のサーバーを使用しているユーザーをフォローできる仕組みとなっている。これによりデータを中央システムで管理する仕組みでなくても、ソーシャルネットワークのいくつかの機能を再現できるのだ。

このプロトコルの構造を実世界のものにたとえてみよう。ツイッターのような企業ネットワークは、ひとりの支配者が統治する大国である。対照的に連合型ネットワークは、それぞれの支配者が統治する小国からなる連合国のようなものだと言える。連合国に所属する各国の統治は独裁であることには変わりないが、人々はどの国に住むかを選べる。つまり、サービスのユーザーはどこで過ごすかを選べ、運用方法についてもある程度の発言権を持てるのだ。他に選択肢がない企業ネットワークに比べると大幅な進歩である。

しかし、連合型ネットワークには短所が2つある。[18] ひとつは使いづらさだ。これは主に独立して稼働するサーバー間を越えて通信しなければならないことに起因する。たとえば、コンテンツの検索や他のユーザーとのやり取りにはサーバー間での通信が発生し、スムーズに情報を取得できないことがある。これはデータが集中管理されていないから生じる問題だ。投稿の一連のやり取りを保存する中央サーバーが存在しないので、ユーザーの投稿はこのサーバーに、その投稿への返信は別のサーバーに保存されている状況が発生する。その結果、ネットワーク全体で何が起きているのかを俯瞰して把握することが難しいのだ。

これは連合型ネットワークが他のネットワークのようなスムーズなユーザー体験を提供しづらい原因となる。企業ネットワークはデータを中央集権的なデータセンターに、ブロックチェーンネットワークはブロックチェーンに保存することで、快適なユーザー体験を実現している（ブロックチェーンはソーシャルデータなどの情報を保存できる分散型仮想コンピュータであることを思い出してほしい）。連合型ネットワークにはプロトコルネットワークと同じく中央集権的な機能がなく、データをまとめて管理する機能もない。これが問題なのは、過去の失敗例が示すように、ユーザーはほんの少しの使いづらさでも許容できずサービスを離れてしまう傾向にあるからだ。

どうすればこの問題を解決できるのか。連合型ネットワークの上位に、各サーバーからデータを収集し、それを単一の中央データベースに集約するシステムがあったらどうだろう。サーバー間の情報は食い違うことがあるので、どのサーバーがネットワークの正しい状態を的確に表しているかを判断する機能も必要だ。実は、これにぴったりのものがある。ブロックチェーンだ。ブロックチェーンならデータの制御は分散させたまま、データを集中管理できる仕組みを作れる。

しかし、連合型ネットワークの多くの支持者はブロックチェーンの導入、ひいては導入の検討にすら消極的だ。おそらく、ブロックチェーンに対し詐欺や投機目的といった印象があるからだろう。しかし、ブロックチェーンを冷静に評価すれば、企業ネットワークとの競争に役立つ強力なツールであることがわかるはずだ（詳しくは「コンピュータ vs. カジノ」の章で解説する）。

また、連合型ネットワークの支持者のなかには、特定のブロックチェーンに限って導入を検討している人がいる点が事態をややこしくしている。たとえば、ジャック・ドーシーは分散型ソーシャルネットワークにビットコインを導入することに前向きだ。しかし、ビットコインの取引手数料は高く（1回の取引で大抵1ドル以上）、処理にも時間がかかる（通常は10分以上。ネットワークの状態などさまざまな要因によって左右される）。ビットコインの上位に新たなレイヤーを設けることで、こうした機能の制約をなくそうとするプロジェクトがある。これが実現することを期待したい。でなければ、ビットコインで分散型ソーシャルネットワークを企業ネットワークに匹敵できるものにすることは難しい。

とはいえ、次世代ソーシャルネットワークを支えるために必要な性能を備えたブロックチェーンはすでに存在する。イーサリアムの上に構築された新しいブロックチェーン、いわゆる「レイヤー2」のシステムはそのうちのひとつだ。

プロトコルクーデター

連合型ネットワークの2つ目の短所は、プロトコル内でクーデターが起きるリスクがあることだ。つまり、たとえ連合型ネットワークが普及したとしても、新たな企業ネットワークを生み出し、結果的に先に説明した企業ネットワークの問題が現れるかもしれないのである。

連合型ネットワークは小国が集まった連合国のようなものだと説明した。共通のルールに従っているものの、国をまたぐには少し手間がかかる。そのためユーザーは最も人気の国（つまりサーバー）に集中しやすく、それが行きすぎれば実質的に、その国の支配者（つまり、サーバーの管理人）がルールの設定および変更するすべての権限を持つことになる。連合型のシステムを研究する人たちはこのリスクを認識している。[19] 2018年のブログ記事「Federation Is the Worst of All Worlds（連合型は最悪の仕組み）」を書いたプライバシーの研究者は、「プロトコルとインフラに〝同意〟と〝抵抗〟の仕組みを組み込まない限り、判断材料がないなかで多くのユーザーが新しい独裁者の選択を強いられることになる」と警告した。

連合型ネットワークのサーバーには規約を守る義務はない。そこが問題だ。このシステムには問題の発生を阻止する仕組みがないのだ。

似たようなクーデターはすでに起きている。「ＲＳＳの衰退」の節で説明したように、本来は企業ネットワークであるツイッターを、ＲＳＳのオープンネットワークと相互運用するノードと人々は見なしていた。しかし最終的にツイッターは方針転換し、ＲＳＳとの連携をやめている。[20]どの企業ネットワークも必ずたどるように、集客モードから搾取モードに切り替わったのだ。連合型ネットワークが普及しても、最大のノードがクーデターを起こす脅威はなくならない。強力な制約がなければ、ネットワークが高尚な理想よりも経済的なインセンティブを優先することを止められないのだ。

連合型ネットワークのサーバーの典型的なライフサイクルを考えてみよう。サーバーの立ち上げからしばらくは、趣味として運用を続けられる。しかし、数百万人規模のユーザーを抱えるようになると運営コストも大幅に増えてしまう。ネットワークの成長には資金が必要だ。だから、主要なソーシャルネットワークは数十億ドルもの資金調達をしてきた。連合型ネットワークのサーバーの運用者も投資家から集めた資金や、サブスクリプションおよび広告などの収益を成長に充てるようになる。連合型ネットワークは設計上「コア」がないので、ネットワークそのもののために資金を集めることは難しい。代わりに、人気のサーバーへと資金が集中する。やがて大きなネットワークにとって相互運用が負担となり、最終的にツイッターと同じようにそれをやめるのだ。集客から搾取へと切り替わるのである。

企業ネットワークのような大規模な独裁体制を連合型ネットワークのような小さな独裁体制に分割することは、どの国も小さいままであれば機能する。しかし、ネットワーク効果には小さな優位性をどんどん増大させ大規模な勝者を生み出す性質がある。したがって、連合型ネットワークはその構造上、企業ネットワークへと進化しやすい。最も強いノードがネットワーク全体を乗っ取る力を持つようになるということだ。

クーデターのリスクは電子メールやウェブのような古典的なプロトコルネットワークにも存在する点は指摘しておきたい。ノードの影響力はユーザーが多いほど強くなる。グーグルのGmailとクロームのユーザー数はどちらも数十億人規模だ。したがって、グーグルはメールとウェブのガバナンスを有利な方向に動かす「投票権」を持っていると言える。[21] たとえばGmailのスパムのフィルタリング機能は、大手メールプロバイダーから送信されたメールを優遇している。その結果、個人や中小企業がホストするサーバーから送信されたメールはスパム認定されることが多い。これは電子メールの純粋主義者だけが問題視する比較的軽微なことかもしれない。とはいえ、Gmailの利用者は非常に多いことから、グーグルにはさらに一歩進んで、電子メールの基本機能を定義する標準規格を一方的に変更する力がある。今のところグーグルはそのようなことはしていない。理由は2つある。ひとつはアップルやマイクロソフトといった他の大手企業が対抗勢力として機能しているからだ。もうひとつは、電子メールやウェブを中心に発展したコミュニティには、ネットワークはこうあるべきという「規範」が強く深く根付いているからである。

しかし、新しいネットワークにはそのような対抗勢力や歴史的な規範はない。ガバナンスがプロトコルネットワークや連合型ネットワークのようにネットワーク構造の影響を受ける場合、企業による乗っ取りのリスクが常に付きまとう。コミュニティの成長を促進しつつ、クーデターのリスクを最小限に抑えられるネットワークの設計が必要だ。プログラムで明確に定められたルールを運用できない限り、独裁的な運用を妨げるものはコミュニティ内の規範だけになってしまう。

ネットワークの憲法としてのブロックチェーン

参加者が改ざんできないルールをソフトウェアに組み込める性質により、ブロックチェーンは新たなネットワークガバナンスの形を実現する。ネットワークの運用方法を規定するルールがあることで運用の透明性が高まり、参加者との信頼関係の構築や企業による支配への抵抗が可能になる。

ブロックチェーンのルールは、アメリカ合衆国憲法をはじめとする国の憲法のようなものだ。憲法の登場は、国家の統治を個人による支配から成文化された法律に基づくものに変えた。同様に、ブロックチェーンはネットワークガバナンスを企業による独裁から成文化されたルールに基づくものに変える。法的文書と同じくらいソフトウェアは柔軟で、どんな内容でも盛り込める。ブロックチェーンのガバナンスシステムは汎用プログラミング言語で書かれているからだ。つまり、英語などの言語で書き表せるガバナンスシステムならなんでも細かな手順としてプログラムに落とし込める。ネットワークの憲法を定められるのだ。

ただし、ブロックチェーンごとにガバナンスの形はさまざまだ。特定の組織に支配権を持たせて企業ネットワークのような運用をすることもできる。指定された責任者はアルゴリズムから経済、アクセスルールを含めあらゆる要素を変更する権限を持つということだ。支配者の持つ権限を制限する立憲君主制のような運用もできる。プロトコルネットワークと同じように手数料と権限を最小限に設定し、単独の支配者がいない共和制のような運用も可能だ。ほとんどのブロックチェーンネットワークはコミュニティに意思決定を任せる立憲民主主義に似たガバナンスを採用している。ここで説明したものはどれもブロックチェーンで実現可能なガバナンスの一例にすぎない。言葉に落とし込めるガバナンスなら、どんなものでも実現できるのだ。

ブロックチェーンガバナンス

ブロックチェーンガバナンスの形態は主に2つある。ひとつは「オフチェーンガバナンス」と呼ばれるもので、開発者やユーザーを始めとするコミュニティメンバーが集まり意思決定する方法だ。オフチェーンガバナンスの利点は、プロトコルネットワークやオープンソースソフトウェアプロジェクトでの数十年にわたる実践により、その有効性が裏打ちされている点だ。欠点は、プロトコルネットワークと同様に、ガバナンスがネットワーク構造に依存している点である。他より圧倒的に人気が高いノードは、ネットワークを乗っ取る力を持つようになるということだ。

最新のブロックチェーンネットワークの多くは「オンチェーンガバナンス」を採用している。オンチェーンガバナンスはトークンの所有者がネットワークの変更案に投票する仕組みを持つ。そして投票にはトークンに紐づけられたブロックチェーンの取引に署名する投票ソフトウェアが使用される。署名はどの案に投票したかを示し、ブロックチェーンネットワークは投票結果に応じて変更を自動で適用する。ネットワークが参加者にとってなくてはならないものなら、ユーザーは投票に参加する可能性が高い。

ただし、オンチェーンガバナンスでは投票者の影響力は保有するトークンの量に比例する。ガバナンスの仕組みはネットワークの構造から切り離されるので、他より人気のノードが影響力を行使するリスクを減らせるが、トークンが公開市場で取引されている場合は別のリスクが生じる。資金力のあるプレイヤーがトークンを買い占めることで大きな影響力を獲得できてしまうのだ。言い換えれば、金権政治、すなわちトークンを大量に保有する者がネットワークを牛耳ることができる。

このリスクを軽減する最適な方法は、トークンをなるべく広く分配することだ。コミュニティ全体にトークンが広く分配されていれば、特定の個人や組織が過剰な影響力を持つことはできない。これを実現するには、前の章で議論したフォーセットを適切に設計する必要がある。

また、トークンの買い占めで権力が掌握されてしまうことに対するもうひとつの対策は、投票者を2つのグループに分けることだ。これは米国上院と下院など、国が採用している二院制に似ている。たとえば、一方の院は財団が選んだ信頼されるコミュニティメンバー、もう一方の院はトークンの保有者で構成されるようにする。財団側の院は、トークン保有者で構成される院の提案が自己の利益を過剰に追求するものであると判断した場合は、それを拒否できる。技術や財務に関する議題など、院ごとに担当分野を分けることも可能だ。

ガバナンスを通じてどこまで変更できるかはネットワークの設計次第だ。参加者がネットワークのコア機能さえ変更できるネットワークを作ることもできる。ユーザーは、文章やプログラムの形で変更案をコミュニティの掲示板に共有し、十分な支持を集めた提案はトークン保有者の投票にかけられ、可決されるとネットワークが自動で変更を反映する。手順はそれだけだ。

反対に、トークンの所有者がネットワークのコア機能には介入できないネットワークを作ることもできる。ソフトウェアがブロックチェーンにアップロードされると変更は一切できず、プログラムが自動で実行されるのみだ。この場合、新しいバージョンのソフトウェアは完全に新しいネットワークとしてリリースされ、古いバージョンと並行して存在することになる。プログラムは変更できないためトークン保有者にできることは制限され、ガバナンスの議論もシンプルになる。トークン保有者が議論し投票するのは、ソフトウェア開発を支援するためのトレジ

ネットワーク	統治する組織	統治する方法	長所	短所
プロトコルネットワークとブロックチェーンネットワークの「オフチェーンガバナンス」	コミュニティ	ネットワーク構造から自然発生する非公式な手続き	対応に時間がかかり、技術的な改善にとどまる	最大のノードによる乗っ取りの脅威があり、変化に時間がかかる
企業ネットワーク	企業	法的な所有者	一方的で迅速な意思決定が可能	不透明、独裁的で企業の利益が優先される
ブロックチェーンネットワークの「オンチェーンガバナンス」	コミュニティ	トークンの投票による正式な手続き	意図的に設計され、ネットワークの変化に抵抗できる	金権政治：トークンを多く保有するほど影響力も大きくなる

ャリーの資金の配分など特定の議題に限られるということだ。

どのガバナンスシステムも完璧ではないが、ネットワークガバナンスの形式化自体が、ネットワークの構造の進化を示している。形式化されていないガバナンスには、設計に基づかない、謎めいた社会的ダイナミクスからルールや支配者が必然的に発生する問題が付きまとう。フェミニストで作家のジョー・フリーマンはこれを「無構造の暴政」と呼んだ。1972年に公表した同名の論文でフリーマンは、表向きには支配者がいないとされる組織内でも根拠のない隠れたヒエラルキーが形成される仕組みを説明している。[22] 形式化されているからこそ、ルールがもたらした結果から学び、改善に向けた議論ができるのだ（最近のテック系スタートアップが取り入れている「ホラクラシー」などの無構造なマネジメントスタイルがどれもうまくいかない理由もここにある）。

これは企業ネットワークが競争においてプロトコルネットワークより有利な点でもある。企業ネットワークでは通常はＣＥＯが全責任を負う。そしてＣＥＯは、少なくとも優れたリーダーを選出しようとする社内のプロセスを経て選ばれ、責任を果たしているかどうかを評価される。プロトコルネットワークや連合型ネットワークにもルールや支配者は存在するが、それらは通常、権力を抑制するために意図的に設計されたプロセスからではなく、不透明な対人関係から生まれたものだ。

ブロックチェーンでは設計者が正式なルールをあらかじめ定め、ネットワークはそのルールどおりに自動で運用される。これらのルールはネットワークの憲法のようなものだ。憲法の内容は議論、論争、実験の対象だが、改ざんはできない。こうしたルールがあること自体、従来のネットワークではあり得なかったことで、ネットワークの重要な進歩を示している。だからこそ、今のこの時代に、成り行きに任せるにはあまりにも重要なネットワークガバナンスについて真剣に考える必要がある。

ブロックチェーンの憲法はユーザーがネットワークの運用に参加できるようにした。コンポーザビリティは開発者が互いに協力しながらソフトウェア開発に貢献できるようにした。トークンは参加者がネットワークの所有者となり利害関係者になれるようにした。これらの機能によって、コミュニティが所有する新世代のネットワークが実現する。全員が構築に参加しているからこそ、すべての人にとって利益のあるデジタル都市を作れるのだ。

現況

Here and Now

4

Part Four

第12章 コンピュータ vs. カジノ

The Computer versus the Casino

技術は発明される。それ自体に良いも悪いもない。鉄鋼に良いも悪いもないだろう?[1]

元インテルCEO　アンドルー・グローヴ

ブロックチェーンに関心がある2つの異なる文化を持つグループが存在する。ひとつは、本書を通じて説明しているように、ブロックチェーンを新しいネットワークを作る手段として捉えているグループ。私はこのグループを「コンピュータ」と呼んでいる。なぜなら、ブロックチェーンで新しいコンピューティングのムーブメントを推進することを目的としているからだ。

もう一方のグループが関心を寄せるのは投機と金儲けだ。このグループの人たちは、ブロックチェーンを取引に使えるトークンを作る手段としてしか見ていない。私はこのグループを「カジノ」と呼んでいる。ギャンブルのことばかり考えているからだ。

メディアによるこの2つのグループの取り上げ方が人々の誤解を助長している。ブロックチェーンネットワークの透明性は非常に高く、トークンは24時間365日取引可能なことから、記者やアナリストなどが参照できる公開情報は多い。しかしながら、多くの記事はインフラやアプリ開発など長期的なトレンドではなく、トークンの値動きといった短期的な活動にばかり焦点を当てている。財を成したり失ったりする話は説明が簡単な上に、ドラマチックで注目を集めやすい。対して技術の話は複雑で、進展が遅く、深く理解するには歴史を知らなければならない（それがこの本を書こうと思った理由のひとつだ）。

カジノ文化は有害だ。トークンを適切な文脈から切り離し、耳あたりの良い言葉で包んで投機を助長する。責任を持って運営されている取引所はトークンの保管、ステーキング、流動性の確保などの有用なサービスを提供するのに対し、いい加減な取引所は悪質な行動を助長したりユーザーのお金を軽々しく扱って損害を与えたりする。こうした取引所の多くは海外に拠点があり、レバレッジを利用したデリバティブ（金融派生商品）など投機的な金融商品を扱っている。ポンジスキーム（投資詐欺）も多い。カジノ文化によるギャンブルが行き過ぎて、関係のない顧客に数十億ドルの損害を与えた事例もある。バハマを拠点とする取引所FTXの破産がそのひとつだ。[2]

行き過ぎたカジノ文化はユーザーに損害を与えるだけでなく、規制当局や政策立案者からの反発を招き、業界全体の発展を妨げる規制につながりかねない。[3]規制当局はこれまでカジノ文化による極端な活動は無視してきた。その一因は、カジノ文化の活動の多くが海外拠点で行われ、規制しづらかったからである。そこで規制当局はもっと近くて簡単なターゲット、すなわち米国内に拠点を置くテクノロジー企業の規制に焦点を当てた。[4]これは業界にとって望ましくない結果をもたらした。米国で製品を開発しづらくなり、[5]モラルの高い起業家さえも開発拠点を海外に移すようになったのだ。[6]その間も、海外を拠点とする詐欺師たちは取り締まりを受けずに活動を続け、カジノ文化を助長している。

ブロックチェーンネットワークは規制がないことで恩恵を受けていると主張する批評家もいる。しかし、それは事実ではない。優れた金融規制は消費者の保護、捜査当局の支援、国家の利益を促進すると同時に、責任感が強い起業家によるイノベーションや実験を奨励する。米国が１９９０年代にインターネットの規制においてリーダーシップを発揮した結果、インターネットによるイノベーションの中心地となることができた。新時代においてもリーダーシップを発揮し、技術革新を促進する機会がある。

トークン規制

トークンの規制の話のなかで最も議論されるのが証券法である。金融規制は法域ごとに異なり内容も複雑だが、証券法の内容とそれがどのようにトークンに関連するかは大まかに理解しておく価値がある。

「証券」とは世界中で取引されている資産の一種だ。投資家が証券の投資に対しリターンを得られるかどうかは、基本的に会社の経営陣という少人数で構成される集団に依存する。そして証券法は、この依存関係などから生じるリスクを軽減するために、証券を発行する企業や証券取引の関係者に情報開示の義務を課すものだ。情報開示は、重要な情報を持つ経営陣などの市場参加者が、情報をあまり持たない人たちよりも不当に有利になることを制限するための施策である。言い換えれば、証券とは情報格差が伴う資産ということだ。

最も身近な証券の例は、アップルなどの企業の株式である。アップルには経営陣をはじめ、同社の株価に影響を与える、たとえば直近の四半期の収益などの重要な情報を持つ人たちがいる。アップルのベンダーや取引相手も、同社の取引に関する重要な情報を持っているかもしれない。アップルの株式は公開市場で自由に取引されているので誰でも株式を取得できる。株式を買うことは、アップルの経営陣がリターンを生み出すことを信用するということだ。同時に、アップルの取引相手が株価に影響を与える可能性のある重要な情報を隠し持っていないことも信用することになる。証券法はこの潜在的な情報の非対称性を軽減または排除するために、アップルが重要な情報をタイムリーに開示することを義務付けている。

コモディティ（国際商品）も世界中で取引されている資産の一種だが、証券とは異なる規制が適用される。証券ではない最も身近なコモディティは「金」だ。金のようなコモディティに関する情報は誰もが同じだけ持っているわけではないが、基本的には誰でも平等に手に入れられる。もちろん、鉱山会社のような金関連の企業や、金価格の予測に秀でた投資家やアナリストは存在する。しかし、アップル株のような証券とは異なり、金の価格に影響を与える特別な情報を持つ集団は存在しない。金や他のコモディティのエコシステムは十分に分散されているので、誰でも情報を調べることができ、誰もが公平に競争できるのだ。

トークンが証券に分類される、あるいは証券として取引される場合は証券法が適用される。しかし、これらの法律の多くは、情報技術革命が起きるはるか前の１９３０年代に作られたものだ。したがって、証券法をそのまま適用すれば、ユーザーがトークンを直接取引することが困難、場合によってはほぼ不可能になる。適用される法律の調整、明確化、適用範囲の見直しがされない限り、証券に分類されたトークンを取引するには、登録済みのブローカーや取引所による仲介が必要となる。しかし、そのような仲介は中央集権化そのものであり、分散化というブロックチェーンの重要な価値と可能性を損ないかねない。

ウェブサイトと同じように、トークンはデジタルな構成要素だ。トークンが証券として扱われる場合、トークンを活用するインターネットサービスを利用しようとするたびに、株式を購入するのと同じ手順を踏まなければならなくなる。ソーシャルメディアアプリを開いて投稿を見る前に、まず証券会社のサイトにログインしてトークンの買い注文を出すということだ。画面には「このアプリを使うには書類に署名して、注文が確定するのをお待ちください」と表示される。

トークンを最大限活かすには、それを証券と見なしたり、現在の証券法の枠組みで規制したりするべきではない。これらの枠組みは、特定の企業の持分を示す株券をアナログな方法でやり取りしていた旧来のシステムに基づいて設計されたものである。ブロックチェーンネットワークは企業ネットワークに匹敵する今どきのユーザー体験を提供できて初めて企業ネットワークに対抗できる。使いづらさは致命的だ。

良いニュースは、規制当局とブロックチェーン開発者の目標がおおむね一致している点だ。証券法は、公開市場で取引されている証券に関する情報の非対称性をなくし、市場参加者が経営陣をさほど信頼しなくてもいいようにすることを目指している。ブロックチェーン開発者は、経済およびガバナンスの中央集権化をなくし、ユーザーが他のネットワーク参加者をさほど信頼しなくてもいいようにすることを目指している。具体的な目的や方法は異なるものの、情報開示の枠組みもネットワークの分散化も思想的には同じことを目指している。つまり、特定の人や集団を信頼する必要性をなくすことだ。

規制当局と政策立案者の見解は、「十分に分散化された」ブロックチェーンネットワークのトークンは証券ではなくコモディティとして分類すべきという点でおおむね合致している。[7] そしてビットコインが「十分に分散化」されたネットワークという点にも合意している。なぜなら、ビットコインの将来の価格に影響を与える重要な知識を持つ集団は存在しないからだ。ビットコインはアップル株のような証券ではなく金と同じコモディティとして扱われており、その結果、比較的簡単に取引できるのである。

どのソフトウェアプロジェクトも、創業者または数名の創業者グループから始まる。ビットコインはサトシ・ナカモトが、イーサリアムは創業チームが立ち上げた。最初は小規模であることから、どのプロジェクトの運用も中央集権型である。しかし、ある程度ネットワークが成長するとビットコインやイーサリアムの初期開発チームは手を引き、より広範なコミュニティに運用を委ねた。分散化には時間がかかるため、最近のプロジェクトはそれぞれ異なる分散化の段階にある。[8]

現行の規則下でブロックチェーンネットワークを構築しようとする起業家は、最初と最後における規制は明確だが、中間の規制が曖昧という問題に直面する。[9] 十分に分散化された状態とは具体的にどのような状態なのか？　この点において重要な指針となるのが、インターネット以前の時代に出された裁判所の判例だ。1946年、米国最高裁判所が下した判決により、証券の一種である「投資契約」の条件を定める基準が確立された。[10]「ハウィー・テスト」と呼ばれるこの基準は、投資契約の3つの要素または条件を定めている。(1)金銭の投資があるか、(2)それは共通の事業に対する投資か、(3)他者の働きによる利益を見込めるか、だ。この3つの条件すべてを満たすと、デジタル資産の提供または販売は証券取引と見なされる。

本書の執筆時点で、米国の証券市場の主要な規制当局である米証券取引委員会（SEC）が最後にこの問題に関する指針を発表したのは2019年のことだ。[11] この指針では十分に分散化されたブロックチェーンネットワークは「他者の働きによる利益を見込めるか」というハウィー・テストの3つ目の条件を満たさないので、そのトークンは証券法の対象外になることが示された。しかし、SECはこの指針の公表以降、証券法に違反するとして、複数のトークン取引に対し罰金を課している。[12] その際、どのような基準でトークンを証券と判断したかについて追加の説明はなされなかった。

インターネットがまだなかった時代の判例を現代のネットワークに適用することは法の「グレーゾーン」を生み、悪意のある者たちや米国の規則に従わない海外企業にとって有利な環境を作る。悪意のある者たちは、規制を気にせずトークンを発行してネットワークを成長させ、分散化を果たす。一方で誠実な創業者は、自分たちのプロジェクトが「十分に分散化されている」ことを示すために多額の費用をかけて弁護士に相談する。しかし、こうした対応をする企業はしない企業に比べると、競争上不利になりがちである。

現在の規制状況は非常に複雑で、規制当局間でもどこで線引きするかの合意が取れていない。たとえば、SECはイーサリアムのトークンを証券と見なしているが、[13] 米国の主要なコモディティ規制当局である米商品先物取引委員会はコモディティと見なしている。[14]

政策立案者と規制当局が、証券とコモディティの判断基準を明確にすることに加え、新しいブロックチェーンネットワークが十分に分散化し、そのネットワークのトークンがコモディティとして規制されるまでの道筋を示すことが理想である。[15] 現在、ビットコインは分散化の基準を示す最適な事例とされているが、最初はどのプロジェクトの運用も中央集権型だった。もし2009年に分散化への道筋を塞ぐような規制が存在していたら、ビットコインは生まれなかっただろう。分散化への道がなければ、生き残れるのは規制が導入される前に開発された古い技術だけで、新しい技術の発展は阻まれることになる。実質的に、将来のイノベーションを妨げることになるのだ。

また、証券であれコモディティであれ、資産の取引全般に適用されるさまざまな規制が存在することも指摘しておきたい。どんな取引資産でも市場を独占したり価格を操作したりすることは違法だ。消費者保護法は消費者の誤解を招く、たとえば虚偽広告のような行為を禁止している。こうした規制は、従来の資産と同じようにデジタル資産にも適用される。現時点で議論となっているのは、デジタル資産をどのタイミングで証券として見なし、証券にまつわる規制を適用すべきかという部分だけである。

所有権と市場は切り離せない

トークンを事実上禁止することを提案する政策立案者もいる。[16] これは実質的にブロックチェーンを使えなくするものだ。トークンが純粋に投機目的のために作られたものなら、そうした提案は妥当かもしれない。しかし、先に説明したように、投機はトークンの真の用途、すなわちコミュニティ所有のネットワークを実現するために必要なツールとしての副作用にすぎないのだ。

トークンは他の所有品と同じように取引できることから、トークンを純粋な金融資産と見なす人は多い。だが、適切に設計されたトークンの役割は、参加者によるネットワークの開発を促進し、ネイティブトークンとして仮想経済を支えることだ。トークンはブロックチェーンネットワークの付属品や取り除いていい邪魔物などではなく、ブロックチェーンネットワークにとって必要不可欠で重要な機能なのだ。所有できる手段がない限り、コミュニティ所有のネットワークは成立しない。

トークンを法的または技術的な手段で取引できなくすることでカジノ文化の要素を排除し、ブロックチェーンの良い部分だけを活用できないかと考える人もいるかもしれない。しかし、売買できないのなら、所有権は存在しない。著作権や知的財産のような無形資産でさえ所有者の裁量で売買できる。取引できないということは所有権がないということだ。片方だけをなくすことはできない。

トークンを取引できなくすることは、ブロックチェーンの生産的な利用を妨げることにもなる。ブロックチェーンでは、バリデータに費用のかかるネットワークノードとしての処理をこなしてもらうために、報酬としてトークンを付与している。企業ネットワークは資金調達、ストックオプション、収益で運営と開発の費用を負担し、ブロックチェーンネットワークはトークンで運営と開発の費用を負担する。トークンに値段がなく、取引できる市場がなければ、ユーザーはネットワークにアクセスするために必要なトークンを購入できない。また、トークンをドルなどの通貨に換えられなければ、「トークンをインセンティブとするネットワークを作る」や「トークノミクス」の章で説明したように、ネットワーク参加者へのインセンティブとしてトークンを使うことが難しい、あるいは不可能になる。トークンやトークン取引なしでパーミッションレスのブロックチェーンを設計する方法は今のところ見つかっていない。それができるという主張にも疑ってかかるべきだ。

ただし、カジノ文化の影響を抑えながらコンピュータ文化を促進する手段について考えることには価値がある。たとえば、新しいブロックチェーンネットワークの立ち上げ後、一定期間または特定のマイルストーンが達成されるまでトークンの再販を禁止するのはひとつの手だ。ネットワークの成長を促進するインセンティブとして参加者にトークンを付与するが、保有者がそれを使うには、取引制限が解除されるまでの数年間、あるいはネットワークが特定の目標を達成するまで待たなければならない。

期限を設けることで、人々のインセンティブをより大きな社会的利益と一致させることができる。新技術のハイプ・サイクルではまずバブルが発生し、そのバブルの崩壊を経てから、技術の着実な普及が進む「生産性のプラトー」がやってくる。長期の制約はトークン保有者が価格の高騰やバブル崩壊の荒波に惑わされず、長期的な利益を重視し、ネットワークの生産的な成長に貢献することを後押しする。

現在、こうした制約を自主的に設けているブロックチェーンネットワークが登場しており、米国をはじめとする一部の国も一時的なトークンの取引制限を義務付ける法案を検討している。この方法でブロックチェーンネットワークは企業ネットワークと競争するためのツールとしてトークンによるインセンティブを活用できるだけでなく、トークン保有者の目をバブルによる短期的な利益ではなく、長期的な価値創造に向けさせることができる。マイルストーンは「十分な分散化」など、証券法やその他の規制の枠組みを満たす目標に結びつけることも可能だ。

業界に規制は必要だ。そしてその規制は悪質な行為の取り締まり、消費者保護、安定した市場の提供、責任あるイノベーションの奨励といった、政策目標を達成するためのものでなければならない。ブロックチェーンは唯一、オープンで民主的なインターネットを再構築できる既知の技術だからこそ、規制には重大な責任が伴う。

有限責任会社：規制の成功例

優れた規制がイノベーションを加速できることは歴史が証明している。19世紀半ばまで、企業の一般的な組織形態はパートナーシップだった。[17] パートナーシップの会社ではすべての株主がパートナーとして事業の全責任を負う。つまり、会社の負債や非金銭的損害を自社で負担できない場合は、株主が弁済しなければならない。もしIBMやゼネラル・エレクトリック（GE）のような上場企業の株主が、会社が事業に失敗して損失を出した場合、投資した以上の金額を個人で負担しなければならなかったらどうだろう。株を買う魅力は減り、企業にとって資金調達がはるかに難しくなることは間違いない。

19世紀初頭にも有限責任会社は存在したが、設立には特別な法的手続きが必要だったため、あまり普及していなかった。[18] したがって、ほとんどの事業は、家族や親しい友人のように信頼し合う人たち同士によるパートナーシップの形態だった。

1830年代の鉄道ブームとそれに続く産業化の時代が転機となる。鉄道などの重工業には多額の先行投資が必要だ。しかし、それはどんなに裕福でも、数人集まっただけで負担できる額ではなかった。そこで重工業という世界経済を一変させる技術を発展させるために、大勢から資金調達できる新しい方法が求められたのだ。

当然、これは大きな議論を巻き起こした。有限責任会社を標準的な企業形態にする法律を求める人々がいる一方で、懐疑的な意見もあった。有限責任の拡大は事業者の無謀な行動を助長し、実質的に事業のリスクが株主から顧客、ひいては社会全体に転嫁される危険性がある。最終的に産業界と立法者は両方の意見を鑑みて合理的な妥協案を作成し、法的枠組みを整えた。その結果、有限責任会社が企業の標準的な形態となり、株式や債券の公的市場が生まれ、多くの技術革新と繁栄がもたらされた。これは、実用的な規制が制定された成果である。[19]

技術と法の発展により、事業の所有者として経済に参加できる人たちはどんどん増えている。パートナーシップの形態では企業の所有者は数十人規模だったが、有限責任会社の枠組みができてその数は劇的に増加した。現代の上場企業の株主は何百万人規模である。ブロックチェーンネットワークはエアドロップや助成金、貢献者への報酬などの仕組みを通じて所有者の輪をさらに広げる。未来のネットワークの所有者は数十億人規模になるだろう。

産業時代の企業が新しい組織形態を必要としたように、ネットワーク時代の企業も新たな組織形態を必要としている。現代のSNS企業は、企業ネットワークにCコーポレーションやLLC

などの古い法的構造を取り付けたにすぎない。このアンバランスさが、集客から搾取への必然的な転換やネットワークの成功に伴う利益が貢献者に分配されないといった企業ネットワークが抱える問題の根本原因となっている。世界には人々が協調、協力、協働、競争するための新しいデジタルネイティブな組織形態が必要だ。

ブロックチェーンネットワークはそれに適した組織構造を提供する。そしてトークンはそうしたネットワークに必要不可欠な資産の形である。政策立案者と業界のリーダーは、先人たちが有限責任会社の枠組みを作ったときのように、ブロックチェーンネットワークの適切な運用を促進する規制を定めるために協力できるはずだ。その規制は、企業ネットワークのような中央集権化ではなく、分散化を許可し、奨励するものでなくてはならない。カジノ文化の影響を抑えながら、コンピュータ文化による開発を促進するためにできることは多い。規制当局が賢明にもイノベーションを奨励し、起業家が最も得意とする未来の構築を後押ししてくれることを期待するばかりだ。

カジノ文化が、コンピュータ文化の足かせになってはならない。

5

次にくるもの

What's Next

Part Five

第13章

iPhone的転機：インキュベーションから成長へ

The iPhone Moment: From Incubation to Growth

未来は予測するものではなく創造するものである。[1]

作家　アーサー・C・クラーク

新しいコンピューティングプラットフォームがプロトタイプから大衆に普及するものになるまでには数年、場合によっては数十年かかることがある。これはPCやスマートフォン、VRヘッドセットのようなハードウェアだけでなく、ブロックチェーンやAIシステムのようなソフトウェアベースの仮想コンピュータでも同じだ。製品が登場してもなかなか普及しない状態が数年続いてから、画期的な製品が発明されて指数関数的な成長期が始まる。

PC業界もそうだった。世界初のPCは1974年に発売された「アルテア8800」だったが、[2]業界の成長が本格化したのは1981年に「IBM PC」が発売されてからだ。[3]それでも当時、この製品の主な購入者は新技術を試したり、ゲームを開発したりするのが好きなPCの愛好者たちだけだった。既存のコンピュータ会社は、高性能なマシンを求める既存顧客の役に立たないことから、PCを非常に高価な玩具としか見ていなかった。しかし、その後ワードプロセッサやスプレッドシートのようなアプリケーションが開発されたことで、市場が爆発的に拡大したのである。[4]

インターネットも同じ道をたどった。1980年代から1990年代初頭にかけて研究開発が進められたインターネットのインキュベーション段階では、主に学術界や政府が使うテキストベースのツールにすぎなかった。[5] その後、1993年にウェブブラウザ「モザイク」の登場によって商業化の波が訪れ、今なお続く業界の成長期が始まったのである。[6]

AIの研究開発期間は、これまでのどのコンピュータ技術よりも長い。研究者のウォーレン・マカロックとウォルター・ピッツが、現代のAIの根幹をなすニューラルネットワークモデルの論文を発表したのは1943年のことだ。[7] その7年後、アラン・チューリングが、AIの知性を評価する基準である「チューリングテスト」を提唱する有名な論文を発表した。[8] チューリングテストは、優れた知能を持つAIは質問に対し、人間のものと区別がつかない回答ができるという考えに基づいている。AI技術は構想が生まれてからの80年間、資金が集まりやすい「夏」と集まりづらい「冬」のサイクルを何度も経験し、ようやく今、主流のものになりつつある。これはAI技術を支える特殊なコンピュータチップである画像処理装置（GPU）の性能の大幅な改善によるところが大きい。[9] GPUの性能が劇的に高まったことでニューラルネットワークのパラメータ数は数兆規模にまで増え、AIシステムの高度な知能が実現したのである。

私が起業と並行してパートタイムの投資家として活動し始めたのは、iPhoneが登場した2007年頃のことだ。当時、モバイルコンピューティングに注目が集まっていた。私は友人たちとモバイルアプリケーションでどんなことができるかを考え始め、周りの人たちもどんな「キラーアプリ」が出てくるのかに関心を持っていた。それを知る手がかりのひとつは過去の技術にあった。PCで人気のアプリはモバイルにも移行する可能性が高い。PCで人気のeコマースやソーシャルネットワークなどのアプリは、モバイルでも人気が出るはずだ。これらのモバイルアプリは、既存の技術を模倣し改善するスキューモーフィズムタイプと言える。

別の手がかりは、モバイル特有の新機能にあった。キラーアプリはモバイルの特性を活用したものになる可能性が高い。iPhoneにはPCにはない特徴がある。GPSセンサーやカメラを搭載したデバイスを持ち歩けるのだ。こうした機能が、これまでにないまったく新しいモバイルファーストな体験を可能にした。

振り返ってみると、大ヒットアプリの多くはこれらの要素を取り入れていることがわかる。つまり、モバイル特有の機能を活用しながら、人気のサービスを捉え直したものということだ。インスタグラムとティックトックはカメラを活用するソーシャルネットワークだ。ウーバーとドアダッシュはGPSを使ったオンデマンドの配車および宅配サービス、ワッツアップとスナップチャットはユーザーがデバイスを常に持ち歩くことを前提としたメッセージアプリである。

2007年、世間はモバイルでどんなアプリがブレイクするかに注目していた。現在、ブロックチェーンでどんなブロックチェーンネットワークがブレイクするかに注目が集まっている。ブロックチェーンのインフラが世界中で利用できるほど成熟したのは、つい最近のことだ。業界は今やインキュベーション期間の終わりに近づき、成長期に入ろうとしている。ブロックチェーンを活用したキラーアプリがどのようなものかを考えるのには最適な時期だ。

まず、既存技術を模倣し、改善するスキューモーフィズムタイプのブロックチェーンネットワークが出てくるだろう。一番に思い浮かぶのはソーシャルネットワークだ。SNSは人々が最も多くの時間を費やし、何十億人ものユーザーの考えや行動に影響を与えている。クリエイターにとっては収入を得る手段にもなっている。ブロックチェーンを使えば、企業ネットワークに付きものの高い手数料率や気まぐれなルール変更のないソーシャルネットワークを作れる。

スキューモーフィズムタイプのアプリでもうひとつ重要なのは金融だ。送金はテキストメッセージを送るのと同じくらい簡単であるべきだ。支払いの仕組みの改善には、さまざまな利害関係者間の調整が必要だが、これはブロックチェーンの得意分野だ。ブロックチェーンベースの支払いシステムは低い手数料と高い利便性を実現し、今後開発されるアプリの幅を広げることができる。

さらに、これまでできなかったことを実現するブロックチェーンネイティブなネットワークも普及するだろう。これらはメディアやクリエイティブな活動に関連するものであると私は考えている。AIや仮想世界のような新技術に関連するネイティブアプリケーションも登場するはずだ。次の章では、広く普及することが予想されるブロックチェーンネットワークの分野をいくつか取り上げたい。

本書で取り上げていない分野のアプリが登場し、広く普及することも間違いないだろう。未来を創ろうとする起業家や開発者は、常に人々の予想を超えるものを作り上げてきた。とはいえ、「読み取り／書き込み／所有（リード／ライト／オウン）時代」にどのような人気ブロックチェーンネットワークが登場するか、今ある情報に基づいて予想しようと思う。すべての可能性を網羅できるわけではないが、ここで示したものが読者にとってブロックチェーンネットワークの可能性について考えるきっかけとなることを期待している。

第14章

有望な応用例

――ブロックチェーンネットワークの可能性

Some Promising Applications

ソーシャルネットワーク：何百万ものクリエイターに収益を分配する

雑誌「ワイアード」を創刊したケビン・ケリーは、2008年に公開した有名な記事「1000人の熱心なファン」でインターネットが創造的な活動をする人たちの経済状況を劇的に変えると予想した。[1] ケリーはインターネットが21世紀のパトロン制度を成り立たせる究極の仲介役になると考えていた。非常にニッチな分野のクリエイターであっても熱心なファンとつながり、経済的に自立できるようになると予想したのである。

クリエイターとして成功するために大規模な活動をする必要はない。何百万ドルもの資金や、何百万人もの顧客やクライアント、ファンは必要ないのだ。職人、写真家、音楽家、デザイナー、作家、アニメーター、アプリ開発者、起業家、発明家として生計を立てるためには、熱心なファンがたった数千人いれば十分である。

熱心なファンとは、発売されたらすぐさま新製品を買うような人たちのことだ。熱心なファンは推しの歌を聴くためなら３００キロメートルも離れたコンサート会場にも遠征する。推し作家が書いた本の単行本版も文庫本版もオーディオ版も買う。推しの造形作家が作ったフィギュアをノールックで購入し、推しのユーチューバーの動画が収録されたベスト版ＤＶＤを買い、推しの料理人が手がける特別メニューのために月に1度、店の特等席を予約するのだ。

しかし、現実はケリーの予想どおりには進んでいない。今のところクリエイターが創作活動で生計を立てるには数百万人、少なくとも数十万人のファンが必要だ。人々がつながるための主要な手段となっている企業ネットワークがクリエイターとファンの間に立って手数料を吸い上げていることが原因である。

ソーシャルネットワークは現代のインターネットで最も重要なネットワークだ。経済面以外にも人々の生活に大きな影響を与えている。平均的なインターネットユーザーは1日2時間半近くソーシャルネットワークを利用しており[2]、メッセージアプリに次ぐ人気のインターネットサービスとなっている。

問題は主要なソーシャルネットワークの設計にある。強力なネットワーク効果によりユーザーは大手テック企業のサービスに囲い込まれ、高い手数料を徴収されている。企業ネットワークの規約は曖昧でわかりづらいことから、各社のテイクレートを正確に知ることは難しい。しかし、テイクレートは概ね99％と考えるのが妥当だ。5大ソーシャルネットワーク（フェイスブック、インスタグラム、ユーチューブ、ティックトック、ツイッター）の年間売上が約1500億ドルだとすると、これらのネットワークがユーザーに還元している額は200億ドルほどにすぎない。そして200億ドルの大部分をユーチューブが支払っている。

企業ネットワークが普及したのは、ユーザー同士が非常に簡単につながれる機能を提供したからだ。その点でRSSのようなプロトコルネットワークよりもはるかに優れていた。だからといって、企業ネットワークが人々がつながる唯一の方法、ましてや最良の方法というわけではない。現在主流となっているネットワークに代わる選択肢は、プロトコルあるいはブロックチェーンに基づくコミュニティ所有の分散型ネットワークだ。このネットワークはユーザーやクリエイター、開発者の経済状況を大きく改善し、ケリーが提唱したファンがクリエイターを支援するインターネットという魅力的なビジョンの実現を可能にする。

ネットワークの構造の違いがもたらす影響を理解するために簡単な計算をしてみよう。プロトコルネットワークのテイクレートは基本ゼロだ。ただし、企業はこれらのネットワークを活用したアプリや便利な機能などを有料で提供することがある。電子メールを活用するニュースレターサービスのサブスタックはそのひとつだ。サブスタックは有料ニュースレターを発行できるサービスで、利用料はユーザーの売上の約10％である（サブスタックのテイクレートが他の分野のサービスよりも低いのは、ユーザー自身が他のユーザーとの接点、つまりニュースレターの購読者の情報を所有しているからだ。ユーザーはいつでも購読者のメールアドレスをエクスポートして、競合サービスに乗り換えられる）。

仮に、5大ソーシャルネットワークの料金形態がサブスタックのものと同じだったとしよう。5社のテイクレートがそれぞれ10％だったとしたら、年間売上1500億ドルのうち各社の手元に残る金額は1300億ドルから150億ドルに減る。するとクリエイターをはじめとするネットワーク参加者は年間1150億ドルもの資金を受け取れることになる。この金額でどれだけの人の生活を支えられるだろう。米国の平均年収5万9000ドルで計算すると、[3] 1150億ドルはおよそ200万人分の年収に相当する。これはあくまで概算だが、どれほどの規模のことかがわかるだろう。

また、低いテイクレートはネットワークの経済全体に良い影響を及ぼす。ネットワークの末端により多くの資金が流れることは、より多くの人がフルタイムで創作活動ができるだけの収入を得られることを意味する。今ある多くのソーシャルネットワークではクリエイターとユーザーの間に大きな隔たりがあるが、低いテイクレートはその境界を曖昧なものにする。より多くのユーザーが持続可能なメディア事業をひとりで作れるようになれば、クリエイターになるハードルが下がる。フルタイムで創作活動ができるようになれば、消費されるコンテンツの質は高くなる。質の高いコンテンツはさらに多くの人を引きつけ、その結果、ネットワーク全体の収益は増えるのだ。

クリエイターの経済状況の改善は、好循環を生む。数百万人がフルタイムで創作活動に従事するようになれば、インターネット全体のコンテンツの質が向上する。ソーシャルネットワークは他者と会話をしたりミームを交換したりするのに最適だが、長編記事やゲーム、映像作品、音楽、ポッドキャストなど大掛かりな作品を発表するのにもぴったりの場所だ。ただし、こうした作品づくりにはより多くの時間、資金、集中力が求められる。したがって、そうした意欲的な創作活動を促進するには、ユーザーを経済的に支えられる強力な仕組みが必要だ。

新しい仕事の創出は単に良いことではなく、これからの時代に必要不可欠なことでもある。ＡＩなどの新技術が仕事を自動化するなか、人々に充実したキャリアを追求する機会を提供できるからだ。

分散型ソーシャルネットワークは、ユーザーやソフトウェア開発者にもうれしい効果がある。企業ネットワークに伴う高いテイクレート、一方的なルール変更、プラットフォームリスクは開発者の活動を停滞させる。それに対して、分散型ネットワークはネットワーク上のアプリの開発と投資を促進する。ツールがたくさん開発されれば、ユーザーは数あるソフトウェアや機能から必要なものを見つけられる。選択肢が増えると競争が生まれ、ユーザー体験が改善される。アプリによる投稿のランク付けやスパムのフィルタリング、データの追跡方法が気に入らなかったら、ユーザーは他のサービスに簡単に乗り換えるからだ。その人を引き止めるものは何もなく、他のユーザーとのつながりも失われない。

理論上は素晴らしい。しかし、今のソーシャルネットワークの進化の段階を考えると、現実的な問題は本当に成功する分散型ソーシャルネットワークを作れるのかという点にある。企業ネットワークによるユーザーの排除、規則の変更、所有者の交代、個人情報や法的なスキャンダルなどをきっかけに、ユーザーは既存のプラットフォームの問題に気付き、別の新興ソーシャルネットワークに移ることがある。しかし、既存のソーシャルネットワークへの反発からできたコミュニティは大抵長続きしない。持続するソーシャルネットワークは怒りからではなく、人々の共通の興味や交友関係を通じて生まれるものだからだ。

新しいサービスが普及するには企業ネットワークと同等のユーザー体験を提供するだけでなく、経済性にも優れている必要がある。企業ネットワークが成功したのは、ユーザーが他者と簡単につながれるようにしたからだ。今からでも企業ネットワークと同じくらい他者と簡単につながれる分散型ソーシャルネットワークを作れるはずだ。RSSのようなプロトコルネットワークは良い出発点だったが、企業ネットワークに比べると機能性に劣り、資金を調達できなかったことで失敗した。ブロックチェーンはこの2つの欠点を補える。最近ようやく、プロトコルネットワークの社会的利益と、企業ネットワークに匹敵する競争上の優位性を兼ね備えたネットワークを作れるようになった。今が最高のタイミングである。今のブロックチェーンにはソーシャルネットワークに必要な機能に対応できる性能がある。

現在、いくつかのブロックチェーンプロジェクトが既存のソーシャルネットワークに対抗する取り組みを進めている。各プロジェクトの設計は異なるが、いずれもRSSの弱点を克服するための仕組みを備えている。トークンの財務管理システムを通じて、企業ネットワークと同じようにソフトウェア開発者に投資し、ユーザー名の登録やホスティング料金を負担できる設計となっているのだ。また、ネットワーク上のすべての状態（ステート）を集中管理するブロックチェーンのインフラにより、ソーシャルネットワークに必要な基本機能も提供できる。この仕組みがあることで、ネットワークに参加しているユーザーを検索したりフォローしたりすることが簡単になり、プロトコルネットワークや連合型ネットワークの情報の分断に起因するユーザー体験の問題（「連合型ネットワーク」の節で説明したとおり）を回避できるのだ。

マーケティング面での主な課題は、ネットワーク効果が現れるだけのユーザー数を獲得できるかどうかである。これを克服する方法のひとつは、高いテイクレートという大きな負担を強いられている供給側のユーザーに訴求することだ。需要側のユーザーは、企業ネットワークの利用時にどれだけの価値が搾取されているかについて無頓着な傾向にある。しかし、クリエイターやソフトウェア開発者はそのネットワークから得られる利益に非常に敏感だ。提供した価値の取り分が多く、規則がはっきりしているプラットフォームに供給側のユーザーは魅力を感じる。質の高いコンテンツやソフトウェアが特定のプラットフォームでしか利用できないなら、ネットワークの需要側（その多くは受動的な消費者）は自然とそちらに乗り換える。また、既存のネットワークでは得られなかった、ネットワークの成功に伴う利益の配分やガバナンスに参加する権利を得られることも乗り換えの後押しとなる。

新しいソーシャルネットワークを軌道に乗せるには、非常にニッチな分野から立ち上げることが有効だ。つまり、新しい技術や新しいメディアのジャンルに興味がある人たちなど、共通の関心を持つグループを対象とするコミュニティを作るということだ。新しいネットワークで最も価値を生むユーザーは、他のプラットフォームでのフォロワーは少なくとも、新しいサービスを試す意欲がある人たちである可能性が高い。ユーチューブはテレビや他のメディアのクリエイターを獲得することで成長したわけではない。新しいスターがプラットフォームの成長と共に誕生したのだ。これがスキューモーフィズムな製品に対する、ネイティブ製品の違いである。

企業ネットワークが普及している今の時代はクリエイターにとって黄金時代だと考えている人もいるかもしれない。なにせボタンをひとつ押せば50億人に向けて即座に発信できるのだ。地球上のどこにいてもファンや批評家、協力者とつながることができる。しかし、クリエイターの活動の大部分は企業ネットワークを通じて行うことを余儀なくされ、何百億ドルもの手数料が徴収されている。これだけの資金がクリエイターに分配されていたのなら、どれだけ新しいコンテンツが生まれていたかわからない。RSSはあと一歩のところまで行ったが、これまで分散型ソーシャルネットワークが大きく成功することはなかった。それによってどれだけの創造性が世界から失われたかを考えてみてほしい。

世界はもっとよくできる。インターネットは人間らしい表現と創造性を阻害するものではなく、促進するものになれるということだ。収益を得られる何百万ものニッチ市場を生み出すブロックチェーンネットワークであれば、そんな未来を創れる。より公正な収益分配によって、より多くのユーザーが天職を見つけ、より多くのクリエイターが熱心なファンとつながれるようになるのだ。

ゲームとメタバース：仮想世界の支配者

作家アーネスト・クラインが描いたメタバースが舞台の人気SF小説『ゲームウォーズ』（SB文庫）の物語は、OASIS（オアシス）と呼ばれる作中の3D仮想世界の後継者を決める数々の試練を軸に展開する。ネタバレしたくないので結末は言わないが、メタバースの本当の問題は誰が支配するかではなく、ひとりの人間がその世界を支配できるということそのものにある。『ゲームウォーズ』は、SF作家ニール・スティーヴンスンが描いたスペキュレイティブフィクションの流れを汲む作品だ。スティーヴンスンは1992年の小説『スノウ・クラッシュ』（早川書房）で「メタバース」という用語を生んだ張本人である。[4] スティーヴンスンがこの小説を執筆していた当時、3Dマルチプレイヤーゲームのグラフィックスは簡素で、数名のプレイヤーの同時接続にしか対応していなかった。今の技術はそこから劇的に進化している。今どきのゲームのグラフィックスはハリウッド映画にも匹敵し、数百人、場合によっては数千人のプレイヤーが同じ仮想世界に同時接続することが可能で、観客も大勢いる。「フォートナイト」や「ロブロックス」は、現時点でOASISのような本格的な仮想世界に最も近いゲームだ。

未来がどこに向かっているかは予想するまでもない。近いうちに仮想世界は現実と見間違うほど高精細なグラフィックスを備え、数万人、ひいては数百万人が同時にプレイできるようになるだろう。観客はさらに増え、人々はゲームの世界でより多くの時間を過ごすようになる。高品質のVR（仮想現実）ヘッドセットも普及し、身体に物理的なフィードバックを与えるハプティック

（触覚）インターフェースによりゲーム体験はもっとリアルになる。人工知能を使えば、多様なキャラクターやゲーム世界などのコンテンツを大量に作ることが可能だ。すべてのトレンドがこのような未来がくることを示している。

仮想体験の質が向上するにつれて、デジタル空間での活動は物理的な世界に染み出すだろう。「仮想」の現実で友人を作ったり、将来の配偶者に出会ったり、新しい仕事を見つけたりするようになるということだ。経済活動がオンラインに移行すればするほど、オンラインで完結する仕事は増え、仕事と遊びの区別は曖昧になる。仮想世界で起きることは物理的な世界にも影響を及ぼす。逆もまた然りだ。ソーシャルネットワークでも同じことが起きた。ツイッターは今日の昼に食べたものなどを共有する雑談の場として始まったが、今では世界政治の中心地となっている。おもちゃのように見える製品のなかにはそこから進化しないものもあるが、世界にとって重要なサービスに進化するものもあるのだ。

メタバースのビジョンが具現化するにつれて問題となるのは、メタバースの世界がどのような仕組みに基づき作られるかである。現在最も人気のゲームは企業ネットワークモデルで運営されている。プレイヤーはゲーム開発スタジオが管理する仮想世界を通じてやり取りしているということだ。最近のゲームの多くはデジタル通貨や仮想商品を提供しているが、それらはすべて運営企業が管理している。こうした環境のテイクレートは高く、新規事業の立ち上げには向いていない。

企業ネットワークの代わりになることが期待されているのが、プロトコルネットワークまたはブロックチェーンネットワークに基づくオープンモデルである。「フォートナイト」および人気のゲームエンジン「アンリアル（Unreal）」の開発元であるエピックゲームズの創業者ティム・スウィーニーは、この2つのモデルを組み合わせたオープンメタバースを構想している。[5]

必要なものがいくつかあります。ひとつは、3D世界を表現するデータのファイル形式です。3Dコンテンツを表現する標準規格が定められることが理想です。次に、それをやり取りするためのプロトコルが必要です。HTTPSやP2Pネットワークの惑星間ファイルシステム（IPFS）のような、誰でも使用できる分散型システムです。さらに安全な商取引のための手段が必要で、これにはブロックチェーンが使えるかもしれません。また、仮想世界内のオブジェクトの位置やユーザーの表情をリアルタイムで送受信できるプロトコルも必要です。

今の技術をあともう少し発展させることで、メタバースの構築に必要な技術がすべて揃うでしょう。これらは今ある技術と似ており、ウェブのためにHTTPを標準化したのと同じように、共通する部分を見つけ、標準化することが可能です。

スウィーニーの考えは概ね正しいが、メタバースはもっとオープンにできるはずだ。ブロックチェーンの利用を商取引に限定するのはスキューモーフィズム的な考えである。ブロックチェーンは任意のソフトウェアを実行できるコンピュータだ。したがって、スウィーニーが必要と説明した機能にそれぞれ対応するコンポーザビリティを備えたブロックチェーンネットワークを用意できる。そして相互運用を持つそれぞれのブロックチェーンを組み合わせてオープンメタバースを作るのが理想だ。これを実現するには、まずは軸となるブロックチェーンネットワークを立ち上げ、他のネットワークを順次つなげていくのがいいだろう。協力し合うネットワークを徐々に拡大していくということだ。

技術的な条件を満たすことはそう難しくない。ブロックチェーンネットワーク内では仮想通貨を表す代替性トークンやさまざまな機能を持ったNFTを自由にやり取りできるからだ。仮想の衣装や「スキン」のような取引可能な商品を表し、売買できるNFTだけでなく、「ソウルバウンド」、つまり譲渡不可のものも作れる。これらは特定の条件を達成した称号など、それを獲得した人に永遠に紐づくアイテムを表すものだ。さらには取引できる要素とできない要素を併せ持つNFTも作れる。たとえば、所持している間は「経験値」を獲得するが、譲渡されて所有者が代わるとリセットされるアバターなどだ。

ゲームデザイナーが作れるものに限界はない。ブロックチェーンネットワーク上で動くアプリケーションは現在使われているゲームの開発ツールや技術で作ることができる。さらにネットワークを超えた経済圏で使え、永続的かつ譲渡可能な所有権を伴うゲーム要素も作れるようになる。

ユーザーがブロックチェーンネットワークを利用する際に支払う手数料は、ネットワークの開発や運営費に充てられる。ブロックチェーンネットワークのテイクレートは低いが、多くの人がビジネスを始め、ネットワーク全体の収益が増えれば十分に賄えるはずだ。クリエイターの手元には自分の作品の売上の大部分が残る。投資家にとっても、誰にも収益を奪われないことが保証されているので、ネットワーク上にサービスを作る起業家に投資するインセンティブがある。さらにブロックチェーンネットワークの相互運用性とコンポーザビリティにより、ユーザーはゲームやアプリ間を移動できるので、ネットワーク間の競争が促進される。デジタル所有権はブロックチェーンによって保証された持続的なルールにより守られ、ガバナンスとモデレーションはコミュニティが担うことになる。

企業ネットワークはネットワーク間の相互運用性をしばしば負債と見なすが、ブロックチェーンはそれを成長の手段に変える。あるネットワークのトークンを保有する人たちのコミュニティがあれば、そのネットワークのトークンに対応することで、新しいネットワークにユーザーを引きつけることができる。たとえば、既存のゲームのアイテムを新しいゲームでも使用できるようにしたとしよう。これにより、プレイヤーが何年もかけて集めた武器やポーションなどのアイテムは、ゲームをやめても無駄にならず、新しいゲームに引き継ぐことができる。グラフィックスやゲームの内容は異なっても、アイテムや重要な機能はそのまま維持されるのだ。

ウェブのようなプロトコルネットワークと同じ方法で、メタバースが開発されることを期待している。とはいえ、スウィーニーが指摘するように、プロトコルネットワークには提供できない要素をこれから開発する必要はある。プロトコルやブロックチェーンネットワークのようなオープンシステムがそうした機能を提供できなければ企業ネットワークが提供するようになるだろう。そうなればメタバースは「ゲームウォーズ」のようなディストピアな世界になることは避けられない。

NFT：膨大なコンテンツがあふれる時代における希少性の創出

「コピー」することはインターネットの基本的な動作である。人がオンラインに何かを投稿するとき、その情報はユーザーが使用しているデバイスからサーバーにコピーされ、そこから読者のデバイスへとコピーされる。いいね、投稿、リツイートをはじめほとんどのアクションでコピーが作られる。コピーは無料ですぐに行われるので、動画、ミーム、ゲーム、メッセージ、投稿などが広く拡散されるのだ。

これはクリエイターにとって良い面と悪い面がある。良い面は作品を多くの人に届けられることで、悪い面はコンテンツが多いほど人々の注目を巡る競争が激しくなることだ。ネットワークは情報を選別してユーザーに届けるが、それでも消費しきれないほど大量のコンテンツが存在している。言い換えれば、インターネットの利点は50億人にコンテンツを即座に届けられることで、難点は他の誰もが同じようにできることだ。

従来のメディア事業は収益を上げるために希少性に依存している。インターネット以前の世界では、本やCDのようなメディアの数には制限があり、人々は限られた在庫のなかから欲しい商品を探して購入していた。デジタル世界では基本的に情報は自由にやり取りされており、在庫に限りがない。したがって、多くのメディア事業はペイウォールや著作権のように、コンテンツの利用に制限を課すことで利益を得ている。ニューヨーク・タイムズ紙の記事を読んだり、スポティファイで音楽を聴いたりするには利用料を払う必要があるということだ（コンテンツの海賊行為はもちろん違法であり、コンテンツを利用する正規の手段が増えたことで、海賊版の流通は減少している）。

希少性は人々の注目を収益に変えるが、この方法ではインターネットの超強力なコピー能力を十分に活かせない。コンテンツが消費されるまでにハードルがあると人々の注目を集めづらくなるからだ。限定コンテンツは公開されているコンテンツほど簡単に人々が共有したりリミックスしたりできない。私はこれを「注目と収益化のジレンマ」と呼んでいる。コンテンツのクリエイターは、このような注目の最大化と収益の最大化のトレードオフに直面しているのだ。

ゲーム業界は他のメディア事業に先駆けて、この問題の解決策を見つけた。ゲームの賞味期限は比較的短いことから、業界は新しい技術やトレンドに柔軟に対応する必要があった。「マッデンＮＦＬ」や「コールオブデューティ」のような人気タイトルは別だが、ほとんどのゲームは人気が出てもすぐに消えてしまう。ゲーム業界は移り変わりが早く、競争は苛烈だが、その分、実験に対してオープンだ。息の長い企業ほど新しい技術やビジネスモデルを積極的に取り入れている。ゲーム会社が学んだことは他のメディア事業にも適用できる。ゲーム業界はひと足早く学びを得たにすぎない。

ゲーム開発企業は長年にわたり、他のメディア事業と同じ方法で収益化してきた。50ドル程度の買い切り方式でゲーム（ＣＤ版、あるいはダウンロード版）をユーザーに販売していたのである。その後、インターネットが登場するとインターネット特有の機能を活用したＭＭＯＲＰＧ（多人数同時参加型オンラインＲＰＧ）やバトルロワイヤル方式のシューティングゲームといった新しいジャンルが登場した。これに伴い、ゲーム配信や仮想商品（ゲーム内アイテム）の販売など、新しいゲームの楽しみ方やビジネスモデルが普及したのである。

実験を重ねるなかで、ゲーム自体を無料で提供しても、より多くの収益を得られる方法が見つかった[6]。主な収入源だったゲームを無料で提供することは思い切った決断だったが、この戦略はうまくいく。

インターネットゲームが普及し始めたばかりの頃、ゲームのいくつかのステージを無料にし、続きをプレイするには有料版の購入を促すモデルが登場した[7]。２０１０年代に入ると、ゲーム自体は無料にし、追加要素を有料で販売するモデルへと進化する。「フォートナイト」「リーグ・オブ・レジェンド」「クラッシュ・ロワイヤル」といった最近の洗練されたゲームは仮想商品の販売だけで収益を得ている[8]。しかも、これらの商品は基本的にゲームプレイを有利にするものではない。ほとんどの商品はキャラクターの衣装や動作といった見た目を変えるだけのものだ（ゲームで有利になるような課金の仕組みはプレイヤーの反発を招きやすいことが背景にある）[9]。

ゲーム業界はこの方法で「注目と収益化のジレンマ」を克服した。ゲーム自体を無料にすれば、ゲームとそこから派生するコンテンツ（動画やミームなど）がインターネット上で広まりやすい。その結果、現在ゲーム関連の投稿はソーシャルメディアで常に人気のコンテンツとなっている。人気ゲームの売上は、人気映画の興行収入を超えることも増えてきた[10]（新型コロナウイルスのパンデミック以降、この傾向はさらに顕著になっている）[11]。２０２２年、ゲーム業界の全世界での売上は約１８００億ドルだった[12]。これは世界の映画の興行収入の7倍に相当する。かつてゲーマーだけが楽しんでいたニッチな活動が、今や多くの人が楽しむ主要な娯楽となっているのだ。

ゲーム業界の臨機応変さはゲーム配信への対応にも現れている。ツイッチのようなライブ配信サイトでは、視聴者は配信者がファンとおしゃべりしながらゲームをプレイする様子を見て楽しんでいる。スポーツ観戦とラジオのトーク番組をかけ合わせたようなコンテンツだ。ゲーム業界がこうしたゲーム配信を法的に取り締まることはできた。実際、2000年代後半にゲーム配信が登場したばかりのころ、一部の企業、特に任天堂はゲーム配信に反対していた[13]。しかし今ではどのゲーム会社も奨励している。それはゲーム配信で集まる人々の注目には、ゲーム配信による損失を上回る価値があることをどこも理解しているからだ。

ゲーム業界は柔軟だった。企業は提供商品をゲーム単体ではなく、ゲーム配信や仮想商品と組み合わせたセット商品として大局的に捉えた。そして実験を通じて、人々の注目と収益化のトレードオフの最適なバランスが取れる、無料と有料の要素の適切な組み合わせを見つけたのだ。ゲーム自体は無料にし、ゲーム配信（無料）や希少性があり、ユーザーがお金を払う価値を感じる仮想商品（有料）などの新しいレイヤーを追加した。これは言い換えれば、ゲーム業界は収益の風船の一部を潰して、他の部分を膨らませる方法を見つけたということである。

音楽業界はゲーム業界とは対照的に、インターネットが普及し始めると、新しい事業を作ろうとする者たちを訴えて排除することに時間を費やした[14]。音楽会社は新しいビジネスモデルを探すよりも、既存のビジネスを守ろうとしたのだ[15]。スポティファイのような音楽配信サービスによる楽曲の使用を認めるなど、レコード会社がしぶしぶ変化を受け入れるまでに多くの時間がかかった。

反発と抵抗は今なお続いている。音楽系スタートアップが注目と収益化のジレンマを克服する新しい方法を模索しようとするたびに、レコード会社は訴訟を起こすと脅すのだ。こうした脅威は新しいことを試みたい人々の熱意を削ぐ。だから今、音楽関連の新しいテック製品が登場したとしても、その多くは既存製品を少し変えたものでしかない。新しいアプローチはあまりにもリスクが高く、費用がかかると思われているのが原因だ。

これがどのような結果をもたらしたか。ゲーム業界では毎年数百のスタートアップが設立されているが、音楽業界にそのような動きはない。それもそのはずだ。起業家は訴訟の対応ではなく、新しいものを発明することに時間を費やしたいのである。投資家もこの様子を見て、音楽系スタートアップにはあまり出資しなくなってしまった[16]。

売上に与えた影響も顕著だ。次ページのグラフが示すように、この30年でゲーム業界の収益[17]は音楽業界の収益[18]を大幅に上回るようになった。ゲーム業界は新しい技術を積極的に取り入れることで成長を遂げた一方、音楽業界は新しい技術に対抗しようと訴訟を繰り返し、成長が停滞した。

ゲームが特殊で、他のメディアよりも収益化が簡単だったというわけではない。ゲームが好きな人は多いが、音楽や本、映画、ポッドキャスト、デジタルアートが好きな人も大勢いる。他のクリエイティブ業界が新しいビジネスモデルを試していないだけなのだ。今も昔も人々は音楽を作っているし、聴いている。問題は供給と需要ではなく、それをつなぐビジネスモデルにある。

ゲームでの仮想商品の役割を、他のインターネットメディアではＮＦＴが担える。ＮＦＴはこれまで存在しなかったデジタル所有権という新しい価値のレイヤーを付け足すことができるからだ。

なぜ人々はデジタルな所有権にお金を払うのか。理由はいくつかあるが、ひとつは芸術作品やコレクターアイテム、ヴィンテージもののハンドバッグを購入するのと同じである。人はその商

業界別収益（インフレ調整後）

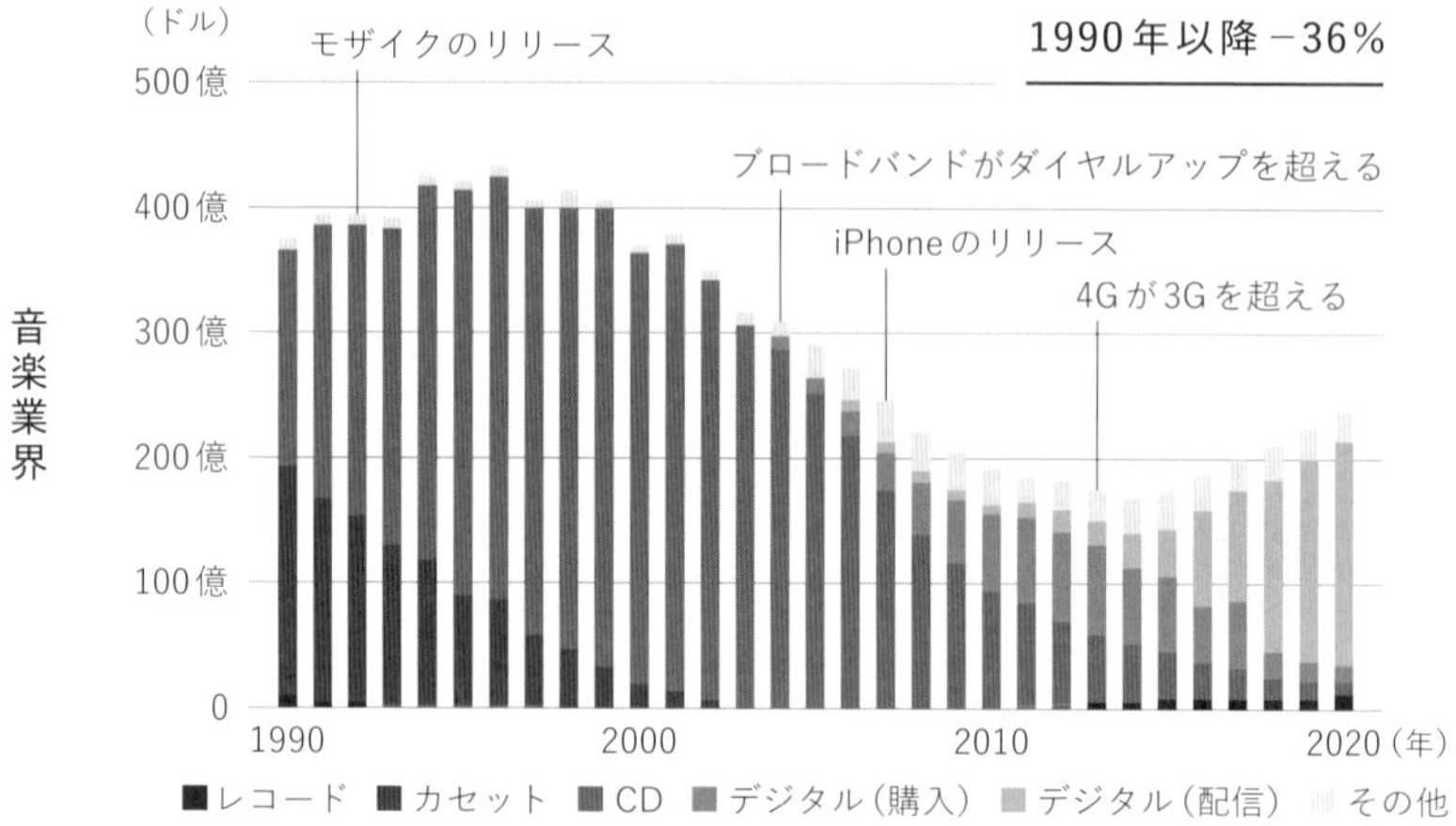

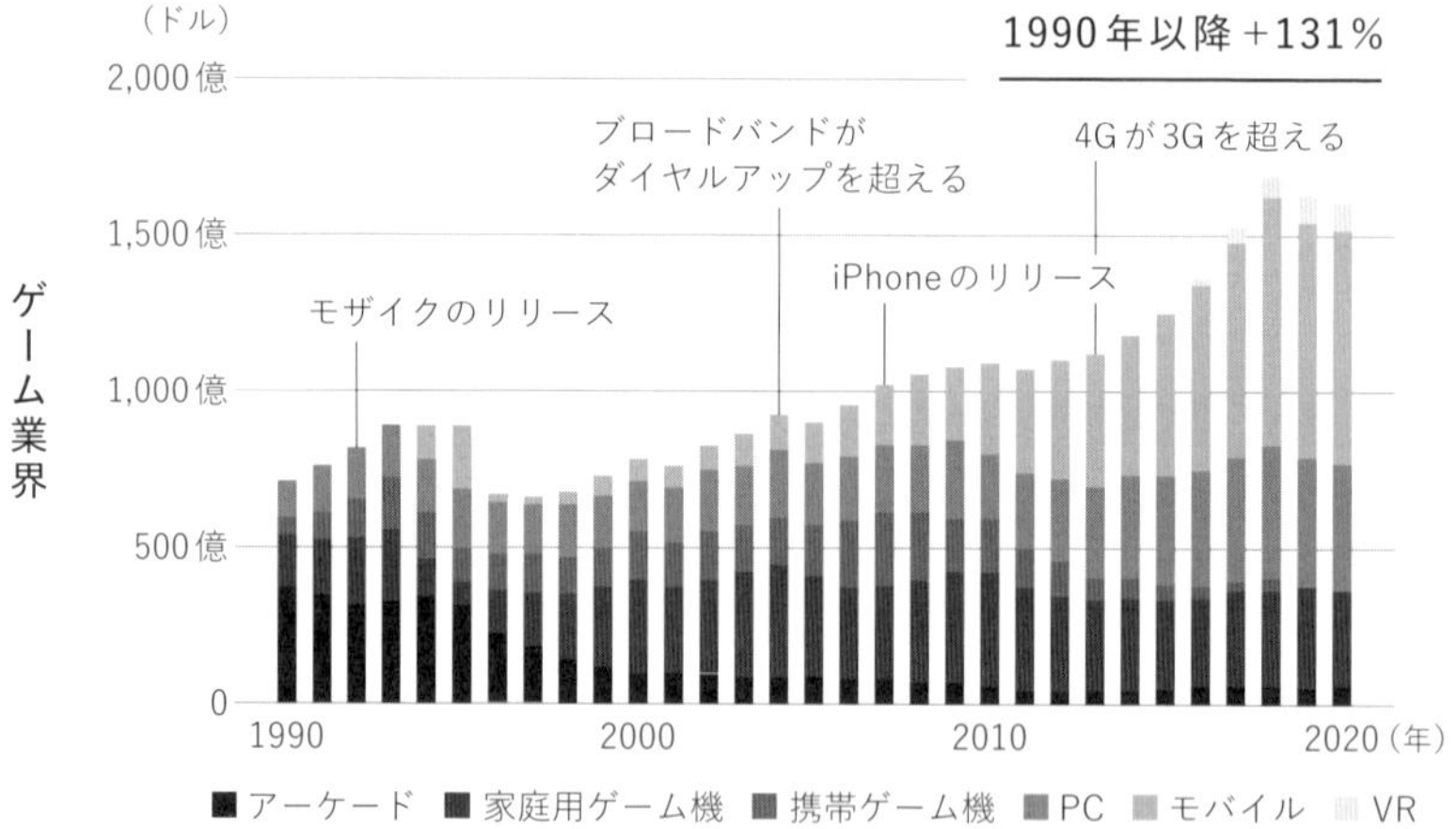

品が持つストーリーや価値観との感情的なつながりを求めているのだ。NFTを購入することは、ブランドの公式グッズや作家のサイン入り作品を購入することと似ている。NFTの改ざんできない取引履歴は、所有者とブランドやアーティスト、クリエイター、そしてコレクターのコミュニティをつなぐ。作品をコピーし、リミックスし、共有すればするほどその作品は広く知られるようになり、クリエイターやコミュニティとのつながりの価値が高まる可能性がある。

また、NFTはアート作品だけを表すわけではない。NFTは所有権を表すための汎用的なコンテナだ。つまり、NFTは公式グッズやサイン入り作品を購入する以上の価値を持つよう設計できる。よくあるのは、制作の舞台裏を見たり、メンバー限定のグループに参加できたりする権利を所有者に提供するものだ。また、たとえば物語のキャラクターやストーリーの方向性を決定するための投票権を与えるものもある（これについては「ファンタジー・ハリウッド：共同作業型コンテンツ制作」の節で説明する）。

NFTはコンテンツの拡散を妨げると批判する人もいる。実際はその逆で、NFTはコンテンツの拡散を促進する。ゲームのプレイヤーが増えると仮想商品の価値が上がるように、コピーやリミックスが増えるとNFTの価値も高まる。物理的なアート作品でも同じで、作家も作品の保有者も作品のコピーが広まることで利益を得る。アート作品が広く共有されるほどオリジナルの価値が高まるのだ。極端な例だが、モナリザのような芸術作品は世界中で知られ、使われているからこそ文化的なアイコンにもなれるのである。

また、アート作品の取引には基本的に著作権は含まれない。絵画を購入するということは、その物理的な作品とそれを使用し展示するライセンスを購入するのであり、著作権を購入しているわけではない。アート作品の価値はより感情的で主観的である。キャッシュフローの分析といった客観的な方法で価値を評価できない。サイン入り作品を表すNFTも同じだ。

とはいえ、NFTは柔軟なので、クリエイターが望むなら著作権を含めることができる。アート作品とその著作権を一緒に提供するNFTがその一例だ。NFTにはコードを組み込めるので、オフラインの世界では実現が難しい著作権のルールさえ設定できる。NFTの購入者による作品の商業利用を認め、収益の一部をクリエイターに還元するといったルールだ。リミックスや派生作品で使用する際のルールとブロックチェーンの取引履歴が残る仕組みを利用して、所有者や貢献者にそれぞれ利益を還元することもできる。たとえば、あなたがある作品のリミックスをさらにリミックスして得た利益の3分の1は自分に、3分の1をリミックスの制作者に、3分の1をオリジナル作品の制作者に分配する仕組みを作れる。NFTはソフトウェアなので自由な設計が可能だ。

NFTによりクリエイターは稼ぎやすくもなる。[19] ここではミュージシャンの利益について考えてみよう。[20] 音楽配信サービスのスポティファイには約900万人のミュージシャンが登録しているが、そのうち5万ドル（約700万円）以上を稼いでいるミュージシャンは1万8000人以下、全体の0・2％未満である。[21] 収益のほとんどは音楽配信サービスと音楽レーベルが手にしているのだ。だが、トークンを使えば、高いテイクレートを徴収する中間業者を排除できる。収益の大部分がミュージシャンに渡るようになれば、ファンの数がはるかに少なくても生計を立てられるようになる。

ミュージシャンはグッズを販売することもあるが、ここでも高いテイクレートを徴収する中間業者を排除できる。ただし、物理的な商品の市場はデジタルな商品の市場に比べるとはるかに小さい。2018年、音楽業界の物販の総売上は35億ドルだったが[22]、ゲーム業界の仮想商品の総売上は360億ドルだった[23]。ちなみに、ゲーム業界の仮想商品の売上は2018年以降、2倍になっている。また、デジタル商品には利益率が高い、新しいことを試しやすい、ファンとの継続的な関係を維持しやすいといった特徴もある。

企業ネットワークモデルに慣れている人がNFTベースのビジネスモデルを考えるにはマインドセットを変える必要があるかもしれない。企業ネットワークモデルでは、企業がサービスのすべてを管理している。中核となるサービスと付随するアプリやツールを開発し、さらにそれを収益化するビジネスモデルを作っている。始めから終わりまですべてを定め、管理しているのだ。

一方でNFTは、あるクリエイターがNFTコレクションのような最小限の要素を作ったら、サードパーティがそのネットワークとトークンを中心にアプリケーションを少しずつ開発していく。あるバンドがスポンサーや熱狂的なファン向けのNFTを発行したとしよう。するとサードパーティ開発者が、そのNFTの所有者だけが参加できるイベントやフォーラム、限定グッズの販売などを提供するサービスなどを立ち上げるといったことが起きる。

サードパーティの開発者がNFTを使ったアプリを開発する動機は2つある。ひとつは、既存のコミュニティに便乗して自分たちの製品やサービスを普及させられるからだ。マーケティング担当者は特定のターゲット層のNFT所有者に対し、新商品の無料提供や早期アクセスなどの特典を提供したりできる。ブロックチェーンモデルでは相互運用性を顧客獲得の戦略に活用できるのである。

もうひとつは、NFTの中立性が保証されていることと関係する。NFTを所有しているユーザーやそれを発行したクリエイターは、プログラムで明示的に許可されていない限り、ルールを変更できない。相互運用をリスクと見なす企業ネットワークとでは開発のインセンティブは大きく異なる。企業の所有者はほぼ確実に自分たちに有利なようにルールを変更するからだ。

ここでもテーマパークと都市のたとえを使いたい。企業モデルはすべての体験を一から十まで構築する高度に管理されたテーマパーク、一方のブロックチェーンネットワークは都市運営に不可欠な基本要素だけを用意し、あとは起業家による開発を促進する都市のようなものだ。柔軟に使える著作権でサードパーティによるイノベーションを促進するNFTのモデルは都市開発とよく似ている。

NFTはまだ発展途中だが、普及の兆しが見えている。[24] 2018年にNFTの技術的な規格が正式に確立され、2020年からNFTの売上は伸び始めた。[25] 2020年から2023年初頭までに、NFTの売上からクリエイターが得た収益は約90億ドルとなっている。[26] ユーチューブは同じ期間に約470億ドルをクリエイターに還元している[27]（これはユーチューブが同期間に得た収益850億ドルの55%に相当する）。インスタグラム、ティックトック、ツイッターなどはクリエイターにほとんど還元していない。

生成AIの台頭により、コンテンツはますます増えるだろう。AIはすでに印象的なビジュアルアート、音楽、文章を生成できる。進化は非常に早く、近いうちに人間の能力を超えるかもしれない。ソーシャルネットワークがコンテンツの配信を民主化したように、生成AIはコンテンツの制作を民主化する。これによりメディアを制限するモデル、つまり著作権モデルを維持することは困難になる。ＡＩで魅力的な代替品を生成できるなら、コンテンツにお金をかけたがる人は減るからだ。

しかし、幸いなことに価値はなくならない。「テイクレート」の章で説明したように、風船の一部を潰すと、価値は隣接するレイヤーに移動する。チェスＡＩの性能は、20年前から人間の知能を上回っている。それでも「chess.com」のようなウェブサイトでチェスを楽しんだり、試合を観戦したりすることはかつてないほど人気がある。ＡＩが台頭しようとも、人にとって他者との交流には大きな価値があるからだ。ポストＡＩ時代における芸術はメディアそのものではなく、それを取り巻くキュレーションやコミュニティ、文化に焦点を当てたものになるだろう。

ＮＦＴで豊富になったメディアに希少な価値のレイヤーを追加することで、注目と収益化のジレンマを完全に解消できる。これはコピーとリミックスというインターネットの特技を活かしながら、クリエイターがゲームの仮想商品に触発された新しいビジネスモデルで生計を立てられる、一石二鳥のアプローチだ。

ファンタジー・ハリウッド：共同作業型コンテンツ制作

英国の作家アーサー・コナン・ドイルは１８９３年、彼の描く人気キャラクター、シャーロック・ホームズをスイスの滝から落とし、亡き者にした。[28] これに対し多くのファンが悲しみに暮れ、物語が連載されていた「ストランド・マガジン」の定期購読を取りやめた。喪服を着るファンも多く、ドイルの元には探偵の復活を懇願する手紙が大量に届いた（ドイルは何年もファンの要望を無視したが、最後は折れてホームズを復活させている）。

今でも良い物語ほど人を熱中させるものはない。インターネットの掲示板には『ハリー・ポッター』や『スター・ウォーズ』のような物語のファンが多く集まっている。そこでは公式からの最新情報をすべて追うファンたちが物語を分析し、細かな場面の重要性を巡って議論している。二次創作の物語やキャラクターを作り、ワッツパッドなどの小説投稿サイトに創作物を投稿する人もいる（『フィフティ・シェイズ・オブ・グレイ』は『トワイライト』シリーズのオマージュ作品として誕生した）。

あまりに作品の世界に没頭し、そのコンテンツを自分のアイデンティティの一部と見なすファンさえいる。しかし、所有の感覚は幻想にすぎない。ファンの行動が、物語の方向性に影響を与えることはある。たとえば、『スター・ウォーズ』シリーズに登場した宇宙人のキャラクター「ジャー・ジャー・ビンクス」はあまりにもファンに嫌われ、ジョージ・ルーカスがその後のシリーズ作での出番をカットしたと言われている。[29] とはいえ、ファンには基本的に作品に意見したり、作品の成功によって経済的な利益を得たりする権利はない。

一方で、メディア業界は続編やリメイク作品ばかり出す傾向にある。新しい作品を市場に出すのはリスクが大きいからだ。新作を宣伝するには数千万ドルもかかる。実績のあるコンテンツを再利用するほうが安全なのだ。

しかし、もしファンが本当にコンテンツを所有でき、メディア企業が新たな物語を作ったり広めたりするのに彼らの力を借りられたらどうだろう。これが、ファンが協力して物語を創造できるようにする一連のブロックチェーンプロジェクトの背後にある考えだ。
適切なツールがあれば、互いに面識がなくとも多様な人たちが力を合わせて素晴らしいものを作り上げることができる。これは「読み取り／書き込み（リード／ライト）時代」に見られた現象で、ウィキペディアの優れた実績がその効果を証明している。懐疑論者たちは、2001年に創設されたクラウドソース型百科事典をユートピア的な理想を掲げた急進派が運営するデジタルな落書きサービスと見ていた。しかし、かつて百科事典サービスの競争に勝つと考えられていた、マイクロソフト運営の有識者による知識集積サイト「エンカルタ」を覚えている人は今やほとんどいない。[30]スパムや攻撃を絶えず受けているものの、ウィキペディアのコミュニティはひるむことなくサイトの編集と改良を続けている。質の高い編集が質の低い編集を上回り、着実に進化を遂げているのだ。
現在、ウィキペディアはインターネットで7番目に人気のあるウェブサイトである。[31]信頼できる情報源であると世間に認められているからだ。ウィキペディアの成功を受けて、Q＆Aサイトのクオーラやスタック・オーバーフローなどクラウドソース型知識共有サイトが次々と登場した。[32]
共同作業型のコンテンツ制作は、ウィキペディアの学びと、ブロックチェーンネットワークの信頼性が高く中立的でテイクレートが低く、創作物の所有権に伴う報酬をファンに与えられる力を組み合わせたものである。実務的には、物語への貢献度に応じてユーザーにトークンを付与する形で運用されることが多い。ユーザーの活動の結果生まれた知的財産はコミュニティによって管理され、本やコミック、ゲーム、テレビ番組、映画などに使いたいサードパーティに対しライセンス供与される。そこから得られた収益はブロックチェーンネットワークのトレジャリーに送られ、さらなる開発のための資金となるか、トークン保有者に再分配される流れだ。

これらのプロジェクトはユーザーにキャラクターや物語の展開に対する発言権を与える。今ある物語の方向性が気に入らなければ、キャラクターを〝フォーク〟でコピーし、理想的なものに変えていい。ひとつの物語をフォークして、新たな物語や異なる世界線の物語を作ることもできる。ユーザーの物語が集まって、マルチバースが形成されるような感覚だ。キャラクターや物語は、ユーザーが変えたり、リミックスしたり、他のものと組み合わせたりできるレゴブロックのような構成要素となる。

共同作業型コンテンツ制作モデルの利点は複数ある。

◆さまざまな才能を持つ人が制作に参加できる。 許可不要の仕組みはゲートキーパーを排除し、物語の創作に貢献できる人たちの幅を広げる。従来のコンテンツの制作方法ではゲートキーパーが制作されるプロジェクトや制作に参加する人を制限していた。今でもクリエイティブな仕事は特定の地域に住み、業界の人を知っているかどうかに依存していることが多い。こうした業界の狭き門はさまざまな才能を締め出してしまう。ウィキペディアは伽藍モデルが主流だった百科事典の制作をバザールモデルに変えた。共同作業型コンテンツ制作のモデルは、物語作品の制作を同じように変えることができる。

◆新しい知的財産を口コミの力で広められる。 何百万ドルも広告に費やさなくとも、ファンのコミュニティの力を借りて新しいコンテンツをマーケティングできる。「ドージコイン」のようなミームコインのクチコミで広まる力を考えてみてほしい。この力を無意味な投機ではなく、面白いコンテンツを広めるために使えたらどうだろう。熱心なファンを受動的な消費者から積極的な伝道者に変えることができる。

◆クリエイターの収入が増える。トークンによる報酬はクリエイターの収入を増やすのに貢献する。ブロックチェーンネットワークのテイクレートは低く、収益の大部分がクリエイターに還元される。仲介業者が取り除かれるので、クリエイターの取り分が増えるのだ。100万ドルは大手映画スタジオにとっては大した額ではないかもしれないが、個人のクリエイターにとっては大きな違いをもたらす。

批判者の意見に反し、ウィキペディアは世界中のユーザーにとって重要な情報源となった。ブロックチェーンネットワークはウィキペディアが先駆けた共同作業モデルを他のクリエイティブ分野に持ち込み、クリエイターに創作物の所有権を与える。ビザの暗号部門責任者であるカイ・シェフィールドは、ファンタジー・フットボールにちなんで、このアイデアを「ファンタジー・ハリウッド」と呼んだ。[33] ファンを積極的な参加者に変えるモデルだ。それにファンタジー・フットボールのファンは架空の試合を想像するだけなのに対し、ファンタジー・ハリウッドのファンは物語の制作に実際に参加できるのである。

1990年代に台頭した商業インターネットは決済の刷新を目指していた。しかし、オンライン送金は難しいことが判明する。インターネット通信の暗号化など、基本的なセキュリティ対策はまだ開発の初期段階にあり、ネット決済は物議を醸したのだ。[34] 人々はオンラインサービスを信用せず、クレジットカード情報を入力したがらなかった。アマゾンのような企業は顧客の信用を勝ち得たが、大多数の企業にとってユーザーに電子決済を使ってもらうことは難しかった。

そこで多くのインターネットサービスは広告モデルを採用する。このモデルは広告主、プラットフォーム、ユーザー間でスムーズに機能し、最初から収益を生む効果的な仕組みだった。1994年、AT&Tが雑誌「ワイアード」のサイト「hotwired.com」で世界初のバナー広告を掲載した。[35] 数年後にはダブルクリックのような広告会社が期待の企業として上場した。以来、インターネットは広告であふれ、煩雑なユーザー体験やユーザーのトラッキングが横行するようになった。

支払いに基づくビジネスモデルが広告モデルに追いついたのは2010年代に入ってからである。この変化の恩恵を最も受けたのがeコマースだ。今では、国内外のさまざまなオンライン店舗でデビットカードやクレジットカードを安心して使える。小規模なeコマース事業者に決済サービスを提供するショッピファイはこの波に乗じて、アマゾンの有力なライバルに成長した。

フリーミアムモデルと仮想商品の販売は、支払いに基づくビジネスモデルの一種である。フリーミアムモデルはサービスの一部を無料で提供し、ユーザーは気に入ったら有料版に登録したり、追加機能などを購入したりする。このモデルはニューヨーク・タイムズ紙やスポティファイのようなメディア、リンクトインやティンダーのようなソーシャルネットワーク、ドロップボックスやズームのようなビジネス向けソフトウェアなどが導入している。

「ＮＦＴ：膨大なコンテンツがあふれる時代における希少性の創出」の節で説明したように、ゲーム会社が仮想商品の販売を先駆けた。フリーミアムモデルのように中核となる製品（この場合はゲーム）を無料で提供し、一部のユーザーによるアイテム購入で収益を得るモデルである。武器のようにゲームに役立つアイテムもあるが、基本的にはプレイヤーのアバター用の服など装飾に特化したものが多い。「キャンディークラッシュ」「クラッシュ・オブ・クラン」「フォートナイト」などの大ヒットゲームもこのモデルを採用している。

インターネット決済は一般的になったが、利便性にはまだ課題もある。たとえば、クレジットカードを使うにはカードの情報を入力する手間が発生する。詐欺やチャージバックといった問題も多い。クレジットカードの手数料は2〜3％で、これは他のインターネットサービスの手数料と比べると低いが（前に説明したようにモバイルプラットフォームの手数料はもっと高く、アプリストアは取引毎に売り上げの最大30％を請求する）、それでも負担が大きいことから決済の用途は制限される。

お金のやり取りはもっと簡単にできるはずだ。送金はテキストメッセージを送るのと同じくらい安く、手軽であるべきである。インターネットは情報の移動と管理ができる優れたツールだが、決済の仕組みを改善するには至っていない。決済の問題は、他の種類の情報を移動させるよりもはるかに難しいことを歴史が証明している。

他の情報よりもお金の管理が難しい理由はいくつかある。典型的な決済では、消費者が支払ったお金が受取人の元に届くまでに複数の仲介者の層を通過しなければならない。決済処理には銀行や店舗、クレジットカードネットワーク、決済処理業者などさまざまなシステムが関わっており、システム間の調整が必要となる。また、法令遵守（コンプライアンス）や詐欺防止、盗難対策、捜査当局の調査を支援する仕組みも必要だ。

これまでお金はこの方法で問題なく管理されてきたが、さまざまな組織が関わっていることからそのプロセスは非効率的で重複が多い。これを統一された現代的なシステムに置き換えることで、お金の管理を効率化できるはずである。とはいえ、さまざまな組織をひとつの共通システムに移行させることは簡単ではない。

さまざまな参加者間の行動を統制する問題を解決する最善策は、新しいネットワークを作ることだ。本書を通じて説明してきたように、選択肢としては、企業ネットワーク、プロトコルネットワーク、ブロックチェーンネットワークの3つがある。

企業が運営する決済ネットワークを選んだ場合、他の企業ネットワークと同じ問題が発生する。市場シェアが相対的に低くネットワーク効果が弱い間はユーザー、店舗、銀行などのパートナーを厚遇するが、ネットワーク効果が十分に強くなるとその力を行使して、手数料を吊り上げ、競争を制限するルールを設けるようになる。銀行や決済サービスプロバイダーはプラットフォームリスクを熟知しているので、可能な限り企業ネットワークに権力を渡さないようにしてきた（かつて多くの企業がビザとマスターカードに権限を明け渡していた時期がある。[36]だが、それはビザがまだ非営利団体、マスターカードが複数の銀行が参加する連合体組織だった頃のことだ。クレジットカード会社はその後、モジラやオープンAIと同じような流れをたどって独立した営利企業になった)。

プロトコル型の決済ネットワークには2つの課題がある。ひとつは、ネットワークを開発する人材を集めづらいことだ。プロトコルには資金を調達したり、開発者を雇用したりする仕組みがないのである。2つ目は機能面での制約が多いことだ。決済ネットワークは取引を記録する必要があるので、データベースの維持管理が不可欠である。だが、プロトコルネットワークには集約的なコアサービスがないことから、中立的で中央集権的なデータベースを管理する術がない。

ブロックチェーンネットワークは企業ネットワークとプロトコルネットワークの利点を持つと同時に、双方のネットワークの弱点を解消する仕組みを備えている。ブロックチェーンネットワークはトークンでの資金調達が可能で、開発者に報酬を出すことができる。また、ブロックチェーン自体が取引記録を保存する共有台帳として機能するため、データの管理が可能だ。ソフトウエアに組み込まれたプログラムにより、法令に則《のっと》った取引を自動で行うこともできる。履歴を追跡できる性質は捜査当局の調査にも役立つ。テイクレートは低く、規約が急に変わることもない。開発者はブロックチェーンネットワークを活用するサービスを安心して開発できる。ブロックチェーンネットワークのこうした利点についてはもう十分に理解していることだろう。

資金調達ができ、共有データを管理し、動作を保証する中立的なレイヤーを作れるブロックチェーンネットワークは、他の決済ネットワークを悩ませる技術的な問題および参加者間の調整の問題の両方を解決できる。ブロックチェーンネットワークを使えば、現実世界で起業と都市開発を促進する公共道路のシステムに似た「公共財」としての決済システムを作ることができるのだ。民間企業は引き続き金融商品を開発する役割を果たすが、それらの商品は信頼性の高い中立的なブロックチェーンに基づくものとなる。どんなテックスタックでも、私財と公共財がバランスよく存在することが理想だ。金融では、決済のレイヤーを中立的な公共財とすることが理に適う(「風船の一部を潰す」フレームワークに当てはめるなら、決済ネットワークは薄くあるべきということだ)。

ひとつの選択肢は、ビットコインで決済システムを作ることだ。ビットコインは中立的で許可不要のシステムである。ビットコインのホワイトペーパーはそもそもこの技術を「電子決済システム」と表現していた。しかし、ビットコイン決済の取引コストの高さと価格が変動しやすい点が問題となる。これはブロックの容量が限られている、つまり特定のブロックに収められる取引の数が決まっていることが原因だ。この問題を解消するために、ビットコインネットワークをベースとする新しい技術やレイヤーの開発が進められている。なかでも注目されているのがライトニング(Lightning)と呼ばれるネットワークだ。このプロジェクトは、ビットコイン上に新たな取引ネットワークを設けることで処理能力を高め、取引コストを削減しようとしている。価格の変動は依然として問題になるかもしれないが、決済にかかる時間が短くなればその影響を減らせるかもしれない。

もうひとつの選択肢はイーサリアムだ。イーサリアム上に作られた「ロールアップ」などのシステムは取引コストを下げ、取引にかかる時間を短縮することを目的としている。価格変動リスクを回避するために、USDCのようなドルと連動するステーブルコインを使用するユーザーもいる。[37] イーサリアムを使用したUSDCの送金は、基本的に従来の銀行送金よりも速く手頃だ。取引手数料は日常的な細かな決済を処理するにはまだ高いが、いずれこの問題はなくなるだろう。ネットワークが使用されるほどプラットフォームとアプリ間のフィードバックループによりシステムは改善され、スケーリング（拡張性）にまつわる問題を解消するソリューションが発明されるはずだ。

ブロックチェーンネットワークでグローバルな決済システムを作ることには複数の利点がある。ひとつは、既存の決済システムの問題を解消できることだ。クレジットカードの決済手数料は他のインターネットサービスの手数料と比べると低いが、それでも不要な負担を生んでいる。国際送金の手数料はさらに高い。これは海外にいる家族に仕送りしようとする低所得者に余計な税金を課すようなものだ。また、どのインターネット小売業者も、特に発展途上国など国をまたぐ決済は難しいことを知っている。

これは、スマートフォン以前の時代の通話やSMSの状況と似ている。当時の通信料は通話時間やメッセージの分量に応じた料金形態で、国外への通信料はさらに高かった。しかし、ワッツアップやフェイスタイムのようなアプリケーションが古いネットワークに取って代わったことでこの問題は解消された。新しいグローバルな決済ネットワークは同じように送金を変えることができる。

2つ目の利点は、今までにない新しいアプリケーションを作れることだ。取引手数料が十分に低ければ、マイクロペイメントが可能になる。ひとつのニュース記事やコンテンツごとに、少額の利用料を払って使用できるようになるということだ。音楽なら、履歴をたどれるブロックチェーンベースの決済システムを通じて著作権料（ロイヤリティ）を権利者に支払うことができる。コンピュータの領域では、データや計算処理量、APIなど、使用したリソースに応じて使用料を自動で支払える。人工知能システムは、訓練用のデータセットに貢献したコンテンツクリエイターに報酬を与えることができる。これについては後で詳しく説明しよう。

マイクロペイメントは何十年も前から議論され、試みられてきたが、うまくいった試しがない。主な原因は取引コストの高さにある。また、ユーザーの負担が大きすぎると主張する業界の専門家もいる。しかし、これらの問題は解消できる可能性がある。取引をより効率的に処理できるブロックチェーンが発展すれば取引コストはいずれ下がる。また、一定のルールに基づいて決済を自動で処理するブロックチェーンの仕組みで、ユーザーの手間も軽減できるはずだ。いつの日かユーザーは予算と支払いの簡単なルールを設定するだけで、ほとんどの決済をウォレットに任せられるようになるかもしれない。

3つ目の利点は、コンポーザビリティだ。たとえば、デジタル画像の標準的なファイル形式であるGIFやJPEGのコンポーザビリティを考えてみてほしい。これらの画像ファイルはほぼすべてのアプリケーションで問題なく利用できる。その結果、画像を活用するさまざまなイノベーションが生まれた。フィルターやミームなどコンテンツに関連するものや、インスタグラムやピンタレストといった写真共有サービスが登場したのである。では次に、企業ネットワークがAPIを通じてすべての写真を管理している世界を想像してみてほしい。この世界では、特定の企業が認める方法でしか写真を使えない。APIの提供企業がゲートキーパーとなり、ユーザーや開発者の画像の使い方を制御している。企業には写真を取り締まり、競争を抑制する動機がある。今、インターネット上のお金はこのように扱われている。

ブロックチェーンベースの決済システムは、今、私たちがデジタル画像をリミックスしたり他のものと組み合わせたりできるように、お金を柔軟に扱えるようにする。さらに良いのは、お金をオープンソースコードのように扱えるようになることだ。金融をコンポーザブル（組み替え可能）かつオープンソースにすることは、まさにDeFiネットワークの目的である。DeFiネットワークはブロックチェーンを使って、銀行などの金融機関と同じ機能を果たしている。最も人気のあるDeFiネットワークのこの数年間の取引高は数百億ドル規模となった。中央集権的な金融組織には近年の市場の急な変動に対応できず処理を中断するものもある一方で、DeFiネットワークは稼働し続けた。[38] ユーザーはDeFiネットワークのプログラムを調べ、自分の資金が安全かどうかを確認できる。数クリックで資金を引き出すことも可能だ。これらのシステムはシンプルで透明性が高く、中立的だ。これらの特性により差別的な対応も起きにくくなる。

DeFiは自己参照的すぎで、現実世界の経済とはあまり接点がなく、コミュニティ内の小さな経済だと批判する人もいる。この批判には一理ある。DeFiはコンポーザビリティのあるお金しか扱えない。つまり、取引できるのはブロックチェーンで管理できるお金に限られる。したがって、暗号資産を使う一部のユーザーにしか魅力がないのである。もしインターネットにコンポーザビリティのある金融システムが備われば、今はまだ一部でしか使われていないDeFiの仕組みは広く一般的なものとなるだろう。

これまで金融は主に営利企業が中央集権的に運営するものだったが、今後もそうあり続ける必要はない。ブロックチェーンネットワークは金融インフラを公共財にし、情報をやり取りするためのネットワークであるインターネットを、お金のやり取りもできるネットワークへと進化させることができる。

人工知能：クリエイターのための新しい報酬制度

インターネットは暗黙の経済的な取り決めの上に成り立っている。個人でも組織の一員でも作家や評論家、ブロガー、デザイナーのようなコンテンツクリエイターが作品を公開したら、ソーシャルネットワークや検索エンジンといったコンテンツ配信者はそれらを多くの人の目に触れるようにする。クリエイターが供給を、配信者が需要をもたらす。それが取り決めだ。「グーグル検索」はこれの代表例である。[39] グーグルはウェブをクロールし、コンテンツを分析してインデックス化し、検索結果にその一部を表示する。そしてランク付けしたリンクの一覧をユーザーに表示することで、コンテンツ提供者のサイトへのアクセスを促す。これによりニュース組織のようなコンテンツ提供者は、広告や定期購読などのビジネスモデルを通じて収益を得られるのだ。

この仕組みが広まり始めた1990年代、多くのコンテンツ提供者はこれがどのような未来をもたらすかを予期しておらず、検索エンジンが著作権法の公正利用を理由にコンテンツを利用することに対して積極的に介入してこなかった。やがてインターネットの成長に伴い、両者の力関係は崩れる。膨大な量のコンテンツが数社の配信者のみを通じて流通するようになり、配信側の影響力が増した。その結果、グーグルはインターネット検索の80％以上を支配するようになったのである。[40] このようなシェアを持つコンテンツ提供者は存在しない。

一部のメディア企業は挽回しようとしている。メディア大手のニューズ・コーポレーションは、グーグルの広告収入を「ただ乗りだ」と抗議し、[41] 10年以上も前から独占禁止法違反でグーグルを訴えるなどして、この取り決めにおける取り分を増やそうと努めてきた（2021年にはグーグルと広告収入を共有する契約を締結している）。クチコミサイトのイェルプも創業当初からグーグルの力を抑えようと活動してきた。[42] その結果、同社のCEOであるジェレミー・ストッペルマンが議会で証言するに至った。

大手テック企業の問題は流通チャネルを支配していることです。流通が重要です。グーグルがインターネットへの入口として圧倒的なシェアを持ち、消費者とインターネットの間に立って、最良の情報の発見を妨げる可能性があります。これは本当に問題であり、イノベーションを阻害するものです。

配信者の支配力が強まる一方で、コンテンツ提供者は影響力を失った。2000年代になるとグーグルの力はあまりに大きくなり、企業にとってグーグルの検索結果に自社コンテンツを掲載しないという選択は現実的ではなくなった。イェルプやニューズ・コーポレーションのような企業がそのようなことをしたらアクセス数は大幅に減り、ユーザーを競合他社に奪われてしまう。

1990年代にコンテンツ提供者がこのような未来がくることを予見できていたのなら、集団的に対策を講じ、今よりも強い立場を保てていたかもしれない。しかし、現在、コンテンツ提供者が影響力を振るうには分散しすぎており、集団的な交渉力を持てるよう組織化されてもいない（一部の賢明な企業はこのような未来がくることを見越していた。たとえば、南アフリカの新聞社ナスパーズはニュース制作からインターネットサービスに事業転換し、インターネット分野の大手企業となった)[43]。

配信を支配することでグーグルはインターネットの暗黙の取り決めにより莫大な利益を得た。ただし、グーグルはコンテンツ提供者とは共生関係にあること、また規制当局からの圧力もあったことから、コンテンツ提供者が存続できる程度には収益を分配している。しかし、これまでコンテンツ提供者との和解や契約でグーグルが支払った額は同社の巨額の利益と比べると微々たるものだ。

グーグルは取り決めを破ることもある[44]。ウェブサイトにとって最悪の事態は「ワンボックス化」だ。これはグーグルがサイトのコンテンツの一部を抜粋して、検索結果画面の一番上に配置することを指す。これが表示されると、ユーザーは情報を得るためにリンクをクリックしなくなる。映画や歌詞、レストランに関連する検索結果はワンボックス化されることが多い。グーグルにユーザーのアクセスを依存しているスタートアップにとって、ワンボックス化は死刑宣告だ。悲しいことに、私が関わってきた会社のなかにもこれを経験したところがある。アクセスは一晩で蒸発し、それに伴い収益も消滅した。

人工知能(AI)サービスは、ワンボックス化が進んだ先の未来を示している。コンテンツの生成と要約ができる最新のAIツールを使うと、ユーザーはコンテンツ提供者のサイトをクリックする必要がなくなる。オープンAIが提供している強力なチャットボット「チャットGPT」が良い例だ。ユーザーがボットにおすすめのレストランの検索やニュースの要約を指示するだけで、他のサイトを見る必要がないくらい十分な情報を得られる。これが検索の新しい形であるなら、AIはインターネットのすべてをワンボックス化したようなものだ。同時にこれは、コンテンツ提供者とウェブサイトをインデックス化してきた検索エンジンとの数十年に渡る関係が崩れることを意味する。

最近のＡＩ製品の精度は非常に高い。大規模言語モデルで動くチャットボットからミッドジャーニーのような画像生成ツールまで、ＡＩは目まぐるしく進化している。今後10年のＡＩの発展はエキサイティングなものとなるだろう。新しいＡＩアプリは経済的な生産性を向上させ、人々の生活をより良くするはずだ。しかし、ＡＩの進歩は同時に、コンテンツ提供者を支える新しい報酬モデルが必要になることを意味している。

ＡＩシステムが質問に答えられるようになると、検索エンジンを使う必要がほとんどなくなり、検索結果をクリックしてウェブサイト内の情報を探すことはなくなるだろう。ＡＩが瞬時に画像を生成できるなら、人間のアーティストが作った画像を探して引用したり、ライセンスを取得したりする必要もなくなる。ＡＩがニュースを要約できるなら、一次情報を読みに行く必要もない。どんなことでもＡＩに聞けばそれで済む。

しかし、現行のＡＩシステムのほとんどは、クリエイターに報酬を支払う仕組みがない。ＡＩ画像生成ツールを考えてみてほしい。ミッドジャーニーのような画像生成ツールは、説明文が付いた何億枚もの画像を大規模なニューラルネットワークに供給し訓練することで作られている。ニューラルネットワークは画像の説明文を入力として受け取り、その内容に合致する新しい画像を生成する方法を学習する。生成された画像の多くは人間が作った作品と区別がつかない。そしてインターネット中からかき集めたデータを使って学習しているにもかかわらず、これらのＡＩツールは基本的に情報元に報酬を提供したり、引用元を表記したりしていない。システムは単に入力された画像を学習しているだけで、出力されたものは著作権を侵害しないとＡＩ企業は説明している。ＡＩは他の絵画に触発されてオリジナル作品を作る人間のアーティストと変わらないという見解だ。[45]

これは現行の著作権法のもとでは合法な主張かもしれない（もちろん争いを解決するために裁判が行われたり、新しい法律が制定されたりする可能性はある）。とはいえ、長期的に見れば、ＡＩシステムとコンテンツ提供者の間で経済的な取り決めが必要だ。AIが最新情報に対応するには新しいデータが必要だからだ。世界は移り変わる。人々の嗜好は変化し、新しいジャンルが現れ、新しいものが発明される。説明したり表現したりすべき新しい事柄が増える。そしてＡＩシステムの訓練データになるコンテンツを作る人々は、その対価を受け取る必要があるのだ。

考えられるシナリオはいくつかある。ひとつは、ＡＩ企業が今のやり方を変えない、つまり「クリエイターの作品を集めて訓練データとして使用し、その出力を他のユーザーに提供するが、クリエイターに報酬を提供したりクレジットを表記したりしない」場合の未来だ。そうなればクリエイターは自分の作品がＡＩの訓練に使われないようインターネットから削除するか、有料にするなどして制限をかけるだろう。実際、多くのインターネットサービスがすでにＡＰＩのアクセスを制限したり、利用料を請求したりしている。[46]

そうなればＡＩ企業は足りない分を埋めるためにお金を出してコンテンツを作るようになるかもしれない。これは現在、「コンテンツファーム」で実際に起きていることだ。[47] 企業は大勢の労働者を雇い、ＡＩの訓練データにするためのコンテンツを作成している。[48] これはＡＩの性能の改善には役立つかもしれないが、社会全体にとっては望ましくない結果をもたらすだろう。機械が主導権を握り、人間は歯車のように使われるだけの存在になる。

より望ましい未来は、人々がコンテンツファームに従事するよりものびのびと創造性を発揮できるよう、ＡＩシステムとクリエイターの間の新しい取り決めを制定することだ。これを実現する最良の方法は、ＡＩシステムとコンテンツクリエイターの間の経済的関係を仲介するネットワークを作ることである。

なぜ新しいネットワークが必要なのか。個々のクリエイターがＡＩの訓練データに作品を提供するかどうかを選択することで、新しい取り決めが自然と現れるのではないだろうか？

残念ながら、そうはならないことが１９９０年代の検索で起きたことが物語っている。ウェブの標準化団体は「robots.txt」の規約の一環として「noindex」タグを用意した。これをウェブサイトに組み込むことで、検索エンジンがページをインデックス化しないように指示できる。しかし、他のサイトも同じようにインデックス化を拒否しなければ、コンテンツ提供者はトラフィックを失うだけで、何も得られないことを学んだ。個々のウェブサイトの影響力は弱い。大きな影響力を持つ唯一の方法は組織化し交渉することだが、それは一度も実現しなかった。

クリエイターがＡＩシステムから個別に自分の作品を除外するオプトアウト方式の対策では同じ結果となるだろう。他のコンテンツ提供者が空いた分を埋め、それでも足りない分はコンテンツファームが提供する。互いに影響しあうアイデアや画像の広がりを制限するのは難しいことから、この問題は検索のケースより厄介だ。オプトアウトしたコンテンツの要素はオプトインしているコンテンツにもいずれ広がる。ＡＩシステムの訓練にはオプトインしているコンテンツの情報があれば十分な可能性が高い。クリエイターが集まって状況を変えようとしない限り、ＡＩは必要なデータを手に入れる方法を見つけるだろう。

ブロックチェーンネットワークは新しい取り決めの基盤となることができる。ブロックチェーンの最大の特徴は集団交渉に適した仕組みを作れることだ。ブロックチェーンは多くの参加者がかかわる大規模なシステムの経済的な問題を解決するのに適している。特にネットワークの一方が、他方よりも強い力を持っている場合に効果的だ。ブロックチェーンは他にも、ルールが急に変更されない、テイクレートが低い、開発者にインセンティブを提供する仕組みがあるといった特徴を持つ。また、ネットワークが使命を果たし続けるよう、クリエイターとAIツールの提供者はネットワークを共同で管理できる。

さらにソフトウェアが強制するルールと商業利用（AIの訓練での使用など）に関する著作権の制限により、クリエイターは自分の作品の使用条件を設定できる。AIシステムが得た収益の一部をAIの訓練に貢献したクリエイターに確実に還元される仕組みを作れるということだ。また、AI企業は立場の弱い個々のクリエイターに有利な条件を押し付けることはできず、コミュニティを構成するクリエイターが提示する条件を受け入れるか拒否するかを決めざるをえなくなる。従業員で構成される労働組合が雇用主と集団交渉するのと同じだ。数は力となる。

このような仕組みを企業ネットワークで実現できないだろうか。それは可能だし、いずれ誰かが作るかもしれない。しかし、それでは企業ネットワーク特有の「集客と搾取のサイクル」などの問題に直面することになる。企業の所有者は最終的にその影響力を利用して手数料を吊り上げ、自分たちに有利なルールを設けるだろう。

私が見たいのは、人々が創造性を発揮し生計を立てることを奨励するインターネットだ。人々が自分たちの作品をオープンなインターネットで共有すればするほどインターネットは良い場所になる。ＡＩは創造的な作品づくりにおいて、人間のクリエイターを終わりではなく始まりに置く。とはいえ、プロセスのどこに関わっていても、クリエイターは報酬を受け取るべきだ[49]。

検索エンジンやソーシャルネットワークには多くのお金が流れ込んでいるが、その金額はそれらをそもそも有用なものにしているコンテンツの提供者たちに還元しても余りあるほどだ。

インターネットを使っているすべての人は、「価値ある行動に対し、報酬を受け取っているか？」と考えるべきである。多くの場合、その答えは「ノー」だ。数社の大企業が企業ネットワークモデルのおかげで多大な力を手に入れ、他のネットワーク参加者たちの受け取る報酬を決めている。検索やソーシャルネットワークのような成熟した分野では、ユーザーは強力に囲い込まれているため、パワーバランスを変えることは難しい。だが、ＡＩシステムとコンテンツクリエイターの間の経済的関係を仲介するネットワークなど、新しい分野のネットワークならいちから自由に作ることができる。

まだ市場の構造が確立されていない今が、この問題に対処すべき最高のタイミングだ。コンテンツファームがＡＩのコンテンツの供給元となるのか、それともＡＩとクリエイターが気持ちよく共存する世界が訪れるのか。機械が人々に奉仕するのか、それとも人々が機械に奉仕するのか。これがＡＩ時代において考えるべき重要なポイントである。

ディープフェイク対策：人間とAIを区別する

1968年刊行の小説『アンドロイドは電気羊の夢を見るか？』（早川書房）は、賞金稼ぎのリック・デッカードがロボットを追跡する物語だ。SFの名作映画『ブレードランナー』の原作であるこの物語の重要なポイントは、デッカードが人間と「レプリカント」、つまり逃亡したAIを見分けられるかにある。

「人生は芸術を模倣する」と言うが、今や芸術が人生を模倣している。仮想空間ではすでにロボットが人々の間に紛れ込んでいるのだ。AIは見た目や話し方が本物の人間そっくりな「ディープフェイク動画」を生成できるようになっている。これらの動画は政治家やセレブ、一般人さえも本人が言っていないことを言ったかのように見せたり、陰謀論を助長するよう実際に起きたニュースを改変したりできる。同じ出来事に対してさまざまな主張が飛び交うインターネットで、動画はしばしば事実を示す証拠として扱われてきた。しかし、ディープフェイクによって動画はもはや信頼できないものになっている。

ディープフェイクへの対策案のひとつは、AIを規制しようとするものだ。[50] たとえば、政府が承認した組織のみAIサービスを提供できる認証制度の導入を求める案が議論されている。[51] また、イーロン・マスクや現代的なAIの開発を先駆けた研究者、ヨシュア・ベンジオを含む多くのAIおよびテック業界の有力者は、すべてのAI開発を6カ月間停止することを求める書簡に署名した。[52] さらに米国とEUはAI規制の包括的な枠組みについて検討している。[53]

しかし、規制は解決策にはならない。一度始まった生成ＡＩの進化を止めることは誰にもできない。現代的なＡＩの中核をなすニューラルネットワークは数学的な技術を応用したもので、これは規制でどうにかできるものではないのだ。政府関係者がどう思うかに関係なく、線形代数は消えてなくなりはしない。オープンソースのＡＩシステムはすでに高度なディープフェイクを生成できる精度に達しており、これらの技術は進化し続ける。他の国も技術開発をやめないだろう。

規制は、すでに先進的なＡＩを持つ大企業の力をさらに強めるだけである。大企業が優遇され、ＡＩを持たない企業は排除されてしまう。負担の大きい規制はイノベーションを妨げ、その結果、ユーザーが不利益を被ることになる。こうした規制は、インターネット上の権力がますます一部の企業に集中することを助長するだけだ。

また、規制では本当の問題、つまりインターネットに効果的な評価システムがないという根本的な課題を解決できない。技術の進歩を抑えるのではなく、むしろ促進する方向で考えるべきだ。今必要なのは、ユーザーやアプリがコンテンツの真偽を確認できるシステムである。これを実現するひとつの方法は、暗号技術によるデジタル署名で裏付けされた「証明」をブロックチェーンに記録することである。

具体的な仕組みはこうだ。動画や写真、音声データの作成者は、その作品の固有のハッシュ値に「このコンテンツは私が作成した」ことを表明するデジタル署名を行う。メディア会社のような組織は、そのコンテンツに「このコンテンツが本物であることを保証します」とさらに署名を付け加えることができる。ユーザーや企業は、暗号技術により特定のドメイン名（例：nytimes.com）を管理していることを証明することで、その署名が信頼できるものであることを示す。ドメイン名以外にも、イーサリアムネームサービスなどブロックチェーンベースの名前サービスで取得した新しいユーザー名（例：nytimes.eth）、またはフェイスブックやツイッターなどの既存の名前システムのユーザー名（例：@nytimes）も使用できるだろう。

コンテンツが本物かどうかの証明をブロックチェーン上に保存する利点は3つある。ひとつは、透明で改ざんの心配がない履歴が残る点だ。誰でもコンテンツの全データと証明の履歴を確認することができ、改ざんできない。2つ目は中立性が保証される点だ。企業が証明のデータベースを管理する場合、利用料を課したり、アクセスを制限したりすることができる。信頼性のある中立的なデータベースはプラットフォームリスクを軽減し、誰でもアクセスできる公開された情報資源として機能する。3つ目はコンポーザビリティだ。ソーシャルネットワークはこの証明の仕組みを使って、信頼できる情報元が認証したコンテンツに「検証済み」のチェックマークを表示することができる。さらにサードパーティの開発者は、証明者の過去の実績をもとに信頼スコアを割り当てる評価システムを作ることもできる。こうしたデータベースを基盤にしたアプリやサービスが増えれば、ユーザーはコンテンツの真偽を簡単に見分けられるようになるだろう。

また、情報元の証明は、ボットや「なりすまし」の対策にもなる。AIによりボットはますます高度化しており、ユーザーにとって本物の人間とボットの区別が難しくなってきている（これはすでに現実の問題だ）。この問題は、個別のコンテンツではなく、ソーシャルネットワークのアカウント自体に証明の情報を紐付けることで解決できるかもしれない。たとえば、ニューヨーク・タイムズは、新しいソーシャルネットワーク上で使用している「@nytimes」が、公式ウェブサイト「www.nytimes.com」を運営する会社によって管理されていることを証明できる。ユーザーは、ブロックチェーンを直接確認するか、またはサードパーティのサービスを利用して、その証明が本物であるかどうかを確認できるのだ。

このような認証システムを使えば、スパムやなりすましの問題を解消できるだろう。ソーシャルメディアは、信頼できる証明書を持つユーザーに対して「認証済み」のチェックマークを表示できる。ボットをフィルタリングして表示させないようにする機能だって作れる（たとえば「信頼できる情報元から署名された証明書を持つアカウントだけを表示する」設定などだ）。認証済みのチェックマークは、ユーザーが購入したり、特別な便宜で与えられたり、企業の従業員の判断で付与するべきではない。客観的に検証され、監査可能な仕組みで管理されるべきだ。

インターネットの「読み取り／書き込み（リード／ライト）時代」は、必要なサービスがあれば、いずれ誰かがそれを開発する可能性が高いことを証明した。それが公共財としてでなければ、企業や個人が私財として開発する。探しているウェブサイトを見つけやすくする評価システムを世間が求めたとき、グーグルがそれを開発した。もともとは「ページランク」と呼ばれ、今ではグーグル独自のランキングシステムとなっている。この頃にブロックチェーンが存在していたならば、このような評価システムは企業が所有するものではなく、すべての人が所有する公共財として作られていたかもしれない。公的に検証可能で、サードパーティがそれを基に新たなサービスを作れるランキングシステムとして設計されていたはずだ。

チューリングテストではもはや本物の人とボットを区別できず、人々は本物と偽物のコンテンツを区別できなくなっている。正しいアプローチは、信頼できる中立的なコミュニティが所有するネットワーク、すなわちブロックチェーンネットワークでインターネット上のコンテンツが本物かどうかを確認できる仕組みを作り、インターネットの基本機能として提供することだ。

結論

Conclusion

船を造りたいのなら、人を集めて材木を揃えたり、仕事を割り振って命令したりするべきではない。代わりに、広大で果てしない海に憧れる気持ちを教えてあげればいい。[1]

小説家　アントワーヌ・ド・サン＝テグジュペリ

イノベーションを抑圧するひと握りの企業がネットワークのほぼすべてを掌握し、ユーザー、開発者、クリエイター、起業家たちが残ったものを奪い合うような未来がくる可能性がある。この未来では、インターネットは浅い内容のコンテンツや体験ばかり広範囲に届けるマスメディアのひとつとなり、ユーザーは企業の利益のために畑を耕す農奴同然の扱いを受けることになる。

これは私が望むインターネットでも、住みたい世界でもない。そしてこれは「インターネットの未来がどうなるか」という抽象的で漠然とした問いではなく、私やあなたの生活に直接関係することだ。インターネットはますます人々の生活の場に溶け込み、いわゆる「現実世界」にもどんどん浸透してきている。どれだけの時間をオンラインで過ごしているか、どれだけあなたのアイデンティティがインターネットに根ざしているか、インターネットを介して知り合った友人たちとどれだけ深い関係を築いているかを考えてみてほしい。

この世界を支配するのに誰が望ましいだろう？

インターネットを再創造する

インターネットを正しい方向に導くには、より優れた構造を持つ新しいネットワークを作る必要がある。初期のインターネットの民主的で平等主義的な理念を体現できるネットワークの構造は、プロトコルネットワークとブロックチェーンネットワークの2つしかない。もし、普及して成功するプロトコルネットワークがあるなら、私は真っ先にそれを支援したいと思う。しかし、数十年にわたり失敗を見てきた結果、私はプロトコルネットワークが正解だとは思えなくなっている。電子メールとウェブは、企業ネットワークとの本格的な競争がない時代に発展した。それ以降、プロトコルネットワークはその構造上の制約により、企業ネットワークと対等に競争できていない。

ブロックチェーンを使うことで、プロトコルネットワークの社会的利益と企業ネットワークの競争上の優位性の両方を備えたネットワークを作れることがわかっている。

かつてグーグルは「邪悪になるな」というモットーを掲げていた。企業ネットワークの参加者は、運営会社の経営陣が誠実な対応を続けることを信じるほかない。これはネットワークが成長している間はうまくいくが、必ずどこかで限界が来る。一方、ブロックチェーンによる保証は非常に強力で、そもそも「邪悪になれない」。改ざんできないプログラムにルールが組み込まれているからだ。開発者やクリエイターは低いテイクレートと一貫したインセンティブの恩恵を受けられる。ユーザーにとっても透明なルールは理解しやすく、ネットワークの運営に参加できる上、ネットワークの成功に伴う利益を受け取ることができる。ブロックチェーンネットワークはプロトコルネットワークの最良の特徴をさらに強化する。

同時に、ブロックチェーンネットワークは企業ネットワークの最大の特徴も併せ持っている。ブロックチェーンは雇用と成長に投資するために資金を集めることができ、資金が潤沢なインターネット企業と肩を並べられる。これにより、ユーザーが最新のインターネットサービスに期待するソフトウェア体験の開発に投資でき、第5部で説明したように、ソーシャルネットワークやゲーム、マーケットプレイス、金融サービスをはじめ、起業家が考えるものをなんでも実現できるのだ。

次世代のネットワークがブロックチェーンの仕組みを取り入れることで、インターネットの権力が一部の企業に集中している現状を変えられるだろう。これにより、少数の企業の代わりにコミュニティをインターネットの主導権を握る正当な立場に戻すことができる。

私はこれが実現すると前向きに考えている。この本を読み終えたあなたも同じように感じてくれたらうれしい。

前向きになれる理由

私が前向きになれるのは、この技術が実際に機能しているからだ。ユーザーを引き付け、どんどん改善されている。次に説明する複数の複合的なフィードバックループがブロックチェーンネットワークの成長を促進し、新たなコンピューティングサイクルを推し進めているのだ。

◆**プラットフォームとアプリ間のフィードバックループ。** ブロックチェーンのインフラは、インターネット全体で利用されるアプリの規模に対応できるレベルに達した。アプリが成長すると、インフラへのさらなる投資が促される。これはかつてパソコン、インターネット、そしてモバイル端末の発展を後押ししたのと同じ複合的なフィードバックループが、ブロックチェーンの進化を加速させているということだ。

◆**ソーシャルテクノロジー固有のネットワーク効果。** ブロックチェーンネットワークは、過去に普及したプロトコルネットワークや企業ネットワークと同じマルチプレイヤー型の社会的技術だ。ユーザー、クリエイター、開発者が増えるほど、ネットワークの有用性も増す。

◆**コンポーザビリティ。** ブロックチェーンネットワークのプログラムはオープンソースであり、一度作成されれば再利用できる。オープンソースのソフトウェアはレゴブロックのように他の要素と組み合わせて、さらに大きなものを作ることが可能だ。これにより、世界中の人の持つ知識がどんどん蓄積される。

ブロックチェーンネットワークの成長を促進するもうひとつの追い風は、新世代の若い才能がテック業界に参入し、自分たちなりにインターネットを良くしようとしていることにある。世代交代が起きるたびに技術そのものだけでなく、より大きな影響力を持つものを作りたいという人が現れる。彼らは自ら動いて現状を変えたり、大手企業のやり方に変革を起こしたりしたいと思っている。実際、私はこれを日々、目の当たりにしている。ブロックチェーンプロジェクトでの協力を求めて、毎年たくさんの学生や若い社会人が、私や私のパートナーを訪ねてくるのだ。活動の動機を尋ねると、グーグルやメタ・プラットフォームズのような会社で、広告を売るために働きたくないからだと言う。それよりも、テクノロジー業界の最前線で活躍したいのだ。

これからはデジタル世界の経済的、社会的、文化的基盤となる重要なネットワークを作ることにチャンスがある。ネットワークはインターネットのキラーアプリだ。プロトコルネットワークは情報へのアクセスを民主化したが、構造上の限界から持続可能なシステムを作れなかった。企業ネットワークはインターネットの機能を高め拡張したが、テーマパークのように管理された体験を追求したことで成長が停滞している。

ブロックチェーン以外の今ある主要なテックトレンドには、どれも既存の産業構造を強化する可能性が高い持続的技術が含まれている。人工知能は資本とデータを大量に持つ大企業に有利な分野だ。仮想現実ヘッドセットや自動運転車のような新しいデバイスの開発にも数十億ドル規模の資本が必要となる。ブロックチェーンは、こうした中央集権化の力に対抗できる唯一の技術だ。ブロックチェーンネットワークは、街の住民が地道に作り上げる都市開発に似ている。起業家は事業を作り、クリエイターはファンを育て、ユーザーは価値ある選択肢と権利をもとに主体性を持って行動できる。ネットワーク運営はコミュニティが担い、透明性がある。貢献した人たちは金銭的に報われる。すべての人によってすべての人のために作られたインターネットができるのだ。

インターネットの「読み取り／書き込み／所有（リード／ライト／オウン）時代」は、人々がデジタル世界で健全な市民生活を送れるようにすることを約束する。私財と公共財の適度なバランスが市民生活を豊かにする。公共の歩道は通行人が新しいレストランや書店、小売店を発見するのに役立つ。住宅の所有者が週末に取り組んでいる自宅のリフォームは地域全体の環境の改善につながる。私財と公共財の両方が存在しなければ、人々の創造性や生活の質は損なわれてしまうのだ。

この本で、私が考えるブロックチェーンネットワークで実現できる最良のアイデアをいくつか紹介した。しかし、起業家はこうした予測を超えて、さらに優れたものを作り出す力を持っている。おそらく最高のアイデアは、今は奇妙に思えるものや、まったく想像が付かないものだ。ブロックチェーンネットワークに関わっているなら、他人から変な目で見られたり、「それはおかしい」あるいは「詐欺じゃないのか」と言われるのに慣れているだろう。

あなたが取り組んでいるものにはまだぴったりの名前がない。インサイドアウト型の技術は、市場にすぐに受け入れられるようきれいに整えられている。一方、アウトサイドイン型の技術は未完成であり、謎めいていて、最初はまったく別のものに見えることが多い。その可能性を見抜くには、理解するための努力が必要だ。

ブロックチェーンは、1980年代のPC、1990年代のインターネット、2010年代のモバイル端末のようなコンピューティングの最先端の技術である。人々はコンピューティングの転換点となった瞬間を振り返り、その場にいたらどんな感じだったかと想像する。ロバート・ノイスとゴードン・ムーア。スティーブ・ジョブズとスティーブ・ウォズニアック。ラリー・ペイジとセルゲイ・ブリン。彼らのような人たちが試行錯誤したり、議論したりしながら技術を前進させてきた。多くの開発者が平日の夜や週末に取り組んださまざまなプロジェクトによりインターネットは発展したのだ。

インターネットを変えるには遅すぎると思うかもしれないが、実際はまだまだこれからである。今こそネットワークがどうあるべきか、それで何ができるかを再考する時だ。ソフトウェアは創造力や工夫をいかんなく発揮できる遊び場だ。あなたが今見ているインターネットをそのまま受け入れる必要はない。開発者として、クリエイターとして、ユーザーとして、そして何よりも重要なのは所有者として、より良いものに作り替えることができる。

今あなたは、いずれ振り返ることになる「古き良き日々」にいるのだ。

謝辞

Acknowledgments

この本は、何年にもわたるブログ投稿、思索、執筆、そしてインターネット業界や暗号資産コミュニティと関わってきた経験の産物である。ここに書いたものは、数えきれないほど多くのインスピレーションが元になっている。これまで仕事で関わってきた同僚や創業者たちに特に感謝している。私の仕事の最高なところは、彼らと話し、学べることだ。また、この本を形作り、実現させるために力を貸してくれた方々にも感謝を述べたい。

まずはロバート・ハケットに深く感謝したい。本書の執筆にあたり、編集面だけでなく、アイデアを共に練るパートナーとしても極めて重要な役割を果たしてくれた。ハケットは多くの時間と労力を惜しまず、細部にまで気を配りながらこのプロジェクトに多大な貢献をしてくれた。また、彼のおかげで私自身も作家として成長することができた。

キム・ミロセビッチとソーナル・チョクシにも感謝を捧げたい。彼らは長年にわたり、私のあらゆる創作活動におけるパートナーである。このプロジェクトを初期段階から支え、出版に至るまでの道中を導いてくれたことに深く感謝している。

エージェントのクリス・パリス＝ラム、編集者のベン・グリーンバーグ、それからグレッグ・キュービー、ウィンディ・ドレステインを含め彼らが所属するランダムハウスのチームの皆にも感謝を捧げたい。彼らのおかげで、本書を思っていたよりもはるかにスムーズに出版まで持っていくことができた。表紙と本文デザインを手掛けてくれたロドリゴとアンナ・コーラルにも感謝している。

多くの方々が制作の各段階で原稿に目を通し、洞察に富んだコメントを寄せてくれた。特にティム・ラフガーデン、セプ・カムバー、マイルズ・ジェニングス、エレナ・バーガー、アリアナ・シンプソン、ポーター・スミス、ビル・ヒンマン、アリ・ヤーヤ、ブライアン・クインテンズ、アンディ・ホール、コリン・マッキューン、ティム・サリバン、エディ・ラザリン、スコット・コミナーズには、詳細なフィードバックをいただき心から感謝している。また、データの調査と分析を担当したダレン・マツオカ、ＮＦＴの設計の部分で協力してくれたマイケル・ブラウ、調査と事実確認を行ってくれたモーラ・フォックスにも深く感謝している。

マーク・アンドリーセンとベン・ホロウィッツにも心から感謝を捧げたい。彼らは素晴らしいビジネスパートナーであり、長年にわたって私のさまざまな挑戦に対して揺るぎないサポートを提供してくれた。

妻であり親友のエレナにこの本を捧げる。彼女は常に私のそばにいて、私を信じ続けてくれた。昼夜問わず（そして数えきれない週末や休日も）この本に取り組む間、あなたが理解を示し、支えてくれたことに心から感謝している。自分の情熱や興味を追求しながらも、私に執筆のための時間と場所を与えてくれた。これは強い自信に満ちた人でなければできないことだ。あなたと何年も前にニューヨークで出会えたことを心から感謝している。あなたはすべてにおいて私のパートナーだ。この本は私だけでなく、あなたのものでもある。

最後に、この本は息子のために書いた。あなたは未来そのものであり、その未来が明るいものであることを願っている。

索 引

数字・英字

索引 Index

あ

い

う

え

お

か

き

く

け

こ

さ

し

す

せ

そ

た

ち

つ

て

と

な

に

ね

の

は

へ

ほ

ま

ら

り

る

れ

ろ

わ

原注

巻頭

[1] Kenneth BrowerがFreeman Dysonを引用、『The Starship and the Canoe』（ニューヨーク：Holt, Rinehart and Winston、1978年）

序章

[1] Similarweb: Website traffic—check and analyze any website、2023年2月15日 www.similarweb.com/

[2] Apptopia: App Competitive Intelligence Market Leader、2023年2月15日 apptopia.com/

[3] Truman Du、「Charted: Companies in the Nasdaq 100, by Weight」、Visual Capitalist、2023年6月26日 www.visualcapitalist.com/cp/nasdaq-100-companies-by-weight/

[4] Adam Tanner、「How Ads Follow You from Phone to Desktop to Tablet」、MIT Technology Review、2015年7月1日 www.technologyreview.com/2015/07/01/167251/how-ads-follow-you-from-phone-to-desktop-to-tablet/
Kate Cox、「Facebook and Google Have Ad Trackers on Your Streaming TV, Studies Find」、Ars Technica、2019年9月19日 arstechnica.com/tech-policy/2019/09/studies-google-netflix-and-others -are-watching-how-you-watch-your-tv/

[5] Stephen Shankland、「Ad Blocking Surges as Millions More Seek Privacy, Security, and Less Annoyance」、CNET、2021年5月3日 www.cnet.com/news/privacy/ad-blocking-surges-as-millions-more-seek-privacy-security-and-less-annoyance/

[6] Chris Stokel-Walker、「Apple Is an Ad Company Now」、Wired、2022年10月20日 www.wired.com/story/apple-is-an-ad-company-now/

[7] Merrill Perlman、「The Rise of 'Deplatform'」、Columbia Journalism Review、2021年2月4日 www.cjr.org/language_corner/deplatform.php

[8] Gabriel Nicholas、「Shadowbanning Is Big Tech's Big Problem」、Atlantic、2022年4月28日 www.theatlantic.com/technology/archive/2022/04/social-media-shadowbans-tiktok-twitter/629702/
[9] Simon Kemp、「Digital 2022: Time Spent Using Connected Tech Continues to Rise」、DataReportal、2022年1月26日 datareportal.com/reports/digital-2022-time-spent-with-connected-tech
[10] Yoram Wurmser、「The Majority of Americans' Mobile Time Spent Takes Place in Apps」、Insider Intelligence、2020年7月9日 www.insiderintelligence.com/content/the-majority-of-americans-mobile-time-spent-takes-place-in-apps
[11] Ian Carlos Campbell、Julia Alexander、「A Guide to Platform Fees」、Verge、2021年8月24日 www.theverge.com/21445923/platform-fees-apps-games-business-marketplace-apple-google/
[12] 「Lawsuits Filed by the FTC and the State Attorneys General Are Revisionist History」、Meta、2020年12月9日 about.fb.com/news/2020/12/lawsuits-filed-by-the-ftc-and-state-attorneys-general-are-revisionist-history/
[13] Aditya Kalra、Steve Stecklow、「Amazon Copied Products and Rigged Search Results to Promote Its Own Brands, Documents Show」、Reuters、2021年10月13日 www.reuters.com/investigates/special-report/amazon-india-rigging/
[14] Jack Nicas、「Google Uses Its Search Engine to Hawk Its Products」、Wall Street Journal、2017年1月9日 www.wsj.com/articles/google-uses-its-search-engine-to-hawk-its-products-1484827203
[15] Adrianne Jeffries、Leon Yin、「Amazon Puts Its Own 'Brands' First Above Better-Rated Products」、Markup、2021年10月14日 www.themarkup.org/amazons-advantage/2021/10/14/amazon-puts-its-own-brands-first-above-better-rated-products/
[16] Hope King、「Amazon Sees Huge Potential in Ads Business as AWS Growth Flattens」、Axios、2023年4月27日 www.axios.com/2023/04/28/amazon-earnings-aws-retail-ads/
[17] Ashley Belanger、「Google's Ad Tech Dominance Spurs More Antitrust Charges, Report Says」、Ars Technica、2023年6月12日 www.arstechnica.com/tech-policy/2023/06/googles-ad-tech-dominance-spurs-more-antitrust-charges-report-says/
[18] Ryan Heath、Sara Fischer、「Meta's Big AI Play: Shoring Up Its Ad Business」、Axios、2023年8月7日 www.axios.com/2023/08/07/meta-ai-ad-business/
[19] James Vincent、「EU Says Apple Breached Antitrust Law in Spotify Case, but Final Ruling Yet to Come」、Verge、2023年2月28日 www.theverge.com/2023/2/28/23618264/

eu-antitrust-case-apple-music-streaming-spotify-updated-statement-objections
Aditya Kalra、「EXCLUSIVE Tinder-Owner Match Ups Antitrust Pressure on Apple in India with New Case」、Reuters、2022年8月24日 www.reuters.com/technology/exclusive-tinder-owner-match-ups-antitrust-pressure-apple-india-with-new-case-2022-08-24/
Cat Zakrzewski、「Tile Will Accuse Apple of Worsening Tactics It Alleges Are Bullying, a Day After iPhone Giant Unveiled a Competing Product」、Washington Post、2021年4月21日 www.washingtonpost.com/technology/2021/04/21/tile-will-accuse-apple-tactics-it-alleges-are-bullying-day-after-iphone-giant-unveiled-competing-product/

[20] Jeff Goodell、「Steve Jobs in 1994: The Rolling Stone Interview」、Rolling Stone、2011年1月17日 www.rollingstone.com/culture/culture-news/steve-jobs-in-1994-the-rolling-stone-interview-231132/

[21] Robert McMillan、「Turns Out the Dot-Com Bust's Worst Flops Were Actually Fantastic Ideas」、Wired、2014年12月8日 www.wired.com/2014/12/da-bom/

[22]「U.S. Share of Blockchain Developers Is Shrinking」、Electric Capital Developer Report、2023年3月 www.developerreport.com/developer-report-geography

第１章　ネットワークが重要な理由

[1] John von Neumann quotation is from Ananyo Bhattacharya、『The Man from the Future』（ニューヨーク：W. W. Norton、2022年）：130ページ、『未来から来た男 ジョン・フォン・ノイマン』（みすず書房）

[2] Derek Thompson、「The Real Trouble with Silicon Valley」、Atlantic、2020年1月/2月 www.theatlantic.com/magazine/archive/2020/01/wheres-my-flying-car/603025/
Josh Hawley、「Big Tech's 'Innovations' That Aren't」、Wall Street Journal、2019年8月28日 www.wsj.com/articles/big-techs-innovations-that-arent-11567033288

[3] Bruce Gibney、「What Happened to the Future?」、Founders Fund、2023年3月1日にアクセス foundersfund.com/the-future/
Pascal-Emmanuel Gobry、「Facebook Investor Wants Flying Cars, Not 140 Characters」、Business Insider、2011年7月30日 www.businessinsider.com/founders-fund-the-future-2011-7

[4] Kevin Kelly、「New Rules for the New Economy」、Wired、1997年9月1日 www.wired.com/1997/09/newrules/

[5]「Robert M. Metcalfe」、IEEE Computer Society、2023年3月1日にアクセス www.computer.org/profiles/robert-metcalfe

[6] Antonio Scala、Marco Delmastro、「The Explosive Value of the Networks」、Scientific Reports 13, no. 1037 (2023) www.ncbi.nlm.nih.gov/pmc/articles/PMC9852569/
[7] David P. Reed、「The Law of the Pack」、Harvard Business Review、2001年2月 hbr.org/2001/02/the-law-of-the-pack
[8] 「Meta Reports First Quarter 2023 Results」、Meta、2023年4月26日 investor.fb.com/investor-news/press-release-details/2023/Meta-Reports-First-Quarter-2023-Results/default.aspx
[9] 「FTC Seeks to Block Microsoft Corp.'s Acquisition of Activision Blizzard, Inc.」、Federal Trade Commission、2022年12月8日 www.ftc.gov/news-events/news/press-releases/2022/12/ftc-seeks-block-microsoft-corps-acquisition-activision-blizzard-inc
Federal Trade Commission、「FTC Seeks to Block Virtual Reality Giant Meta's Acquisition of Popular App Creator Within」、2022年7月27日 www.ftc.gov/news-events/news/press-releases/2022/07/ftc-seeks-block-virtual-reality-giant-metas-acquisition-popular-app-creator-within
[10] Augmenting Compatibility and Competition by Enabling Service Switching Act、H.R.3849、第117議会（2021年）
[11] 伊藤穰一、「In an Open-Source Society, Innovating by the Seat of Our Pants」、New York Times、2011年12月5日 www.nytimes.com/2011/12/06/science/joichi-ito-innovating-by-the-seat-of-our-pants.html

第2章 プロトコルネットワーク

[1] Tim Berners-Lee著、Mark Fischetti協力、『Weaving the Web: The Original Design and Ultimate Destiny of the World Wide Web by Its Inventor』(Harper、1999年)：36ページ、『Webの創成：World Wide Webはいかにして生まれどこに向かうのか』(毎日コミュニケーションズ)
[2] 「Advancing National Security Through Fundamental Research」、2023年9月1日にアクセス、Defense Advanced Research Projects Agency
[3] John Perry Barlow「A Declaration of the Independence of Cyberspace」、Electronic Frontier Foundation、1996年 www.eff.org/cyberspace-independence
[4] Henrik Frystyk、「The Internet Protocol Stack」、World Wide Web Consortium、1994年7月 www.w3.org/People/Frystyk/thesis/TcpIp.html
[5] Kevin Meynell、「Final Report on TCP/IP Migration in 1983」、Internet Society、2016年9月15日 www.internetsociety.org/blog/2016/09/final-report-on-tcpip-migration-

in-1983/
[6] 「Sea Shadow」、DARPA www.darpa.mil/about-us/timeline/sea-shadow
Catherine Alexandrow、「The Story of GPS」、50 Years of Bridging the Gap、DARPA、2008年 www.darpa.mil/attachments/(2O10)%20Global%20Nav%20-%20About%20Us%20-%20History%20-%20Resources%20-%2050th%20-%20GPS%20(Approved).pdf
[7] Jonathan B. Postel、「Simple Mail Transfer Protocol」、RFC788、1981年11月 www.ietf.org/rfc/rfc788.txt.pdf
[8] Katie Hafner、Matthew Lyon、『Where Wizards Stay Up Late』(ニューヨーク:Simon & Schuster、1999年)
[9] 「Mosaic Launches an Internet Revolution」、National Science Foundation、2004年4月8日 new.nsf.gov/news/mosaic-launches-internet-revolution
[10] 「Domain Names and the Network Information Center」、SRI International、2023年9月1日 www.sri.com/hoi/domain-names-the-network-information-center/
[11] 「Brief History of the Domain Name System」、Berkman Klein Center for Internet & Society、ハーバード大学、2000年 cyber.harvard.edu/icann/pressingissues2000/briefingbook/dnshistory.html
[12] Cade Metz、「Why Does the Net Still Work on Christmas? Paul Mockapetris」、Wired、2012年7月23日 www.wired.com/2012/07/paul-mockapetris-dns/
[13] Cade Metz、「Remembering Jon Postel—and the Day He Hijacked the Internet」、Wired、2012年10月15日 www.wired.com/2012/10/joe-postel/
[14] 「Jonathan B. Postel: 1943–1998」、USC News、1999年2月1日 www.news.usc.edu/9329/Jonathan-B-Postel-1943-1998/
[15] Maria Farrell、「Quietly, Symbolically, US Control of the Internet Was Just Ended」、Guardian、2016年3月14日 www.theguardian.com/technology/2016/mar/14/icann-internet-control-domain-names-iana
[16] Molly Fischer、「The Sound of My Inbox」、Cut、2021年7月7日 www.thecut.com/2021/07/email-newsletters-new-literary-style.html
[17] Sarah Frier、「Musk's Volatility Is Alienating Twitter's Top Content Creators」、Bloomberg、2022年12月18日 www.bloomberg.com/news/articles/2022-12-19/musk-s-volatility-is-alienating-twitter-s-top-content-creators
Taylor Lorenz、「Inside the Secret Meeting That Changed the Fate of Vine Forever」、Mic、2016年10月29日 www.mic.com/articles/157977/inside-the-secret-meeting-that-changed-the-fate-of-vine-forever
Krystal Scanlon、「In the Platforms' Arms Race for Creators, YouTube Shorts Splashes the Cash」、Digiday、2023年2月1日 www.digiday.com/marketing/in-the-platforms-arms-race-for-creators-youtube-shorts-splashes-the-cash/

[18] Adi Robertson、「Mark Zuckerberg Personally Approved Cutting Off Vine's Friend-Finding Feature」、Verge、2018年12月5日 www.theverge.com/2018/12/5/18127202/mark-zuckerberg-facebook-vine-friends-api-block-parliament-documents
Jane Lytvynenko、Craig Silverman、「The Fake Newsletter: Did Facebook Help Kill Vine?」、BuzzFeed News、2019年2月20日 www.buzzfeednews.com/article/janelytvynenko/the-fake-newsletter-did-facebook-help-kill-vine
[19] Gerry Shih、「On Facebook, App Makers Face a Treacherous Path」、Reuters、2013年3月10日 www.reuters.com/article/uk-facebook-developers/insight-on-facebook-app-makers-face-a-treacherous-path-idUKBRE92A02T20130311
[20] Kim-Mai Cutler、「Facebook Brings Down the Hammer Again: Cuts Off MessageMe's Access to Its Social Graph」、TechCrunch、2013年3月15日 techcrunch.com/2013/03/15/facebook-messageme/
[21] Josh Constine、Mike Butcher、「Facebook Blocks Path's 'Find Friends' Access Following Spam Controversy」、TechCrunch、2013年5月4日 techcrunch.com/2013/05/04/path-blocked/
[22] Isobel Asher Hamilton、「Mark Zuckerberg Downloaded and Used a Photo App That Facebook Later Cloned and Crushed, Antitrust Lawsuit Claims」、Business Insider、2021年11月5日 www.businessinsider.com/facebook-antitrust-lawsuit-cloned-crushed-phhhoto-photo-app-2021-11
[23] Kim-Mai Cutler、「Facebook Brings Down the Hammer Again: Cuts Off MessageMe's Access to Its Social Graph」、TechCrunch、2013年3月15日 techcrunch.com/2013/03/15/facebook-messageme/
[24] Justin M. Rao、David H. Reiley、「The Economics of Spam」、Journal of Economic Perspectives 26, no. 3 (2012)：87–110ページ pubs.aeaweb.org/doi/pdf/10.1257/jep.26.3.87
Gordon V. Cormack、Joshua Goodman、David Heckerman、「Spam and the Ongoing Battle for the Inbox」、Communications of the Association for Computing Machinery 50, no. 2 (2007)：24–33ページ dl.acm.org/doi/10.1145/1216016.1216017
[25] Emma Bowman、「Internet Explorer, the Love-to-Hate-It Web Browser, Has Died at 26」、NPR、2022年6月15日 www.npr.org/2021/05/22/999343673/internet-explorer-the-love-to-hate-it-web-browser-will-die-next-year
[26] Ellis Hamburger、「You Have Too Many Chat Apps. Can Layer Connect Them?」、Verge、2013年12月4日 www.theverge.com/2013/12/4/5173726/you-have-too-many-chat-apps-can-layer-connect-them
[27] Erick Schonfeld、「OpenSocial Still 'Not Open for Business'」、TechCrunch、2007年12月6日 techcrunch.com/2007/12/06/opensocial-still-not-open-for-business/
[28] Will Oremus、「The Search for the Anti-Facebook」、Slate、2014年10月28日 slate.

com/technology/2014/10/ello-diaspora-and-the-anti-facebook-why-alternative-social-networks-cant-win.html
[29] Christina Bonnington、「Why Google Reader Really Got the Axe」、Wired、2013年6月6日 www.wired.com/2013/06/why-google-reader-got-the-ax/
[30] Ryan Holmes、「From Inside Walled Gardens, Social Networks Are Suffocating the Internet As We Know It」、Fast Company、2013年8月9日 www.fastcompany.com/3015418/from-inside-walled-gardens-social-networks-are-suffocating-the-internet-as-we-know-it
[31] Sinclair Target、「The Rise and Demise of RSS」、Two-Bit History、2018年9月16日 twobithistory.org/2018/09/16/the-rise-and-demise-of-rss.html
[32] Scott Gilbertson、「Slap in the Facebook: It's Time for Social Networks to Open Up」、Wired、2007年8月6日 www.wired.com/2007/08/open-social-net/
[33] Brad Fitzpatrick、「Thoughts on the Social Graph」、bradfitz.com、2007年8月17日 bradfitz.com/social-graph-problem/
[34] Robert McMillan、「How Heartbleed Broke the Internet—and Why It Can Happen Again」、Wired、2014年4月11日 www.wired.com/2014/04/heartbleedslesson/
[35] Steve Marquess、「Of Money, Responsibility, and Pride」、Speeds and Feeds、2014年4月12日 veridicalsystems.com/blog/of-money-responsibility-and-pride/
[36] Klint Finley、「Linux Took Over the Web. Now, It's Taking Over the World」、Wired、2016年8月25日 www.wired.com/2016/08/linux-took-web-now-taking-world/

第3章　企業ネットワーク

[1] Mark Zuckerberg quoted in Mathias Döpfner、「Mark Zuckerberg Talks about the Future of Facebook, Virtual Reality and Artificial Intelligence」、Business Insider、2016年2月28日 www.businessinsider.com/mark-zuckerberg-interview-with-axel-springer-ceo-mathias-doepfner-2016-2
[2] Nick Wingfield、Nick Bilton、「Apple Shake-Up Could Lead to Design Shift」、New York Times、2012年10月31日 www.nytimes.com/2012/11/01/technology/apple-shake-up-could-mean-end-to-real-world-images-in-software.html
[3] Lee Rainie、John B. Horrigan、「Getting Serious Online: As Americans Gain Experience, They Pursue More Serious Activities」、Pew Research Center: Internet, Science & Tech、2002年3月3日 www.pewresearch.org/internet/2002/03/03/getting-serious-online-as-americans-gain-experience-they-pursue-more-serious-activities/
[4] William A. Wulf、「Great Achievements and Grand Challenges」、National Academy of

Engineering, The Bridge（vol. 30, issue 3/4）、2000年9月1日 www.nae.edu/7461/GreatAchievementsandGrandChallenges/
[5] 「Market Capitalization of Amazon」、CompaniesMarketCap.com、2023年9月1日にアクセス companiesmarketcap.com/amazon/marketcap/
[6] John B. Horrigan、「Broadband Adoption at Home」、Pew Research Center: Internet, Science & Tech、2003年5月18日 www.pewresearch.org/internet/2003/05/18/broadband-adoption-at-home/
[7] Richard MacManus、「The Read/Write Web」、ReadWriteWeb、2003年4月20日 web.archive.org/web/20100111030848/http:/www.readwriteweb.com/archives/the_readwrite_w.php
[8] Adam Cohen、『The Perfect Store: Inside eBay』（ボストン：Little, Brown、2022年）
[9] Jennifer Sullivan、「Investor Frenzy over eBay IPO」、Wired、1998年9月24日 www.wired.com/1998/09/investor-frenzy-over-ebay-ipo/
[10] Erick Schonfeld、「How Much Are Your Eyeballs Worth? Placing a Value on a Website's Customers May Be the Best Way to Judge a Net Stock. It's Not Perfect, but on the Net, What Is?」、CNN Money、2000年2月 21日 money.cnn.com/magazines/fortune/fortune_archive/2000/02/21/273860/index.htm
[11] John H. Horrigan、「Home Broadband Adoption 2006」、Pew Research Center: Internet, Science & Tech、2006年5月28日 www.pewresearch.org/internet/2006/05/28/home-broadband-adoption-2006/
[12] Jason Koebler、「10 Years Ago Today, YouTube Launched as a Dating Website」、Vice、2015年4月23日 www.vice.com/en/article/78xqjx/10-years-ago-today-youtube-launched-as-a-dating-website
[13] Chris Dixon、「Come for the Tool, Stay for the Network」、cdixon.org、2015年1月31日 cdixon.org/2015/01/31/come-for-the-tool-stay-for-the-network
[14] Avery Hartmans、「The Rise of Kevin Systrom, Who Founded Instagram 10 Years Ago and Built It into One of the Most Popular Apps in the World」、Business Insider、2020年10月6日 www.businessinsider.com/kevin -systrom-instagram-ceo-life-rise-2018-9
[15] James Montgomery、「YouTube Slapped with First Copyright Lawsuit for Video Posted Without Permission」、MTV、2006年7月19日 www.mtv.com/news/dtyii2/youtube-slapped-with-first-copyright-lawsuit-for-video-posted-without-permission
[16] Doug Anmuth、Dae K. Lee、Katy Ansel、「Alphabet Inc.: Updated Sum-of-the-Parts Valuation Suggests Potential Market Cap of Almost $2T; Reiterate OW & Raising PT to $2,575」、North America Equity Research, J. P. Morgan、2021年4月19日
[17] John Heilemann、「The Truth, the Whole Truth, and Nothing but the Truth」、Wired、2000年11月1日 www.wired.com/2000/11/microsoft-7/

[18] Adi Robertson、「How the Antitrust Battles of the '90s Set the Stage for Today's Tech Giants」、Verge、2018年9月6日 www.theverge.com/2018/9/6/17827042/antitrust-1990s-microsoft-google-aol-monopoly-lawsuits-history
[19] Brad Rosenfeld、「How Marketers Are Fighting Rising Ad Costs」、Forbes、2022年11月14日 www.forbes.com/sites/forbescommunicationscouncil/2022/11/14/how-marketers-are-fighting-rising-ad-costs/
[20] Dean Takahashi、「MySpace Says It Welcomes Social Games to Its Platform」、VentureBeat, 5月 21, 2010, venturebeat.com/games/myspace-says-it-welcomes-social-games-to-its-platform/
Miguel Helft、「The Class That Built Apps, and Fortunes」、New York Times、2011年5月7日 www.nytimes.com/2011/05/08/technology/08class.html
[21] Mike Schramm、「Breaking: Twitter Acquires Tweetie, Will Make It Official and Free」、Engadget、2010年4月9日 www.engadget.com/2010-04-09-breaking-twitter-acquires-tweetie-will-make-it-official-and-fr.html
[22] Mitchell Clark、「The Third-Party Apps Twitter Just Killed Made the Site What It Is Today」、Verge、2023年1月22日 www.theverge.com/2023/1/22/23564460/twitter-third-party-apps-history-contributions
[23] Ben Popper、「Twitter Follows Facebook Down the Walled Garden Path」、Verge、2012年7月9日 www.theverge.com/2012/7/9/3135406/twitter-api-open-closed-facebook-walled-garden
[24] Eric Eldon、「Q&A with RockYou—Three Hit Apps on Facebook, and Counting」、VentureBeat、2007年6月11日 venturebeat.com/business/q-a-with-rockyou-three-hit-apps-on-facebook-and-counting/
[25] Claire Cain Miller、「Google Acquires Slide, Maker of Social Apps」、New York Times、2010年8月4日 archive.nytimes.com/bits.blogs.nytimes.com/2010/08/04/google-acquires-slide-maker-of-social-apps/
[26] Ben Popper、「Life After Twitter: StockTwits Builds Out Its Own Ecosystem」、Verge、2012年9月18日 www.theverge.com/2012/9/18/3351412/life-after-twitter-stocktwits-builds-out-its-own-ecosystem
[27] Mark Milian、「Leading App Maker Said to Be Planning Twitter Competitor」、CNN、2011年4月13日 www.cnn.com/2011/TECH/social.media/04/13/ubermedia.twitter/index.html
[28] Adam Duvander、「Netflix API Brings Movie Catalog to Your App」、Wired、2008年10月1日 www.wired.com/2008/10/netflix-api-brings-movie-catalog-to-your-app/
[29] Sarah Mitroff、「Twitter's New Rules of the Road Mean Some Apps Are Roadkill」、Wired、2012年9月6日 www.wired.com/2012/09/twitters-new-rules-of-the-road-

means-some-apps-are-roadkill/
[30] Chris Dixon、「The Inevitable Showdown Between Twitter and Twitter Apps」、Business Insider、2009年9月16日 www.businessinsider.com/the-coming-showdown-between-twitter-and-twitter-apps-2009-9
[31] Elspeth Reeve、「In War with Facebook, Google Gets Snarky」、Atlantic、2010年11月11日 www.theatlantic.com/technology/archive/2010/11/in-war-with-facebook-google-gets-snarky/339626/
[32] Brent Schlender、「Whose Internet Is It, Anyway?」、Fortune、1995年12月11日
[33] Dave Thier、「These Games Are So Much Work」、New York、2011年12月9日 www.nymag.com/news/intelligencer/zynga-2011-12/
[34] Jennifer Booten、「Facebook Served Disappointing Analyst Note in Wake of Zynga Warning」、Fox Business、2016年3月3日 www.foxbusiness.com/features/facebook-served-disappointing-analyst-note-in-wake-of-zynga-warning
[35] Tomio Geran、「Facebook's Dependence on Zynga Drops, Zynga's Revenue to Facebook Flat」、Forbes、2012年7月31日 www.forbes.com/sites/tomiogeron/2012/07/31/facebooks-dependence-on-zynga-drops-zyngas-revenue-to-facebook-flat/
[36] Harrison Weber、「Facebook Kicked Zynga to the Curb, Publishers Are Next」、VentureBeat、2016年6月30日 www.venturebeat.com/mobile/facebook-kicked-zynga-to-the-curb-publishers-are-next/
Josh Constine、「Why Zynga Failed」、TechCrunch、2012年10月5日 www.techcrunch.com/2012/10/05/more-competitors-smarter-gamers-expensive-ads-less-virality-mobile/
[37] Aisha Malik、「Take-Two Completes $12.7B Acquisition of Mobile Games Giant Zynga」、TechCrunch、2022年5月23日 www.techcrunch.com/2022/05/23/take-two-completes-acquisition-of-mobile-games-giant-zynga/
[38] Simon Kemp、「Digital 2022 October Global Statshot Report」、DataReportal、2022年10月20日 datareportal.com/reports/digital-2022-october-global-statshot

第4章 ブロックチェーン

[1] Vitalik Buterinの引用、「Genius Gala」、Liberty Science Center、2021年2月26日 www.lsc.org/gala/vitalik-buterin-1
[2] David Rotman、「We're not prepared for the end of Moore's Law」、MIT Technology Review、2020年2月24日 www.technologyreview.com/2020/02/24/905789/were-not-prepared-for-the-end-of-moores-law/

[3] Chris Dixon、「What's Next in Computing?」、Software Is Eating the World、2016年2月21日 medium.com/software-is-eating-the-world/what-s-next-in-computing-e54b870b80cc
[4] Filipe Espósito、「Apple Bought More AI Companies Than Anyone Else Between 2016 and 2020」、9to5Mac、2021年3月25日 9to5mac.com/2021/03/25/apple-bought-more-ai-companies-than-anyone-else-between-2016-and-2020/
Tristan Bove、「Big Tech Is Making Big AI Promises in Earnings Calls as ChatGPT Disrupts the Industry: 'You're Going to See a Lot from Us in the Coming Few Months'」、Fortune、2023年2月3日 fortune.com/2023/02/03/google-meta-apple-ai-promises-chatgpt-earnings/
Lauren Feiner、「Alphabet's Self-Driving Car Company Waymo Announces $2.5 Billion Investment Round」、CNBC、2021年6月16日 www.cnbc.com/2021/06/16/alphabets-waymo-raises-2point5-billion-in-new-investment-round.html
[5] Chris Dixon、「Inside-out vs. Outside-in: The Adoption of New Technologies」、Andreessen Horowitz、2020年1月17日 www.a16z.com/2020/01/17/inside-out-vs-outside-in-technology/
cdixon.org、2020年1月17日 www.cdixon.org/2020/01/17/inside-out-vs-outside-in/
[6] Lily Rothman、「More Proof That Steve Jobs Was Always a Business Genius」、Time、2015年3月5日 www.time.com/3726660/steve-jobs-homebrew/
[7] Michael Calore、「Aug. 25, 1991: Kid from Helsinki Foments Linux Revolution」、Wired、2009年8月25日 www.wired.com/2009/08/0825-torvalds-starts-linux/
[8] John Battelle、「The Birth of Google」、Wired、2005年8月1日 www.wired.com/2005/08/battelle/
[9] Ron Miller、「How AWS Came to Be」、TechCrunch、2016年7月2日 techcrunch.com/2016/07/02/andy-jassys-brief-history-of-the-genesis-of-aws/
[10] Satoshi Nakamoto、「Bitcoin: A Peer-to-Peer Electronic Cash System」、2008年10月31日 bitcoin.org/bitcoin.pdf
[11] Trevor Timpson、「The Vocabularist: What's the Root of the Word Computer?」、BBC、2016年2月2日 www.bbc.com/news/blogs-magazine-monitor-35428300
[12] Alan Turing、「On Computable Numbers, with an Application to the Entscheidungsproblem」、Proceedings of the London Mathematical Society 42, no. 2 (1937)：230–265ページ londmathsoc.onlinelibrary.wiley.com/doi/10.1112/plms/s2-42.1.230
[13]「IBM VM 50th Anniversary」、IBM、2022年8月2日 www.vm.ibm.com/history/50th/index.html
[14] Alex Pruden、Sonal Chokshi、「Crypto Glossary: Cryptocurrencies and Blockchain」、a16z crypto、2019年11月8日 www.a16zcrypto.com/posts/article/crypto-glossary/

[15] Daniel Kuhn、「CoinDesk Turns 10: 2015—Vitalik Buterin and the Birth of Ethereum」、CoinDesk、2023年6月2日 www.coindesk.com/consensus-magazine/2023/06/02/coindesk-turns-10-2015-vitalik-buterin-and-the-birth-of-ethereum/

[16] Gian M. Volpicelli、「Ethereum's 'Merge' Is a Big Deal for Crypto—and the Planet」、Wired、2022年8月18日 www.wired.com/story/ethereum-merge-big-deal-crypto-environment/

[17]「Ethereum Energy Consumption」、Ethereum.org、2023年9月23日にアクセス ethereum.org/en/energy-consumption/

George Kamiya、Oskar Kvarnström、「Data Centres and Energy—From Global Headlines to Local Headaches?」、International Energy Agency、2019年12月20日 iea.org/commentaries/data-centres-and-energy-from-global-headlines-to-local-headaches

「Cambridge Bitcoin Energy Consumption Index: Comparisons」、Cambridge Centre for Alternative Finance, accessed 7月 2023, ccaf.io/cbnsi/cbeci/comparisons

Evan Mills et al.、「Toward Greener Gaming: Estimating National Energy Use and Energy Efficiency Potential」、The Computer Games Journal, vol. 8(2)、2019年12月1日 researchgate.net/publication/336909520_Toward_Greener_Gaming_Estimating_National_Energy_Use_and_Energy_Efficiency_Potential

「Cambridge Blockchain Network Sustainability Index: Ethereum Network Power Demand」、Cambridge Centre for Alternative Finance、2023年7月にアクセス ccaf.io/cbnsi/ethereum/1

「Google Environmental Report 2022」、Google、2022年6月にアクセス gstatic.com/gumdrop/sustainability/google-2022-environmental-report.pdf

「Netflix Environmental Social Governance Report 2021」、Netflix、2022年3月 assets.ctfassets.net/4cd45et68cgf/7B2bKCqkXDfHLadrjrNWD8/e44583e5b288bdf61e8bf3d7f8562884/2021_US_EN_Netflix_EnvironmentalSocialGovernanceReport-2021_Final.pdf

「PayPal Inc. Holdings—Climate Change 2022」、Carbon Disclosure Project、2023年5月 s202.q4cdn.com/805890769/files/doc_downloads/global-impact/CDP_Climate_Change_PayPal-(1).pdf

「An Update on Environmental, Social, and Governance (ESG) at Airbnb」、Airbnb、2021年12月 s26.q4cdn.com/656283129/files/doc_downloads/governance_doc_updated/Airbnb-ESG-Factsheet-(Final).pdf

「The Merge—Implications on the Electricity Consumption and Carbon Footprint of the Ethereum Network」、Crypto Carbon Ratings Institute、2022年9月にアクセス carbon-ratings.com/eth-report-2022

Rachel Rybarczyk et al.、「On Bitcoin's Energy Consumption: A Quantitative Approach

to a Subjective Question」、Galaxy Digital Mining、2021年5月 docsend.com/view/adwmdeeyfvqwecj2
[18] Andy Greenberg、「Inside the Bitcoin Bust That Took Down the Web's Biggest Child Abuse Site」、Wired、2022年4月7日 www.wired.com/story/tracers-in-the-dark-welcome-to-video-crypto-anonymity-myth/
[19] Lily Hay Newman、「Hacker Lexicon: What Are Zero-Knowledge Proofs?」、Wired、2019年9月14日 www.wired.com/story/zero-knowledge-proofs/
Elena Burger et al.、「Zero Knowledge Canon, part 1 & 2」、a16z crypto、2022年9月16日 www.a16zcrypto.com/posts/article/zero-knowledge-canon/
[20] Joseph Burlseon et al.、「Privacy-Protecting Regulatory Solutions Using Zero-Knowledge Proofs:Full Paper」、a16z crypto、2022年11月16日 a16zcrypto.com/posts/article/privacy-protecting-regulatory-solutions-using-zero-knowledge-proofs-full-paper/
Shlomit Azgad-Tromer et al.、「We Can Finally Reconcile Privacy and Compliance in Crypto. Here Are the New Technologies That Will Protect User Data and Stop Illicit Transactions」、Fortune、2022年10月28日 fortune.com/2022/10/28/finally-reconcile-privacy-compliance-crypto-new-technology-celsius-user-data-leak-illicit-transactions-crypto-tromer-ramaswamy/
[21] Steven Levy、「The Open Secret」、Wired、1999年4月1日 www.wired.com/1999/04/crypto/
[22] Vitalik Buterin、「Visions, Part 1: The Value of Blockchain Technology」、Ethereum Foundation Blog、2015年4月13日 blog.ethereum.org/2015/04/13/visions-part-1-the-value-of-blockchain-technology
[23] Osato Avan-Nomayo、「Bitcoin SV Rocked by Three 51% Attacks in as Many Months」、CoinTelegraph、2021年8月7日 cointelegraph.com/news/bitcoin-sv-rocked-by-three-51-attacks-in-as-many-months
Osato Avan-Nomayo、「Privacy-Focused Firo Cryptocurrency Suffers 51% Attack」、CoinTelegraph、2021年1月20日 cointelegraph.com/news/privacy-focused-firo-cryptocurrency-suffers-51-attack
[24] Killed by Google、2023年9月1日にアクセス killedbygoogle.com/

第5章　トークン

[1] Denise Fung ChengによるCésar Hidalgoの引用、「Reading Between the Lines: Blueprints for a Worker Support Infrastructure in the Emerging Peer Economy」、MIT修士論文、

2014年6月 wiki.p2pfoundation.net/Worker_Support_Infrastructure_in_the_Emerging_Peer_Economy

[2] Field Level Media、「Report: League of Legends Produced $1.75 Billion in Revenue in 2020」、Reuters、2021年1月11日 www.reuters.com/article/esports-lol-revenue-idUSFLM2vzDZL

Jay Peters、「Epic Is Going to Give 40 Percent of Fortnite's Net Revenues Back to Creators」、Verge、2023年3月22日 www.theverge.com/2023/3/22/23645633/fortnite-creator-economy-2-0-epic-games-editor-state-of-unreal-2023-gdc

[3] Maddison Connaughton、「Her Instagram Handle Was 'Metaverse.' Last Month, It Vanished」、New York Times、2021年12月13日 www.nytimes.com/2021/12/13/technology/instagram-handle-metaverse.html

[4] Jon Brodkin、「Twitter Commandeers @X Username from Man Who Had It Since 2007」、Ars Technica、2023年7月26日 arstechnica.com/tech-policy/2023/07/twitter-took-x-handle-from-longtime-user-and-only-offered-him-some-merch/

[5] Veronica Irwin、「Facebook Account Randomly Deactivated? You're Not Alone」、Protocol、2022年4月1日 www.protocol.com/bulletins/facebook-account-deactivated-glitch

Rachael Myrow、「Facebook Deleted Your Account? Good Luck Retrieving Your Data」、KQED、2020年12月21日 www.kqed.org/news/11851695/facebook-deleted-your-account-good-luck-retrieving-your-data

[6] Anshika Bhalla、「A Quick Guide to Fungible vs. Non-fungible Tokens」、Blockchain Council、2022年12月9日 www.blockchain-council.org/blockchain/a-quick-guide-to-fungible-vs-non-fungible-tokens/

[7] Garth Baughman et al.、「The Stable in Stablecoins」、Federal Reserve FEDS Notes、2022年12月16日 www.federalreserve.gov/econres/notes/feds-notes/the-stable-in-stablecoins-20221216.html

[8] 「Are Democrats Against Crypto? Rep. Ritchie Torres Answers」、Bankless、2023年5月11日、動画 www.youtube.com/watch?v=ZbUHWwrplxE&ab_channel=Bankless

[9] Amitoj Singh、「China Includes Digital Yuan in Cash Circulation Data for First Time」、CoinDesk、2023年1月11日 www.coindesk.com/policy/2023/01/11/china-includes-digital-yuan-in-cash-circulation-data-for-first-time/

[10] Brian Armstrong、Jeremy Allaire、「Ushering in the Next Chapter for USDC」、Coinbase、2023年8月21日 www.coinbase.com/blog/ushering-in-the-next-chapter-for-usdc

[11] Lawrence Wintermeyer、「From Hero to Zero: How Terra Was Toppled in Crypto's Darkest Hour」、Forbes、2022年5月25日 www.forbes.com/sites/lawrencewintermeyer/2022/05/25/from-hero-to-zero-how-terra-was-toppled-in-cryptos-darkest-hour/

[12] Eileen Cartter、「Tiffany & Co. Is Making a Very Tangible Entrance into the World of NFTs」、GQ、2022年8月1日 www.gq.com/story/tiffany-and-co-cryptopunks-nft-jewelry-collaboration
[13] Paul Dylan-Ennis、「Damien Hirst's 'The Currency': What We'll Discover When This NFT Art Project Is Over」、Conversation、2021年7月19日 theconversation.com/damien-hirsts-the-currency-what-well-discover-when-this-nft-art-project-is-over-164724
[14] Andrew Hayward、「Nike Launches .Swoosh Web3 Platform, with Polygon NFTs Due in 2023」、Decrypt、2022年11月14日 decrypt.co/114494/nike-swoosh-web3-platform-polygon-nfts
[15] Max Read、「Why Your Group Chat Could Be Worth Millions」、New York、2021年10月24日 nymag.com/intelligencer/2021/10/whats-a-dao-why-your-group-chat-could-be-worth-millions.html
[16] Geoffrey Morrison、「You Don't Really Own the Digital Movies You Buy」、Wirecutter、New York Times、2021年8月4日 www.nytimes.com/wirecutter/blog/you-dont-own-your-digital-movies/
[17] John Harding、Thomas J. Miceli、C. F. Sirmans、「Do Owners Take Better Care of Their Housing Than Renters?」、Real Estate Economics 28, no. 4 (2000)：663–681ページ
「Social Benefits of Homeownership and Stable Housing」、National Association of Realtors、2012年4月 www.nar.realtor/sites/default/files/migration_files/social-benefits-of-stable-housing-2012-04.pdf
[18] Alison Beard、「Can Big Tech Be Disrupted? A Conversation with Columbia Business School Professor Jonathan Knee」、Harvard Business Review、2022年1月–2月 hbr.org/2022/01/can-big-tech-be-disrupted
[19] Chris Dixon、「The Next Big Thing Will Start out Looking Like a Toy」、cdixon.org、2010年1月3日 www.cdixon.org/2010/01/03/the-next-big-thing-will-start-out-looking-like-a-toy
[20] Clayton Christensen、「Disruptive Innovation」、claytonchristensen.com、2012年10月23日 claytonchristensen.com/key-concepts/
[21]「The Telephone Patent Follies: How the Invention of the Phone was Bell's and not Gray's, or . . . 」、The Telecommunications History Group、2018年2月22日 www.telcomhistory.org/the-telephone-patent-follies-how-the-invention-of-the-phone-was-bells-and-not-grays-or/
[22] Brenda Barron、「The Tragic Tale of DEC. The Computing Giant That Died Too Soon」、Digital.com、2023年6月15日 digital.com/digital-equipment-corporation/

Joshua Hyatt、「The Business That Time Forgot: Data General Is Gone. But Does That Make Its Founder a Failure?」、Forbes、2023年4月1日 money.cnn.com/magazines/fsb/fsb_archive/2003/04/01/341000/
[23] Charles Arthur、「How the Smartphone Is Killing the PC」、Guardian、2011年6月5日 www.theguardian.com/technology/2011/jun/05/smartphones-killing-pc
[24] Jordan Novet、「Microsoft's $13 Billion Bet on OpenAI Carries Huge Potential Along with Plenty of Uncertainty」、CNBC、2023年4月8日 www.cnbc.com/2023/04/08/microsofts-complex-bet-on-openai-brings-potential-and-uncertainty.html
[25] Ben Thompson、「What Clayton Christensen Got Wrong」、Stratechery、2013年9月22日 stratechery.com/2013/clayton-christensen-got-wrong/
[26] Olga Kharif、「Meta to Shut Down Novi Service in September in Crypto Winter」、Bloomberg、2022年7月1日 www.bloomberg.com/news/articles/2022-07-01/meta-to-shut-down-novi-service-in-september-in-crypto-winter#xj4y7vzkg

第6章　ブロックチェーンネットワーク

[1] Jane Jacobs、『The Death and Life of Great American Cities』(ニューヨーク州ニューヨーク：Random House、1961年)、『アメリカ大都市の死と生』(鹿島出版会)

第7章　コミュニティが作るソフトウェア

[1] Linus Torvalds、『Just for Fun: The Story of an Accidental Revolutionary』(ニューヨーク：Harper、2001年)、『それがぼくには楽しかったから 全世界を巻き込んだリナックス革命の真実』(小学館プロダクション)
[2] David Bunnell、「The Man Behind the Machine?」、PC Magazine、1982年2–3月 www.pcmag.com/news/heres-what-bill-gates-told-pcmag-about-the-ibm-pc-in-1982
[3] Dylan Love、「A Quick Look at the 30-Year History of MS DOS」、Business Insider、2011年7月27日 www.businessinsider.com/history-of-dos-2011-7
Jeffrey Young、「Gary Kildall: The DOS That Wasn't」、Forbes、1997年7月7日 www.forbes.com/forbes/1997/0707/6001336a.html?sh=16952ca9140e
[4] Tim O'Reilly、「Freeware: The Heart & Soul of the Internet」、O'Reilly、1998年3月1日 www.oreilly.com/pub/a/tim/articles/freeware_0398.html
[5] Alexis C. Madrigal、「The Weird Thing About Today's Internet」、Atlantic、2017年5月16日 www.theatlantic.com/technology/archive/2017/05/a-very-brief-history-of-the-

last-10-years-in-technology/526767/
[6] 「Smart Device Users Spend as Much Time on Facebook as on the Mobile Web」、Marketing Charts、2013年4月5日 www.marketingcharts.com/industries/media-and-entertainment-28422
[7] Paul C. Schuytema、「The Lighter Side of Doom」、Computer Gaming World、1994年8月、140ページ www.cgwmuseum.org/galleries/issues/cgw_121.pdf
[8] Alden Kroll、「Introducing New Ways to Support Workshop Creators」、Steam、2015年4月23日 steamcommunity.com/games/SteamWorkshop/announcements/detail/208632365237576574
[9] Brian Crecente、「League of Legends Is Now 10 Years Old. This Is the Story of Its Birth」、Washington Post、2019年10月27日 www.washingtonpost.com/video-games/2019/10/27/league-legends-is-now-years-old-this-is-story-its-birth/
Joakim Henningson、「The History of Counter-strike」、Red Bull、2020年6月8日 www.redbull.com/se-en/history-of-counterstrike
[10] 「History of the OSI」、Open Source Initiative、2018年10月に最終更新 opensource.org/history/
[11] Richard Stallman、「Why Open Source Misses the Point of Free Software」、GNU Operating System、2022年2月3日に最終更新 www.gnu.org/philosophy/open-source-misses-the-point.en.html
Steve Lohr、「Code Name: Mainstream」、New York Times、2000年8月 archive.nytimes.com/www.nytimes.com/library/tech/00/08/biztech/articles/28code.html
[12] Frederic Lardinois、「Four Years After Being Acquired by Microsoft, GitHub Keeps Doing Its Thing」、TechCrunch、2022年10月26日 www.techcrunch.com/2022/10/26/four-years-after-being-acquired-by-microsoft-github-keeps-doing-its-thing/
[13] James Forson、「The Eighth Wonder of the World—Compounding Interest」、Regenesys Business School、2022年4月13日 www.regenesys.net/reginsights/the-eighth-wonder-of-the-world-compounding-interest/
[14] 「Compound Interest Is Man's Greatest Invention」、Quote Investigator、2011年10月31日 quoteinvestigator.com/2011/10/31/compound-interest/
[15] Eric Raymond、『The Cathedral and the Bazaar: Musings on Linux and Open Source by an Accidental Revolutionary』(カリフォルニア州セバストポル：O'Reilly Media、1999年)、『伽藍とバザール』(光芒社)

第8章　テイクレート

[1]　Adam Lashinsky、「Amazon's Jeff Bezos: The Ultimate Disrupter」、Fortune、2012年11月16日 fortune.com/2012/11/16/amazons-jeff-bezos-the-ultimate-disrupter/

[2]　Alicia Shepard、「Craig Newmark and Craigslist Didn't Destroy Newspapers, They Outsmarted Them」、USA Today、2018年6月17日 www.usatoday.com/story/opinion/2018/06/18/craig-newmark-craigslist-didnt-kill-newspapers-outsmarted-them-column/702590002/

[3]　Julia Kollewe、「Google and Facebook Bring in One-Fifth of Global Ad Revenue」、Guardian、2017年5月1日 www.theguardian.com/media/2017/may/02/google-and-facebook-bring-in-one-fifth-of-global-ad-revenue

[4]　Linda Kinstler、「How TripAdvisor Changed Travel」、Guardian、2018年8月17日 www.theguardian.com/news/2018/aug/17/how-tripadvisor-changed-travel

[5]　Peter Kafka、「Facebook Wants Creators, but YouTube Is Paying Creators Much, Much More」、Vox、2021年7月15日 www.vox.com/recode/22577734/facebook-1-billion-youtube-creators-zuckerberg-mr-beast

[6]　Matt Binder、「Musk Says Twitter Will Share Ad Revenue with Creators . . . Who Give Him Money First」、Mashable、2023年2月3日 mashable.com/article/twitter-ad-revenue-share-creators

[7]　Zach Vallese、「In the Three-way Battle Between YouTube, Reels and Tiktok, Creators Aren't Counting on a Big Payday」、CNBC、2023年2月27日 www.cnbc.com/2023/02/27/in-youtube-tiktok-reels-battle-creators-dont-expect-a-big-payday.html

[8]　Hank Green、「So . . . TikTok Sucks」、hankschannel、2022年1月20日、動画 www.youtube.com/watch?v=jAZapFzpP64&ab_channel=hankschannel

[9]　「Five Fast Facts」、Time to Play Fair、2022年10月25日 timetoplayfair.com/facts/

[10] Geoffrey A. Fowler、「iTrapped: All the Things Apple Won't Let You Do with Your iPhone」、Washington Post、2021年5月27日 www.washingtonpost.com/technology/2021/05/27/apple-iphone-monopoly/

[11] 「Why Can't I Get Premium in the App?」、Spotify support.spotify.com/us/article/why-cant-i-get-premium-in-the-app/

[12] 「Buy Books for Your Kindle App」、Help & Customer Service、Amazon www.amazon.com/gp/help/customer/display.html?nodeId=GDZF9S2BRW5NWJCW

[13] 「Epic Games Inc. v. Apple Inc.」、U.S. District Court for the Northern District of California、2021年9月10日
Bobby Allyn、「What the Ruling in the Epic Games v. Apple Lawsuit Means for iPhone Users」、All Things Considered, NPR、2021年9月10日 www.npr.org/2021/09/10/

1036043886/apple-fortnite-epic-games-ruling-explained
[14] Foo Yun Chee、「Apple Faces $1 Billion UK Lawsuit by App Developers over App Store Fees」、Reuters、2023年7月24日 www.reuters.com/technology/apple-faces-1-bln-uk-lawsuit-by-apps-developers-over-app-store-fees-2023-07-24/
[15]「Understanding Selling Fees」、eBay、2023年9月1日 にアクセス www.ebay.com/sellercenter/selling/seller-fees
[16]「Fees & Payments Policy」、Etsy、2023年9月1日にアクセス www.etsy.com/legal/fees/
[17] Sam Aprile、「How to Lower Seller Fees on StockX」、StockX、2021年8月25日 stockx.com/news/how-to-lower-seller-fees-on-stockx/
[18] Jefferson Graham、「There's a Reason So Many Amazon Searches Show You Sponsored Ads」、USA Today、2018年11月9日 www.usatoday.com/story/tech/talkingtech/2018/11/09/why-so-many-amazon-searches-show-you-sponsored-ads/1858553002/
[19] Jason Del Rey、「Basically Everything on Amazon Has Become an Ad」、Vox、2022年11月10日 www.vox.com/recode/2022/11/10/23450349/amazon-advertising-everywhere-prime-sponsored-products
[20]「Meta Platforms Gross Profit Margin (Quarterly)」、YCharts、2022年12月に最終更新 ycharts.com/companies/META/gross_profit_margin
[21]「Fees」、Uniswap Docs、2023年9月1日にアクセス docs.uniswap.org/contracts/v2/concepts/advanced-topics/fees
イーサリアムのテイクレートを計算するためのCoin Metricsのデータ、2023年7月にアクセス charts.coinmetrics.io/crypto-data/
[22] Moxie Marlinspike、「My First Impressions of Web3」、moxie.org、2022年1月7日 moxie.org/2022/01/07/web3-first-impressions.html
[23] Callan Quinn、「What Blur's Success Reveals About NFT Marketplaces」、Forbes、2023年3月17日 www.forbes.com/sites/digital-assets/2023/03/17/what-blurs-success-reveals-about-nft-marketplaces/
[24] Clayton M. Christensen、Michael E. Raynor、『The Innovator's Solution: Creating and Sustaining Successful Growth』(マサチューセッツ州ブライトン:Harvard Business Review Press、2013年)
[25] Daisuke Wakabayashi、Jack Nicas、「Apple, Google, and a Deal That Controls the Internet」、New York Times、2020年10月25日 www.nytimes.com/2020/10/25/technology/apple-google-search-antitrust.html
[26] Alioto Law Firm、「Class Action Lawsuit Filed in California Alleging Google Is Paying Apple to Stay out of the Search Engine Business」、PRNewswire、2022年1月3日 www.prnewswire.com/news-releases/class-action-lawsuit-filed-in-california-alleging-google-is-paying-apple-to-stay-out-of-the-search-engine-business-301453098.html

[27] Lisa Eadicicco、「Google's Promise to Simplify Tech Puts Its Devices Everywhere」、CNET、2022年5月12日 www.cnet.com/tech/mobile/googles-promise-to-simplify-tech-puts-its-devices-everywhere/
Chris Dixon、「What's Strategic for Google?」、cdixon.org、2009年12月30日 cdixon.org/2009/12/30/whats-strategic-for-google
[28] Joel Spolsky、「Strategy Letter V」、Joel on Software、2002年6月12日 www.joelonsoftware.com/2002/06/12/strategy-letter-v/

第9章　トークンをインセンティブとするネットワーク

[1] Quote widely attributed to Charlie Munger as in Joshua Brown、「Show me the incentives and I will show you the outcomes」、Reformed Broker、2018年8月26日 thereformedbroker.com/2018/08/26/show-me-the-incentives-and-i-will-show-you-the-outcome/
[2] David Weinberger、David Searls、Christopher Locke、『The Cluetrain Manifesto: The End of Business as Usual』（ニューヨーク：Basic Books、2000年）
[3] Uniswap Foundation、「Uniswap Grants Program Retrospective」、2022年6月20日 mirror.xyz/kennethng.eth/0WHWvyE4Fzz50aORNg3ixZMlvFjZ7frkqxnY4UIfZxo
Brian Newar、「Uniswap Foundation Proposal Gets Mixed Reaction over $74M Price Tag」、CoinTelegraph、2022年8月5日 cointelegraph.com/news/uniswap-foundation-proposal-gets-mixed-reaction-over-74m-price-tag
[4] 「What Is Compound in 5 Minutes」、Cryptopedia, Gemini、2022年6月28日 www.gemini.com/en-US/cryptopedia/what-is-compound-and-how-does-it-work
[5] Daniel Aguayo et al.、「MIT Roofnet: Construction of a Community Wireless Network」、MIT Computer Science and Artificial Intelligence Laboratory、2003年10月 pdos.csail.mit.edu/~biswas/sosp-poster/roofnet-abstract.pdf
Marguerite Reardon、「Taking Wi-Fi Power to the People」、CNET、2006年10月27日 www.cnet.com/home/internet/taking-wi-fi-power-to-the-people/
Bliss Broyard、「'Welcome to the Mesh, Brother': Guerrilla Wi-Fi Comes to New York」、New York Times、2021年7月16日 www.nytimes.com/2021/07/16/nyregion/nyc-mesh-community-internet.html
[6] Ali Yahya、Guy Wuollet、Eddy Lazzarin、「Investing in Helium」、a16z crypto、2021年8月10日 a16zcrypto.com/content/announcement/investing-in-helium/
[7] C+Charge、「C+Charge Launch Revolutionary Utility Token for EV Charging Station Management and Payments That Help Organize and Earn Carbon Credits for Holders」、

プレスリリース、2022年4月22日 www.globenewswire.com/news-release/2022/04/22/2427642/0/en/C-Charge-Launch-Revolutionary-Utility-Token-for-EV-Charging-Station-Management-and-Payments-That-Help-Organize-and-Earn-Carbon-Credits-for-Holders.html

Swarm、「Swarm, Ethereum's Storage Network, Announces Mainnet Storage Incentives and Web3PC Inception」、2022年12月21日 news.bitcoin.com/swarm-ethereums-storage-network-announces-mainnet-storage-incentives-and-web3pc-inception/

Shashi Raj Pandey、Lam Duc Nguyen、Petar Popovski、「FedToken: Tokenized Incentives for Data Contribution in Federated Learning」、2022年11月3日に最終更新 arxiv.org/abs/2209.09775

[8] Adam L. Penenberg、「PS: I Love You. Get Your Free Email at Hotmail」、TechCrunch、2009年10月18日 techcrunch.com/2009/10/18/ps-i-love-you-get-your-free-email-at-hotmail/

[9] Juli Clover、「Apple Reveals the Most Downloaded iOS Apps and Games of 2021」、MacRumors、2021年12月1日 www.macrumors.com/2021/12/02/apple-most-downloaded-apps-2021

[10] Rita Liao、Catherine Shu、「TikTok's Epic Rise and Stumble」、TechCrunch、2020年11月16日 techcrunch.com/2020/11/26/tiktok-timeline/

[11] Andrew Chen、「How Startups Die from Their Addiction to Paid Marketing」、andrewchen.com、2023年3月1日にアクセス（2018年5月7日にツイート）andrewchen.com/paid-marketing-addiction/

[12] Abdo Riani、「Are Paid Ads a Good Idea for Early-Stage Startups?」、Forbes、2021年4月2日 www.forbes.com/sites/abdoriani/2021/04/02/are-paid-ads-a-good-idea-for-early-stage-startups/;

Willy Braun、「You Need to Lose Money, but a Negative Gross Margin Is a Really Bad Idea」、daphni chronicles、Medium、2016年2月28日 medium.com/daphni-chronicles/you-need-to-lose-money-but-a-negative-gross-margin-is-a-really-bad-idea-82ad12cd6d96

Anirudh Damani、「Negative Gross Margins Can Bury Your Startup」、ShowMeDamani、2020年8月25日 www.showmedamani.com/post/negative-gross-margins-can-bury-your-startup

[13] Grace Kay、「The History of Dogecoin, the Cryptocurrency That Surged After Elon Musk Tweeted About It but Started as a Joke on Reddit Years Ago」、Business Insider、2021年2月9日 www.businessinsider.com/what-is-dogecoin-2013-12

[14] 「Dogecoin」、Reddit、2013年12月8日 www.reddit.com/r/dogecoin/

[15] Julia Glum、「To Have and to HODL: Welcome to Love in the Age of Cryptocurrency」、Money、2021年10月20日 money.com/cryptocurrency-nft-bitcoin-love-relationships/
[16] 「Introducing Uniswap V3」、Uniswap、2021年3月23日 blog.uniswap.org/uniswap-v3
[17] Cam Thompson、「DeFi Trading Hub Uniswap Surpasses $1T in Lifetime Volume」、CoinDesk、2022年5月25日 www.coindesk.com/business/2022/05/24/defi-trading-hub-uniswap-surpasses-1t-in-lifetime-volume/
[18] Brady Dale、「Uniswap's Retroactive Airdrop Vote Put Free Money on the Campaign Trail」、CoinDesk、2020年11月3日 www.coindesk.com/business/2020/11/03/uniswaps-retroactive-airdrop-vote-put-free-money-on-the-campaign-trail/
[19] Ari Levy、Salvador Rodriguez、「These Airbnb Hosts Earned More Than $15,000 on Thursday After the Company Let Them Buy IPO Shares」、CNBC、2020年12月10日 www.cnbc.com/2020/12/10/airbnb-hosts-profit-from-ipo-pop-spreading-wealth-beyond-investors.html
Chaim Gartenberg、「Uber and Lyft Reportedly Giving Some Drivers Cash Bonuses to Use Towards Buying IPO Stock」、Verge、2019年2月28日 www.theverge.com/2019/2/28/18244479/uber-lyft-drivers-cash-bonus-stock-ipo-sec-rules
[20] Andrew Hayward、「Flow Blockchain Now 'Controlled by Community,' Says Dapper Labs」、Decrypt、2021年10月20日 decrypt.co/83957/flow-blockchain-controlled-community-dapper-labs
Lauren Stephanian、Cooper Turley、「Optimizing Your Token Distribution」、2022年1月4日 lstephanian.mirror.xyz/kB9Jz_5joqbY0ePO8rU1NNDKhiqvzU6OWyYsbSA-Kcc

第10章　トークノミクス

[1] Mark J. PerryがThomas Sowellを引用、「Quotations of the Day from Thomas Sowell」、American Enterprise Institute、2014年4月1日 www.aei.org/carpe-diem/quotations-of-the-day-from-thomas-sowell-2/
[2] Laura June、「For Amusement Only: The Life and Death of the American Arcade」、Verge、2013年1月16日 www.theverge.com/2013/1/16/3740422/the-life-and-death-of-the-american-arcade-for-amusement-only
[3] Kyle Orland、「How EVE Online Builds Emotion out of Its Strict In-Game Economy」、Ars Technica、2014年2月5日 arstechnica.com/gaming/2014/02/how-eve-online-builds-emotion-out-of-its-strict-in-game-economy/
[4] Scott Hillis、「Virtual World Hires Real Economist」、Reuters、2007年8月16日 www.reuters.com/article/us-videogames-economist-life/virtual-world-hires-real-

economist-idUSN0925619220070816
[5] Brent SchlenderがSteve Jobsを引用、「The Lost Steve Jobs Tapes」、Fast Company、2012年4月17日 www.fastcompany.com/1826869/lost-steve-jobs-tapes
[6] Sujha Sundararajan、「Billionaire Warren Buffett Calls Bitcoin 'Rat Poison Squared'」、CoinDesk、2021年9月13日 www.coindesk.com/markets/2018/05/07/billionaire-warren-buffett-calls-bitcoin-rat-poison-squared/
[7] Theron Mohamed、「'Big Short' Investor Michael Burry Slams NFTs with a Quote Warning 'Crypto Grifters' Are Selling Them as 'Magic Beans'」、Markets、Business Insider、2021年3月16日 markets.businessinsider.com/currencies/news/big-short-michael-burry-slams-nft-crypto-grifters-magic-beans-2021-3-1030214014
[8] Carlota Perez、『Technological Revolutions and Financial Capital: The Dynamics of Bubbles and Golden Ages』(マサチューセッツ州ノーサンプトン：Edward Elgar、2014年)
[9] 「Gartner Hype Cycle Research Methodology」、Gartner、2023年9月1日にアクセス www.gartner.com/en/research/methodologies/gartner-hype-cycle
(GartnerおよびHype Cycleは、Gartner, Inc.および/またはその関連会社の米国内および海外における登録商標であり、許可を得てここで使用されています。無断転載を禁じます。)
[10] Doug Henton、Kim Held、「The Dynamics of Silicon Valley: Creative Destruction and the Evolution of the Innovation Habitat」、Social Science Information 52 (4)：539–557ページ、2013年 journals.sagepub.com/doi/10.1177/0539018413497542
[11] David Mazor、「Lessons from Warren Buffett: In the Short Run the Market Is a Voting Machine, in the Long Run a Weighing Machine」、Mazor's Edge、2023年1月7日 mazorsedge.com/lessons-from-warren-buffett-in-the-short-run-the-market-is-a-voting-machine-in-the-long-run-a-weighing-machine/

第11章　ネットワークガバナンス

[1] 1947年のWinston Churchillの下院演説をRichard Langworthが引用『Churchill By Himself: The Definitive Collection of Quotations』(ニューヨーク州ニューヨーク：PublicAffairs、2008年)：574ページ
[2] 「Current Members and Testimonials」、World Wide Web Consortium、2023年3月2日にアクセス www.w3.org/Consortium/Member/List
[3] 「Introduction to the IETF」、Internet Engineering Task Force、2023年3月2日にアクセス www.ietf.org/
[4] A. L. Russell、「'Rough Consensus and Running Code' and the Internet-OSI Standards War」、Institute of Electrical and Electronics Engineers Annals of the History of

Computing 28, no. 3 (2006) ieeexplore.ieee.org/document/1677461

[5] Richard Cooke、「Wikipedia Is the Last Best Place on the Internet」、Wired、2020年2月17日 www.wired.com/story/wikipedia-online-encyclopedia-best-place-internet/

[6] 「History of the Mozilla Project」、Mozilla、2023年9月1日にアクセス www.mozilla.org/en-US/about/history/

[7] Steven Vaughan-Nichols、「Firefox Hits the Jackpot with Almost Billion Dollar Google Deal」、ZDNET、2011年12月22日 www.zdnet.com/article/firefox-hits-the-jackpot-with-almost-billion-dollar-google-deal/

[8] Jordan Novet、「Mozilla Acquires Read-It-Later App Pocket, Will Open-Source the Code」、VentureBeat、2017年2月27日 venturebeat.com/mobile/mozilla-acquires-read-it-later-app-pocket-will-open-source-the-code/
Paul Sawers、「Mozilla Acquires the Team Behind Pulse, an Automated Status Updater for Slack」、TechCrunch、2022年12月1日 techcrunch.com/2022/12/01/mozilla-acquires-the-team-behind-pulse-an-automated-status-update-tool-for-slack/

[9] Devin Coldewey、「OpenAI Shifts from Nonprofit to 'Capped-Profit' to Attract Capital」、TechCrunch、2019年3月11日 techcrunch.com/2019/03/11/openai-shifts-from-nonprofit-to-capped-profit-to-attract-capital/

[10] Elizabeth Dwoskin、「Elon Musk Wants a Free Speech Utopia. Technologists Clap Back」、Washington Post、2022年4月18日 www.washingtonpost.com/technology/2022/04/18/musk-twitter-free-speech/

[11] Taylor Hatmaker、「Jack Dorsey Says His Biggest Regret Is That Twitter Was a Company At All」、TechCrunch、2022年8月26日 techcrunch.com/2022/08/26/jack-dorsey-biggest-regret/

[12] 「The Friend of a Friend (FOAF) Project」、FOAF Project、2008年 web.archive.org/web/20080904205214/http://www.foaf-project.org/projects
Sinclair Target、「Friend of a Friend: The Facebook That Could Have Been」、Two-Bit History、2020年1月5日 twobithistory.org/2020/01/05/foaf.html#fn:1

[13] Erick Schonfeld、「StatusNet (of Identi.ca Fame) Raises $875,000 to Become the WordPress of Microblogging」、TechCrunch、2009年10月27日 techcrunch.com/2009/10/27/statusnet-of-identi-ca-fame-raises-875000-to-become-the-wordpress-of-microblogging/

[14] George Anadiotis、「Manyverse and Scuttlebutt: A Human-Centric Technology Stack for Social Applications」、ZDNET、2018年10月25日 www.zdnet.com/article/manyverse-and-scuttlebutt-a-human-centric-technology-stack-for-social-applications/

[15] Harry McCracken、「Tim Berners-Lee Is Building the Web's 'Third Layer.' Don't Call It Web3」、Fast Company、2022年11月8日 www.fastcompany.com/90807852/tim-berners-lee-inrupt-solid-pods
[16] Barbara Ortutay、「Bluesky, Championed by Jack Dorsey, Was Supposed to Be Twitter 2.0. Can It Succeed?」、AP、2023年6月6日 apnews.com/article/bluesky-twitter-jack-dorsey-elon-musk-invite-f2b4fb2fefd34f0149cec2d87857c766
[17] Gregory Barber、「Meta's Threads Could Make—or Break—the Fediverse」、Wired、2023年7月18日 www.wired.com/story/metas-threads-could-make-or-break-the-fediverse/
[18] Stephen Shankland、「I Want to Like Mastodon. The Decentralized Network Isn't Making That Easy」、CNET、2022年11月14日 www.cnet.com/news/social-media/i-want-to-like-mastodon-the-decentralized-network-isnt-making-that-easy/
[19] Sarah Jamie Lewis、「Federation Is the Worst of All Worlds」、Field Notes、2018年7月10日 fieldnotes.resistant.tech/federation-is-the-worst-of-all-worlds/
[20] Steve Gillmor、「Rest in Peace, RSS」、TechCrunch、2009年5月5日 techcrunch.com/2009/05/05/rest-in-peace-rss/
Erick Schonfeld、「Twitter's Internal Strategy Laid Bare: To Be 'the Pulse of the Planet'」、TechCrunch、2009年7月16日 techcrunch.com/2009/07/16/twitters-internal-strategy-laid-bare-to-be-the-pulse-of-the-planet-2/
[21]「HTTPS as a Ranking Signal」、Google Search Central、2014年8月7日 developers.google.com/search/blog/2014/08/https-as-ranking-signal
Julia Love、「Google Delays Phasing Out Ad Cookies on Chrome Until 2024」、Bloomberg、2022年7月27日 www.bloomberg.com/news/articles/2022-07-27/google-delays-phasing-out-ad-cookies-on-chrome-until-2024?leadSource=uverify%20wall
Daisuke Wakabayashi、「Google Dominates Thanks to an Unrivaled View of the Web」、New York Times、2020年12月14日 www.nytimes.com/2020/12/14/technology/how-google-dominates.html
[22] Jo Freeman、「The Tyranny of Structurelessness」、1972年 www.jofreeman.com/joreen/tyranny.htm

第12章　コンピュータvs.カジノ

[1] Andy Grove quoted in Walter Isaacson、「Andrew Grove: Man of the Year」、Time、1997年12月29日 time.com/4267448/andrew-grove-man-of-the-year/
[2] Andrew R. Chow、「After FTX Implosion, Bahamian Tech Entrepreneurs Try to Pick Up

the Pieces」、Time、2023年3月30日 time.com/6266711/ftx-bahamas-crypto/
Sen. Pat Toomey (R-Pa.)、「Toomey: Misconduct, Not Crypto, to Blame for FTX Collapse」、U.S. Senate Committee on Banking, Housing, and Urban Affairs、2022年12月14日 www.banking.senate.gov/newsroom/minority/toomey-misconduct-not-crypto-to-blame-for-ftx-collapse

[3] Jason Brett、「In 2021, Congress Has Introduced 35 Bills Focused on U.S. Crypto Policy」、Forbes、2021年12月27日 www.forbes.com/sites/jasonbrett/2021/12/27/in-2021-congress-has-introduced-35-bills-focused-on-us-crypto-policy/

[4] U.S. Securities and Exchange Commission、「Kraken to Discontinue Unregistered Offer and Sale of Crypto Asset Staking-as-a-Service Program and Pay $30 Million to Settle SEC Charges」、プレスリリース、2023年2月9日 www.sec.gov/news/press-release/2023-25
Sam Sutton、「Treasury: It's Time for a Crypto Crackdown」、Politico、2022年9月16日 www.politico.com/newsletters/morning-money/2022/09/16/treasury-its-time-for-a-crypto-crackdown-00057144
Jonathan Yerushalmy、Alex Hern、「SEC Crypto Crackdown: US Regulator Sues Binance and Coinbase」、Guardian、2023年6月6日 www.theguardian.com/technology/2023/jun/06/sec-crypto-crackdown-us-regulator-sues-binance-and-coinbase
Sidhartha Shukla、「The Cryptocurrencies Getting Hit Hardest Under the SEC Crackdown」、Bloomberg、2023年6月13日 www.bloomberg.com/news/articles/2023-06-13/these-are-the-19-cryptocurrencies-are-securities-the-sec-says

[5] Paxos、「Paxos Will Halt Minting New BUSD Tokens」、2023年2月13日 paxos.com/2023/02/13/paxos-will-halt-minting-new-busd-tokens/
「New Report Shows 1 Million Tech Jobs at Stake in US Due to Regulatory Uncertainty」、Coinbase、2023年3月29日 www.coinbase.com/blog/new-report-shows-1m-tech-jobs-at-stake-in-us-crypto-policy

[6] Ashley Belanger、「America's Slow-Moving, Confused Crypto Regulation Is Driving Industry out of US」、Ars Technica、2022年11月8日 arstechnica.com/tech-policy/2022/11/Americas-slow-moving-confused-crypto-regulation-is-driving-industry-out-of-us/
Jeff Wilser、「US Crypto Firms Eye Overseas Move Amid Regulatory Uncertainty」、Coindesk、2023年5月27日 www.coindesk.com/consensus-magazine/2023/03/27/crypto-leaving-us/

[7] 「Framework for 'Investment Contract' Analysis of Digital Assets」、U.S. Securities and Exchange Commission、2019年 www.sec.gov/corpfin/framework-investment-

contract-analysis-digital-assets
[8] Miles Jennings、「Decentralization for Web3 Builders: Principles, Models, How」、a16z crypto、2022年4月7日 a16zcrypto.com/posts/article/web3-decentralization-models-framework-principles-how-to/
[9] 「Watch GOP Senator and SEC Chair Spar Over Definition of Bitcoin」、CNET Highlights、2022年9月16日 www.youtube.com/watch?v=3H19OF3lbnA
Miles Jennings、Brian Quintenz、「It's Time to Move Crypto from Chaos to Order」、Fortune、2023年7月15日 fortune.com/crypto/2023/07/15/its-time-to-move-crypto-from-chaos-to-order/
Andrew St. Laurent、「Despite Ripple, Crypto Projects Still Face Uncertainty and Risks」、Bloomberg Law、2023年7月31日 news.bloomberglaw.com/us-law-week/despite-ripple-crypto-projects-still-face-uncertainty-and-risks
「Changing Tides or a Ripple in Still Water? Examining the SEC v. Ripple Ruling」、Ropes & Gray、2023年7月25日 www.ropesgray.com/en/newsroom/alerts/2023/07/changing-tides-or-a-ripple-in-still-water-examining-the-sec-v-ripple-ruling
Jack Solowey、Jennifer J. Schulp、「We Need Regulatory Clarity to Keep Crypto Exchanges Onshore and DeFi Permissionless」、Cato Institute、2023年5月10日 www.cato.org/commentary/we-need-regulatory-clarity-keep-crypto-exchanges-onshore-defi-permissionless
[10] U.S. Securities and Exchange Commission v. W. J. Howey Co. et al., 328 U.S. 293 (1946)
[11] 「Framework for 'Investment Contract' Analysis of Digital Assets」、U.S. Securities and Exchange Commission、2019年 www.sec.gov/corpfin/framework-investment-contract-analysis-digital-assets
[12] Maria Gracia Santillana Linares、「How the SEC's Charge That Cryptos Are Securities Could Face an Uphill Battle」、Forbes、2023年8月14日 www.forbes.com/sites/digital-assets/2023/08/14/how-the-secs-charge-that-cryptos-are-securities-could-face-an-uphill-battle/
Jesse Coghlan、「SEC Lawsuits: 68 Cryptocurrencies Are Now Seen as Securities by the SEC」、Cointelegraph、2023年6月6日 cointelegraph.com/news/sec-labels-61-cryptocurrencies-securities-after-binance-suit/
[13] David Pan、「SEC's Gensler Reiterates 'Proof-of-Stake' Crypto Tokens May Be Securities」、Bloomberg、2023年3月15日 www.bloomberg.com/news/articles/2023-03-15/sec-s-gary-gensler-signals-tokens-like-ether-are-securities
[14] Jesse Hamilton、「U.S. CFTC Chief Behnam Reinforces View of Ether as Commodity」、CoinDesk、2023年3月28日 www.coindesk.com/policy/2023/03/28/us-cftc-chief-

behnam-reinforces-view-of-ether-as-commodity/
Sandali Handagama、「U.S. Court Calls ETH a Commodity While Tossing Investor Suit Against Uniswap」、CoinDesk、2023年8月31日 www.coindesk.com/policy/2023/08/31/us-court-calls-eth-a-commodity-while-tossing-investor-suit-against-uniswap/
[15] Faryar Shirzad、「The Crypto Securities Market is Waiting to be Unlocked. But First We Need Workable Rules」、Coinbase、2022年7月21日 www.coinbase.com/blog/the-crypto-securities-market-is-waiting-to-be-unlocked-but-first-we-need-workable-rules
Securities Clarity Act, H.R. 4451、第117議会（2021年）
Token Taxonomy Act, H.R. 1628、第117議会（2021年）
[16] Allyson Versprille、「House Stablecoin Bill Would Put Two-Year Ban on Terra-Like Coins」、Bloomberg、2022年9月20日 www.bloomberg.com/news/articles/2022-09-20/house-stablecoin-bill-would-put-two-year-ban-on-terra-like-coins
Andrew Asmakov、「New York Signs Two-Year Crypto Mining Moratorium into Law」、Decrypt、2022年11月23日 decrypt.co/115416/new-york-signs-2-year-crypto-mining-moratorium-law
[17] John Micklethwait、Adrian Wooldridge、『The Company: A Short History of a Revolutionary Idea』(ニューヨーク：Modern Library、2005年)、『株式会社』(ランダムハウス講談社)
Tyler Halloran、「A Brief History of the Corporate Form and Why It Matters」、Fordham Journal of Corporate and Financial Law、2018年11月18日 news.law.fordham.edu/jcfl/2018/11/18/a-brief-history-of-the-corporate-form-and-why-it-matters/
[18] Ron Harris、「A New Understanding of the History of Limited Liability: An Invitation for Theoretical Reframing」、Journal of Institutional Economics 16, no. 5 (2020)；643–664ページ、doi:10.1017/S1744137420000181
[19] William W. Cook、「'Watered Stock'—Commissions—'Blue Sky Laws'—Stock Without Par Value」、Michigan Law Review 19, no. 6 (1921)：583–598ページ、doi.org/10.2307/1276746

第13章　iPhone的：インキュベーションから成長へ

[1] Arthur C. ClarkeによるErvin Laszloへの序文、『Macroshift: Navigating the Transformation to a Sustainable World』(カリフォルニア州オークランド：Berrett-Koehler、2001年)
[2] Randy Alfred、「Dec. 19, 1974: Build Your Own Computer at Home!」、Wired、2011年12月19日 www.wired.com/2011/12/1219altair-8800-computer-kit-goes-on-sale/

[3] Michael J. Miller、「Project Chess: The Story Behind the Original IBM PC」、PCMag、2021年8月12日 www.pcmag.com/news/project-chess-the-story-behind-the-original-ibm-pc
[4] David Shedden、「Today in Media History: Lotus 1-2-3 Was the Killer App of 1983」、Poynter、2015年1月26日 www.poynter.org/reporting-editing/2015/today-in-media-history-lotus-1-2-3-was-the-killer-app-of-1983/
[5] 「Celebrating the NSFNET」、NSFNET、2017年2月2日 nsfnet-legacy.org/
[6] Michael Calore、「April 22, 1993: Mosaic Browser Lights Up Web with Color, Creativity」、Wired、2010年4月22日 www.wired.com/2010/04/0422mosaic-web-browser/
[7] Warren McCulloch、Walter Pitts、「A Logical Calculus of the Ideas Immanent in Nervous Activity」、Bulletin of Mathematical Biophysics 5 (1943)：115–133ページ
[8] Alan Turing、「Computing Machinery and Intelligence」、Mind, n.s., 59, no. 236 (Oct. 1950)：433–460ページ phil415.pbworks.com/f/TuringComputing.pdf
[9] Rashan Dixon、「Unleashing the Power of GPUs for Deep Learning: A Game-Changing Advancement in AI」、DevX、2023年7月6日 www.devx.com/news/unleashing-the-power-of-gpus-for-deep-learning-a-game-changing-advancement-in-ai/

第14章　有望な応用例

[1] Kevin Kelly、「1,000 True Fans」、The Technium、2008年3月4日 kk.org/thetechnium/1000-true-fans/
[2] 「How Much Time Do People Spend on Social Media and Why?」、Forbes India、2022年9月3日 www.forbesindia.com/article/lifes/how-much-time-do-people-spend-on-social-media-and-why/79477/1
[3] Belle Wong、Cassie Bottorff、「Average Salary by State in 2023」、Forbes、2023年8月23日時点 www.forbes.com/advisor/business/average-salary-by-state/
[4] Neal Stephenson、『Snow Crash』（ニューヨーク：Bantam Spectra、1992年）、『スノウ・クラッシュ』（早川書房）
[5] Dean Takahashi、「Epic's Tim Sweeney: Be Patient. The Metaverse Will Come. And It Will Be Open」、VentureBeat、2016年12月16日 venturebeat.com/business/epics-tim-sweeney-be-patient-the-metaverse-will-come-and-it-will-be-open/
[6] Daniel Tack、「The Subscription Transition: MMORPGs and Free-to-Play」、Forbes、2013年10月9日 www.forbes.com/sites/danieltack/2013/10/09/the-subscription-transition-mmorpgs-and-free-to-play/

[7] Kyle Orland、「The Return of the $70 Video Game Has Been a Long Time Coming」、Ars Technica、2020年7月9日 arstechnica.com/gaming/2020/07/the-return-of-the-70-video-game-has-been-a-long-time-coming/

[8] Mitchell Clark、「Fortnite Made More Than $9 Billion in Revenue in Its First Two Years」、Verge、2021年5月3日 www.theverge.com/2021/5/3/22417447/fortnite-revenue-9-billion-epic-games-apple-antitrust-case
Ian Thomas、「How Free-to-Play and In-Game Purchases Took Over the Video Game Industry」、CNBC、2022年10月6日 www.cnbc.com/2022/10/06/how-free-to-play-and-in-game-purchases-took-over-video-games.html

[9] Vlad Savov、「Valve Is Letting Money Spoil the Fun of Dota 2」、Verge、2015年2月16日 www.theverge.com/2015/2/16/8045369/valve-dota-2-in-game-augmentation-pay-to-win

[10] Felix Richter、「Video Games Beat Blockbuster Movies out of the Gate」、Statista、2018年11月6日 www.statista.com/chart/16000/video-game-launch-sales-vs-movie-openings/

[11] Wallace Witkowski、「Videogames Are a Bigger Industry Than Movies and North American Sports Combined, Thanks to the Pandemic」、MarketWatch、2020年12月22日 www.marketwatch.com/story/videogames-are-a-bigger-industry-than-sports-and-movies-combined-thanks-to-the-pandemic-11608654990

[12] Jeffrey Rousseau、「Newzoo: Revenue Across All Video Game Market Segments Fell in 2022」、GamesIndustry.biz、2023年5月30日 www.gamesindustry.biz/newzoo-revenue-across-all-video-game-market-segments-fell-in-2022

[13] Jacob Wolf、「Evo: An Oral History of Super Smash Bros. Melee」、ESPN、2017年7月12日 www.espn.com/esports/story/_/id/19973997/evolution-championship-series-melee-oral-history-evo

[14] Andy Maxwell、「How Big Music Threatened Startups and Killed Innovation」、Torrent Freak、2012年7月9日 torrentfreak.com/how-big-music-threatened-startups-and-killed-innovation-120709/

[15] David Kravets、「Dec. 7, 1999: RIAA Sues Napster」、Wired、2009年12月7日 www.wired.com/2009/12/1207riaa-sues-napster/
Michael A. Carrier、「Copyright and Innovation: The Untold Story」、Wisconsin Law Review (2012)：891–962ページ www.researchgate.net/publication/256023174_Copyright_and_Innovation_The_Untold_Story

[16] Pitchbook data、2023年9月1日にアクセス

[17] Yuji Nakamura、「Peak Video Game? Top Analyst Sees Industry Slumping in 2019」、Bloomberg、2019年1月23日 www.bloomberg.com/news/articles/2019-01-23/peak-

video-game-top-analyst-sees-industry-slumping-in-2019
[18] The Recording Industry Association of America、「U.S. Music Revenue Database」、2023年9月1日 www.riaa.com/u-s-sales-database/（注：グラフは米国のデータに基づいて世界の音楽収益を推定している）
[19]「The State of Music/Web3 Tools for Artists」、Water & Music、2021年12月15日 www.waterandmusic.com/the-state-of-music-web3-tools-for-artists/
Marc Hogan、「How NFTs Are Shaping the Way Music Sounds」、Pitchfork m、2022年5月23日 pitchfork.com/features/article/how-nfts-are-shaping-the-way-music-sounds/
[20] Alyssa Meyers、「A Music Artist Says Apple Music Pays Her 4 Times What Spotify Does per Stream, and It Shows How Wildly Royalty Payments Can Vary Between Services」、Business Insider、2020年1月10日 www.businessinsider.com/how-apple-music-and-spotify-pay-music-artist-streaming-royalties-2020-1
「Expressing the sense of Congress that it is the duty of the Federal Government to establish a new royalty program to provide income to featured and non-featured performing artists whose music or audio content is listened to on streaming music services, like Spotify」、H Con.Res. 102、第117議会（2022年）www.congress.gov/bill/117th-congress/house-concurrent-resolution/102/text
[21]「Top 10 Takeaways」、Loud & Clear、Spotify loudandclear.byspotify.com/
[22] Jon Chapple、「Music Merch Sales Boom Amid Bundling Controversy」、IQ、2019年7月4日 www.iq-mag.net/2019/07/music-merch-sales-boom-amid-bundling-controversy/
[23]「U.S. Video Game Sales Reach Record-Breaking $43.3 Billion in 2018」、Entertainment Software Association、2019年1月23日 www.theesa.com/news/u-s-video-game-sales-reach-record-breaking-43-4-billion-in-2018/
[24] Andrew R. Chow、「Independent Musicians Are Making Big Money from NFTs. Can They Challenge the Music Industry?」、Time、2021年12月2日 time.com/6124814/music-industry-nft/
[25] William Entriken et al.、「ERC-721: Non-Fungible Token Standard」、Ethereum.org、2018年1月24日 eips.ethereum.org/EIPS/eip-721
[26] Nansen Query data、2023年9月21日にアクセス nansen.ai/query/
Flipside data、2023年9月21日にアクセス flipsidecrypto.xyz/
[27]「Worldwide Advertising Revenues of YouTube as of 1st Quarter 2023」、Statista、2023年9月21日にアクセス statista.com/statistics/289657/youtube-global-quarterly-advertising-revenues/
[28] Jennifer Keishin Armstrong、「How Sherlock Holmes Changed the World」、BBC、

2016年1月6日 www.bbc.com/culture/article/20160106-how-sherlock-holmes-changed-the-world
[29]「Why Has Jar Jar Binks Been Banished from the Star Wars Universe?」、Guardian、2015年12月7日 www.theguardian.com/film/shortcuts/2015/dec/07/jar-jar-binks-banished-from-star-wars-the-force-awakens
[30]「Victim of Wikipedia: Microsoft to Shut Down Encarta」、Forbes、2009年3月30日 www.forbes.com/2009/03/30/microsoft-encarta-wikipedia-technology-paidcontent.html
[31]「Top Website Rankings」、Similarweb、2023年9月1日にアクセス www.similarweb.com/top-websites/
[32] Alexia Tsotsis、「Inspired By Wikipedia, Quora Aims for Relevancy With Topic Groups and Reorganized Topic Pages」、TechCrunch、2011年6月24日にアクセス techcrunch.com/2011/06/24/inspired-by-wikipedia-quora-aims-for-relevancy-with-topic-groups-and-reorganized-topic-pages/
[33] Cuy Sheffield、「'Fantasy Hollywood'—Crypto and Community-Owned Characters」、a16z crypto、2021年6月15日 a16zcrypto.com/posts/article/crypto-and-community-owned-characters/
[34] Steve Bodow、「The Money Shot」、Wired、2001年9月1日 www.wired.com/2001/09/paypal/
[35] Joe McCambley、「The First Ever Banner Ad: Why Did It Work So Well?」、Guardian、2013年12月12日 www.theguardian.com/media-network/media-network-blog/2013/dec/12/first-ever-banner-ad-advertising
[36] Alex Rampell、ツイッター投稿、2018年9月 twitter.com/arampell/status/1042226753253437440
[37] Abubakar Idris、Tawanda Karombo、「Stablecoins Find a Use Case in Africa's Most Volatile Markets」、Rest of World、2021年8月19日 restofworld.org/2021/stablecoins-find-a-use-case-in-africas-most-volatile-markets/
[38] Jacquelyn Melinek、「Investors Focus on DeFi as It Remains Resilient to Crypto Market Volatility」、TechCrunch、2022年7月26日 techcrunch.com/2022/07/26/investors-focus-on-defi-as-it-remains-resilient-to-crypto-market-volatility/
[39] Jennifer Elias、「Google 'Overwhelmingly' Dominates Search Market, Antitrust Committee States」、CNBC、2020年10月6日 www.cnbc.com/2020/10/06/google-overwhelmingly-dominates-search-market-house-committee-finds.html
[40] Paresh Dave、「United States vs Google Vindicates Old Antitrust Gripes from Microsoft」、Reuters、2020年10月21日 www.reuters.com/article/us-tech-antitrust-google-microsoft-idCAKBN27625B

[41] Lauren Feiner、「Google Will Pay News Corp for the Right to Showcase Its News Articles」、CNBC、2021年2月17日 www.cnbc.com/2021/02/17/google-and-news-corp-strike-deal-as-australia-pushes-platforms-to-pay-for-news.html
[42] Mat Honan、「Jeremy Stoppelman's Long Battle with Google Is Finally Paying Off」、BuzzFeed News、2019年11月5日 www.buzzfeednews.com/article/mathonan/jeremy-stoppelman-yelp
[43] John McDuling、「The Former Mouthpiece of Apartheid Is Now One of the World's Most Successful Tech Investors」、Quartz、2014年1月9日 qz.com/161792/naspers-africas-most-fascinating-company
[44] Scott Cleland、「Google's 'Infringenovation' Secrets」、Forbes、2011年10月3日 www.forbes.com/sites/scottcleland/2011/10/03/googles-infringenovation-secrets/
[45] Blake Brittain、「AI Companies Ask U.S. Court to Dismiss Artists' Copyright Lawsuit」、Reuters、2023年4月19日 www.reuters.com/legal/ai-companies-ask-us-court-dismiss-artists-copyright-lawsuit-2023-04-19/
[46] Umar Shakir、「Reddit's Upcoming API Changes Will Make AI Companies Pony Up」、Verge、2023年4月18日 www.theverge.com/2023/4/18/23688463/reddit-developer-api-terms-change-monetization-ai
[47] Sheera Frenkel、Stuart A. Thompson、「'Not for Machines to Harvest': Data Revolts Break Out Against A.I.」、New York Times、2023年7月15日 www.nytimes.com/2023/07/15/technology/artificial-intelligence-models-chat-data.html
[48] Tate Ryan-Mosley、「Junk Websites Filled with AI-Generated Text Are Pulling in Money from Programmatic Ads」、MIT Technology Review、2023年6月26日 www.technologyreview.com/2023/06/26/1075504/junk-websites-filled-with-ai-generated-text-are-pulling-in-money-from-programmatic-ads/
[49] Gregory Barber、「AI Needs Your Data—and You Should Get Paid for It」、Wired、2019年8月8日 www.wired.com/story/ai-needs-data-you-should-get-paid/
Jazmine Ulloa、「Newsom Wants Companies Collecting Personal Data to Share the Wealth with Californians」、Los Angeles Times、2019年5月5日 www.latimes.com/politics/la-pol-ca-gavin-newsom-california-data-dividend-20190505-story.html
[50] Sue Halpern、「Congress Really Wants to Regulate A.I., but No One Seems to Know How」、New Yorker、2023年5月20日 www.newyorker.com/news/daily-comment/congress-really-wants-to-regulate-ai-but-no-one-seems-to-know-how
[51] Brian Fung、「Microsoft Leaps into the AI Regulation Debate, Calling for a New US Agency and Executive Order」、CNN、2023年5月25日 www.cnn.com/2023/05/25/tech/microsoft-ai-regulation-calls/index.html
[52] Kari Paul、「Letter Signed by Elon Musk Demanding AI Research Pause Sparks

Controversy」、Guardian、2023年4月1日 www.theguardian.com/technology/2023/mar/31/ai-research-pause-elon-musk-chatgpt

[53]「Blueprint for an AI Bill of Rights」、White House、2022年10月 www.whitehouse.gov/wp-content/uploads/2022/10/Blueprint-for-an-AI-Bill-of-Rights.pdf
Billy Perrigo、Anna Gordon、「E.U. Takes a Step Closer to Passing the World's Most Comprehensive AI Regulation」、Time、2023年6月14日 time.com/6287136/eu-ai-regulation/
European Commission、「Proposal for a Regulation Laying Down Harmonised Rules on Artificial Intelligence」、Shaping Europe's Digital Future、2021年4月21日 digital-strategy.ec.europa.eu/en/library/proposal-regulation-laying-down-harmonised-rules-artificial-intelligence

結論

[1] Antoine de Saint-Exupéryの言葉として広く知られている名言の言い換え、Quote Investigator、2015年8月25日 quoteinvestigator.com/2015/08/25/sea/

クリス・ディクソン
Chris Dixon

クリス・ディクソンは2013年から、著名なベンチャーキャピタルであるアンドリーセン・ホロウィッツ（a16z）のゼネラルパートナーを務めている。a16zではオキュラス（後にフェイスブック、現メタ・プラットフォームズにより買収）やコインベースなどの企業に投資した。キックスターター、ピンタレスト、スタックオーバーフロー、ストライプなど、現在広く利用されている製品を提供する企業にも初期から投資している。また、同社の暗号資産部門であるa16z cryptoを創設し、指揮をとっている。2018年に3億ドルで始まったこの部門は、現在では暗号資産やブロックチェーン技術に特化し、70億ドル以上を運用する規模に成長した。2022年には、フォーブスが選ぶ世界最高の投資家ランキング「ミダスリスト」で第1位に選ばれた。

ディクソンはコロンビア大学で哲学の学士号と修士号を、ハーバード・ビジネス・スクールでMBA（経営学修士）を取得している。また、2社のスタートアップ（それぞれマカフィーとイーベイにより買収）を創業した。オハイオ州で育ち、現在はカリフォルニア州に住んでいる。

訳者

大熊希美
おおくま・のぞみ

翻訳家。東京都生まれ。カナダとオーストラリアに計12年間在住。上智大学総合人間科学部卒業後、金融業を経てスタートアップへ。テクノロジーメディアTechCrunch Japanの元編集ライター。訳書に『爆速成長マネジメント』『モダンエルダー』『ネットワーク・エフェクト』(日経BP)、『フェイスブック 不屈の未来戦略』『NEVER LOST AGAIN グーグルマップ誕生』(TAC出版)など。

注記：
本書の内容は投資、ビジネス、法律、または税務上のアドバイスを提供するものではない。なお、著者は米国証券取引委員会に登録されている投資顧問会社a16zのゼネラルパートナーであることに留意すること。本書の執筆時点で、a16zおよびその関連会社は、本書で言及されている企業、トークン、ブロックチェーンのいくつかに投資している。a16zの投資先一覧は、a16z.com/investment-list/で確認できる。